Daniela Ruch

Bestimmung der Last-Zeit-Funktion beim Aufprall flüssigkeitsgefüllter Stoßkörper

Karlsruher Reihe

Massivbau
Baustofftechnologie
Materialprüfung

Heft 70

Institut für Massivbau und Baustofftechnologie
Materialprüfungs- und Forschungsanstalt, MPA Karlsruhe

Univ.-Prof. Dr.-Ing. Harald S. Müller
Univ.-Prof. Dr.-Ing. Lothar Stempniewski

Bestimmung der Last-Zeit-Funktion beim Aufprall flüssigkeitsgefüllter Stoßkörper

von
Daniela Ruch

KIT Scientific Publishing

Dissertation

Karlsruher Institut für Technologie
Fakultät für Bauingenieur-, Geo- und Umweltwissenschaften
Tag der mündlichen Prüfung: 22. Oktober 2010
Referent: Prof. Dr.-Ing. Harald S. Müller
Korreferent: Prof. Dr. rer. nat. Klaus Thoma

Impressum

Karlsruher Institut für Technologie (KIT)
KIT Scientific Publishing
Straße am Forum 2
D-76131 Karlsruhe
www.ksp.kit.edu

KIT – Universität des Landes Baden-Württemberg und nationales
Forschungszentrum in der Helmholtz-Gemeinschaft

KIT Scientific Publishing 2011
Print on Demand

ISSN 1869-912X
ISBN 978-3-86644-736-3

Kurzfassung

Motiviert durch Fragestellungen, die sich aus den Anschlägen auf das World Trade Center und das Pentagon im Jahre 2001 bezüglich der Einwirkungen durch den Anprall eines großen Passagierflugzeuges ergeben haben, untersucht die vorliegende Arbeit den Aufprall von teilweise flüssigkeitsgefüllten Stoßkörpern (Projektilen). Der Schwerpunkt liegt dabei in der Bestimmung der für die Bemessung maßgebenden Last-Zeit-Funktion.

Die Projektile, deren Geometrie- und Steifigkeitsverteilung an die einer großen Passagiermaschine angepasst ist und die zwei Bereiche mit unterschiedlichen Wandstärken aufweisen, werden im Rahmen der experimentellen Untersuchungen mit einer Druckluftkanone auf die Sollgeschwindigkeit von vornehmlich 165 m/s beschleunigt. Der Aufprall erfolgt auf die Zielstruktur, welche als schweres Massependel realisiert wurde. Dies erlaubt die Bestimmung der Aufprallkraft über eine auf dem Pendel montierte Kraftmessplattform sowie über den Newtonschen Ansatz auf Basis der Beschleunigung des Pendelkörpers. Zusätzlich kann der übertragene Gesamtimpuls aus Messgrößen abgeleitet werden. Hochgeschwindigkeitsaufnahmen ermöglichen die Beurteilung des Aufpralls und werden als zusätzliches unabhängiges Messsystem zur Bestimmung der Aufprallkraft eingesetzt.

Die aus der Messplattform und den Beschleunigungsdaten ermittelten Last-Zeit-Verläufe sind von Eigenschwingungen des Systems überlagert und werden durch Tiefpassfilterung mit anschließender Glättung der Daten so bearbeitet, dass die Ergebnisse mit dem Aufprall auf eine steife, schwingungsfreie Struktur vergleichbar sind. Die derart ermittelten Kraftverläufe werden durch die Auswertung der Videoaufzeichnung bestätigt.

Die Versuchsbasis umfasst 14 Aufprallversuche. Von diesen untersuchen drei den Aufprall bei Verwendung eines halbgefüllten Tanks, zwei den Aufprall bei vollgefülltem Tank und die verbleibenden Versuche weisen keine Tankfüllung auf. Beim Aufprall des vorderen Projektilteils stellt sich ein asymmetrisches Faltungsversagen des Projektils ein. Für den hinteren steiferen Projektilteil variiert das Versagen in Abhängigkeit der Aufprallgeschwindigkeit und des Füllgrades des Tanks. Hier stellt sich ein Falten, Aufschälen oder Aufplatzen des zylindrischen Projektilkörpers beim Aufprall ein. Für die ermittelten Last-Zeit-Funktionen konnte in den einzelnen Versuchsreihen eine gute Übereinstimmung der einzelnen Versuche erzielt werden, so dass eine zuverlässige Datenbasis zur Validierung von numerischen Simulationsergebnissen sowie Berechnungsansätzen vorliegt. Die Versuchsergebnisse ermöglichen die Bestimmung der Lastniveaus beim Aufprall der einzelnen charakteristischen Projektilbereiche und zeigen hierbei den Einfluss unterschiedlicher Tankfüllungen sowie Aufprallgeschwindigkeiten auf die Last-Zeit-Funktion auf.

Ein explizites numerisches Simulationsmodell bildet die Aufprallversuche ab. Die numerische Simulation des Materialverhaltens ist hierbei an Materialversuche des verwendeten Aluminiums angepasst. Die Simulation der Tankfüllung erfolgt durch die Verwendung von ALE-Elementen. Durch die Umsetzung eines geometrischen Vollmodells kann das in den Experimenten beobachtete Projektilversagen nachgebildet werden. Beim Ansatz der Reibung zwischen den einzelnen Elementen und der Berücksichtigung der Lösbarkeit der einzelnen Projektilteile kann eine gute Übereinstimmung der Last-Zeit-Funktionen sowie der verbleibenden Bruchstücke mit den Versuchsergebnissen erreicht werden.

Ein Vergleich der experimentellen und numerischen Ergebnisse mit dem einfachen analytischen Berechnungsmodell nach RIERA zeigt, dass bei Berücksichtigung des beim Aufprall auftretenden Versagens eine gute Näherung der Last-Zeit-Funktion erzielt werden kann.

Abstract

Motivated by questions arising after the attacks onto the World Trade Center and the Pentagon in 2001 considering the loads induced by an impacting passenger airline, this work analysis the impact of fluid-filled impactors (projectiles). The main focus is put on the determination of the load-time function relevant for design.

The projectiles of the experimental analysis, showing a geometry and stiffness distribution adapted from a large passenger aircraft and consisting of two parts with different wall thickness, are accelerated to the desired velocity, which is generally 165 m/s, by a pressure gun and impact onto a target structure. This structure is realised in the form of a heavy pendulum to allow for the evaluation of the impact force using the force-measurement platform mounted onto the pendulum as well as the acceleration data applying Newtons Axiom. Additionally the total momentum transferred can be deduced from measurement data. High-speed video data allows for the assessment of impact and is used as an independent measurement system for the evaluation of the impact force.

Load-time functions determined by the measurement platform and the acceleration data are superimposed by eigenfrequencies of the target system. With low-pass filtering and subsequent smoothing of the data, the impact onto a stiff structure can be approximated. The determined load-time functions can be verified by the evaluation of the video data.

The experimental basis comprises 14 impact experiments. Three of these analyse the impact of a projectile with half-filled tank, two use a full-filled tank and the remaining do not include a tank. The impact of the front part of the projectile results in an asymmetrical folding pattern. The failure during impact of the back part of the projectile depends on the impact velocity and the filling level of the implemented tank. Folding, peeling in stripes or splitting of the cylindrical projectile can occur. The determined load-time functions of the series of experiments show good consistency. Thus, a reliable database for the validation of numerical simulation results and analytical models is available. The experimental results allow the determination of load levels for the single characteristic parts of the projectiles and show the influence of different levels of tank filling as well as impact velocities on the load-time function.

The impact experiments are simulated with an explicit numerical model. The numerical simulation of the material behaviour is adjusted to material test data of the aluminium used. For the simulation of the tank-filling ALE-elements are used. By using a full geometric model, the observed failure of the impacting projectiles can be simulated. The consideration of friction between the elements as well as the possibility of separation of the single parts of the projectile allow for a good consistency of the calculated load-time function and the remaining fragments with the experimental results.

The comparison of the experimental and numerical results with the simple analytical calculation model according to Riera shows that considering the failure mode during impact a good approximation of the load-time function can be achieved.

Vorwort

Die vorliegende Arbeit entstand während meiner Tätigkeit als wissenschaftliche Mitarbeiterin an der Materialprüfungs- und Forschungsanstalt (MPA) Karlsruhe des Karlsruher Instituts für Technologie (KIT).

Mein besonderer Dank gilt Herrn Prof. Dr.-Ing. Harald S. Müller für das in mich gesetzte Vertrauen, seine stete Unterstützung und die Übernahme des Hauptreferates. Herrn Prof. Dr. rer. nat. Klaus Thoma danke ich für sein großes Interesse und die kritische Diskussion der Arbeit sowie die Übernahme des Korreferates.

Allen ehemaligen Kolleginnen und Kollegen am Institut sei für die gemeinsame Zeit und die gute Arbeitsatmosphäre gedankt. Für seine stete Diskussionsbereitschaft, seine Unterstützung und ein immer offenes Ohr danke ich besonders Herrn Dr.-Ing. Nico Herrmann. Allen Mitarbeitern in der Versuchshalle und der Messtechnik gilt mein Dank für ihr Engagement bei der Vorbereitung und Durchführung der Vielzahl der Versuche. Ihr fortwährendes Interesse an meiner Forschung und die Umsetzung so mancher kurzfristiger Änderung haben zum erfolgreichen Abschluss dieser Arbeit beigetragen. Bedanken möchte ich mich auch bei den Mitarbeiterinnen im Zeichenbüro und in der Verwaltung sowie bei meinen hilfswissenschaftlichen Mitarbeitern und Diplomanden, die auf vielfältige Weise zu dieser Arbeit beigetragen haben.

Herrn Dr.-Ing. Martin Larcher danke ich besonders für die zahlreichen Diskussionen, seine Anregungen und die freundschaftlichen Gespräche, die auch trotz einer großen räumlichen Trennung Bestand hatten. Für seine Motivation und Unterstützung gilt mein Dank Herrn Dr.-Ing. Stephan Steiner.

Meiner Familie und meinen Freunden danke ich für ihren Zuspruch, ihre Rücksicht und Geduld in allen Phasen dieser Dissertation. Besonderer Dank gilt meinen Eltern, die mit ihrem bedingungslosen Rückhalt und dem notwendigen familiären Rückzugsraum einen entscheidenden Beitrag zu dieser Arbeit leisteten.

Meinem Mann Daniel gilt mein ganz besonderer Dank für seine Motivation und seinen Zuspruch, seine Nachsicht und seine Geduld.

Ehrenkirchen, November 2010

Daniela Ruch

Inhaltsverzeichnis

1 Einleitung

1.1 Problemstellung und Zielsetzung

Mit den Anschlägen vom 11. September 2001 auf das World Trade Center und das Pentagon ist das Gefährdungspotential, das mit dem Anprall von Flugzeugen einhergeht, auf dramatische Weise ins Bewusstsein gerufen worden. Das Bedrohungsspektrum schutzwürdiger Bauten hat sich seither deutlich verändert. Fragestellungen, inwieweit die bisher verwendeten Berechnungsmodelle zur Bestimmung der eingetragenen Last beim Anprall eines Flugzeugs auch für große Passagiermaschinen anwendbar sind und welche Last-Zeit-Funktionen bei der Bemessung berücksichtigt werden müssen, sind vor allem im Bereich der Reaktorsicherheit in den Fokus der Forschung gerückt. Die Bestimmung dieser Kraftfunktionen auf Basis von originalmaßstäblichen Versuchen ist offensichtlicherweise nur schwer zu realisieren. Zur experimentellen Untersuchung des Aufprallverhaltens muss die komplexe Struktur geometrisch stark vereinfacht und die Abmessungen deutlich verringert werden. Eine direkte Skalierbarkeit der Versuchsergebnisse ist aufgrund der getroffenen Vereinfachungen aber besonders aufgrund des meist dehnratenabhängigen Materialverhaltens bzw. der nicht geometrisch skalierbaren Eigenschaften der verwendeten Materialien (z. B. einer Wasserfüllung) nicht möglich. Dies muss auch bei der Verifikation von analytischen Berechnungsmodellen berücksichtigt werden. Diese Skalierungsproblematik kann durch die Verwendung der Methode der finiten Elemente entschärft werden. Hier ist es direkt möglich, ein numerisches Modell auf die notwendige Größe zu skalieren. Zur Validierung des numerischen Modells sind experimentelle Untersuchungen notwendig, die das wesentliche Verhalten abbilden, das beim Aufprall erwartet wird. Ergebnisse von Aufpralluntersuchungen sind aufgrund der Brisanz des Themas meist nicht öffentlich oder nur schwer zugänglich. Weiterhin ist eine Beurteilung der Versuchsergebnisse ohne Kenntnis der Rahmenbedingungen beim Versuch bzw. der aufgetretenen Probleme oder Störungen nur begrenzt möglich.

Im Rahmen dieser Arbeit soll daher durch geeignete Versuche eine solide Datenbasis für den Aufprall von deformierbaren Stoßkörpern (Projektilen) unter der Verwendung aktueller Flugzeugwerkstoffe geschaffen werden. Die experimentelle Bestimmung der Last-Zeit-Funktion beim Aufprall stellt hierbei kein triviales Problem dar, da ein kurzzeitiger transienter Kraftverlauf erfasst werden muss. Entsprechend dem Aufbau einer großen Passagiermaschine wird der Einfluss einer Steifigkeitsänderung entlang der Projektillängsachse sowie der Einfluss eines variierenden Treibstofffüllgrades untersucht werden. Das Verständnis des Aufpralls und des Einflusses der auftretenden Phänomene auf die Last-Zeit-Funktion soll vertieft werden. Hierzu wurde ein Versuchsaufbau konzipiert, der verschiedene Möglichkeiten zur Erfassung der Last-Zeit-Funktion sowie weiterer Versuchsgrößen bietet und daher Vor- und Nachteile unterschiedlicher Verfahren aufzeigen kann.

Die experimentellen Untersuchungen werden mit Hilfe der Methode der finiten Elemente simuliert. Hierdurch kann die Abbildbarkeit der Versuche mit den gewählten Methoden gezeigt werden. Es wird somit ein auf Basis der Versuche validiertes numerisches Modell zur Verfügung gestellt werden, das die Grundlage für spätere Untersuchungen von größerskaligen Versuchen bzw. die Abbildung realer Flugzeugstrukturen bilden kann.

Weiterhin wird in dieser Arbeit aufgezeigt, inwieweit die experimentellen Untersuchungen mit bestehenden Berechnungsansätzen abgebildet werden können.

1.2 Aufbau der Arbeit

Diese Arbeit ist in neun Kapitel gegliedert. Im Anschluss an die Einleitung werden in Kapitel 2 zunächst die für diese Arbeit relevanten experimentellen Untersuchungen im Bereich des Aufpralls deformierbarer Körper vorgestellt und bestehende Berechnungsmodelle zur Bestimmung der Aufprallkraft erläutert. Numerische Berechnungsergebnisse für den Aufprall von deformierbaren Stoßkörpern sowie von Flugzeugen werden vorgestellt. Der Versuchsaufbau, die eingesetzte Messtechnik sowie die gewählten Stoßkörpergeometrien und die Parameterwahl der Versuche werden im Kapitel 3 vorgestellt. Die Auswertung der Versuchsergebnisse auf Basis der generierten Messdaten wird in Kapitel 4 erläutert, und die Ergebnisse der experimentellen Untersuchungen werden in Kapitel 5 präsentiert. Die numerischen Untersuchungen mit einer Beschreibung der verwendeten Materialmodelle sowie der Sensitivitätsstudie folgen in Kapitel 6. Untersuchungen zum verwendeten analytischen Berechnungsmodell werden in Kapitel 7 vorgestellt. In Kapitel 8 werden die Ergebnisse aus den Versuchen, der numerischen Simulation und der analytischen Berechnung vergleichend gegenübergestellt. Die Zusammenfassung und der Ausblick auf weiteren Forschungsbedarf bilden den Abschluss der Arbeit. Im Anhang sind Detailzeichnungen und die ermittelten Versuchsdaten dargestellt.

2 Stand der Erkenntnis

Im folgenden Kapitel werden die bisher veröffentlichten und für diese Arbeit relevanten experimentellen Untersuchungen zur Bestimmung der Last-Zeit-Funktion beim Aufprall deformierbarer Stoßkörper sowie die entwickelten Berechnungsmodelle zur Abschätzung der Aufprallkraft vorgestellt. Numerische Berechnungen, die im Bezug zu den experimentellen Untersuchungen stehen bzw. den Aufprall eines Passagierflugzeugs beschreiben, werden ebenfalls dargestellt.

2.1 Versuche zum Impakt deformierbarer Aufprallkörper

2.1.1 Versuche Meppen, Deutschland

Im Rahmen des BMFT-Forschungsprogramms zur Sicherheit von Leichtwasserreaktoren wurde der Stoßlast-Zeit-Verlauf beim Aufprall stark deformierbarer Flugkörper auf quasi-starre Bauteile sowie die kinetische Grenztragfähigkeit von Stahlbetonplatten [66, 64, 65, 33, 75], die durch aufprallende, stark deformierbare Flugkörper beansprucht werden, ermittelt [85]. Zur Ermittlung der Stoßlast-Zeit-Verläufe wurden in den Jahren 1977 - 1982 neun Versuche bei der Erprobungsstelle 91 der Bundeswehr in Meppen durchgeführt. Die Versuchsanlage ist in Abbildung 2.1 dargestellt.

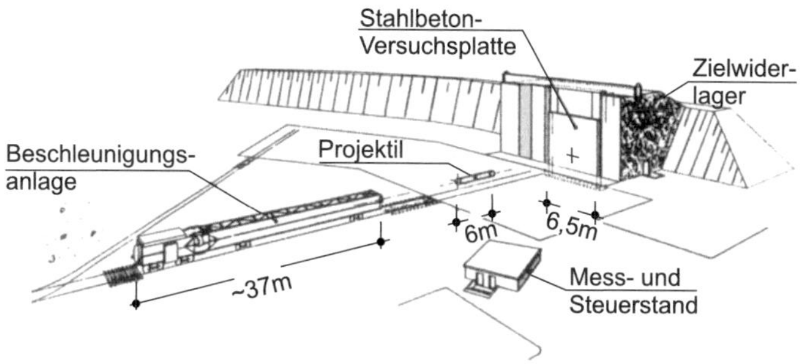

Abbildung 2.1: Versuchsanlage in Meppen nach [111]

Diese bestand aus der Beschleunigungsanlage [36], mit der Projektile bis zu einem Maximalgewicht von 1 t auf Geschwindigkeiten von 80 - 300 m/s beschleunigt werden konnten, dem Zielwiderlager sowie einem Mess- und Steuerstand. Der steife Stahlbetonzielkörper ist in Abbildung 2.2 (a) dargestellt. Zwischen dem hängenden Zielkörper und dem Widerlager wurden vier Kraftmessdosen zur Erfassung der Aufprallkraft angeordnet. Der Zielkörper wurde gegen das Widerlager verspannt, um ein Abheben des Zielkörpers während des Stoßvorgangs zu verhindern [85]. Teilweise wurde eine zusätzliche Stoßkraft-Messeinrichtung eingesetzt. Die Geometrie der verwendeten Stahlprojektile (St37) mit einem Durchmesser von 60 mm zeigt Abbildung 2.2 (b). Die Wandstärken variierten zwischen 3 und 15 mm bei einer Projektillänge zwischen 599 mm und 799 mm und Gesamtmassen zwischen 952 kg und 1040 kg. Es wurde der Einfluss unterschiedlicher Steifigkeitsverteilungen und Aufprallgeschwindigkeiten (zwischen 150 m/s und 267 m/s) untersucht [48, 85]. Der Weg-Zeit-Verlauf des Projektilaufpralls wurde aus den Aufnahmen einer Hochgeschwindigkeitskamera abgeleitet. Die Aufprallgeschwindigkeit wurde zusätzlich über ein Dopplerradarmessgerät sowie Zwillings-Fotodetektoren bestimmt. Die Beschleunigungen des Projektils konnten über einen im Heck positionierten Beschleunigungssensor erfasst werden [108]. Darüber hinaus wurden Beschleunigungen am Zielkörper sowie Dehnungen der im Zielkörper integrierten Bewehrungsstäbe und die Verschiebung des Widerlagers erfasst [48].

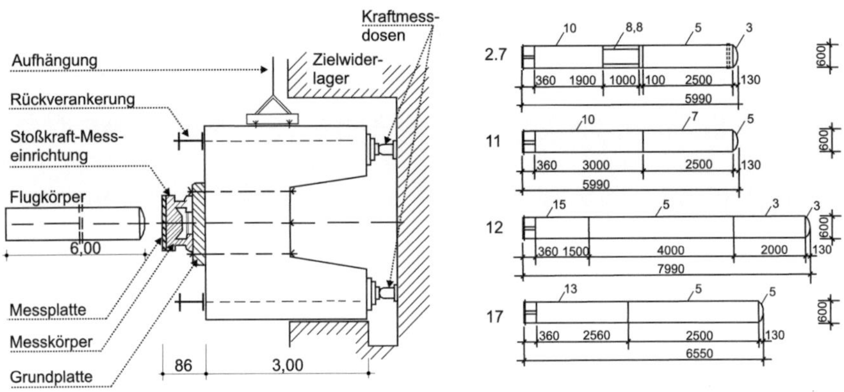

(a) Zielkörper (b) Projektilgeometrien

Abbildung 2.2: Zielstruktur und Projektile der Meppen Versuche nach [85, 84]

Abbildung 2.3 (a) zeigt ein Projektil nach dem Aufprall. Dieses wurde während des Aufpralls kontinuierlich gefaltet. Die über die Messplattform und die Kraftmessdosen ermittelten Verläufe der Aufprallkraft sind in Abbildung 2.3 (b) dargestellt. Zwischen den beiden Last-Zeit-Kurven ergaben sich aufgrund von Schwingungseinflüssen der Versuchseinrichtung deutliche Abweichungen. Die Auswertung der Versuche erfolgte daher über ein zweiteiliges Rechenmodell, welches die Beschreibung des Projektilaufpralls (siehe auch Abschnitt 2.2.8) mit einem Schwingungsmodell der Versuchseinrichtung koppelt. Die freien Modellparameter wurden über Strukturgrößen an die Versuchsergebnisse angepasst. Bei Übereinstimmung von Rechen- und Versuchswerten der Kraft- und Verformungsverläufe galt die eingetragene Last-Zeit-Funktion als gefunden. Die Versuche konnten mit dem vorhandenen Rechenmodell ausreichend genau simuliert werden.

(a) deformiertes Projektil

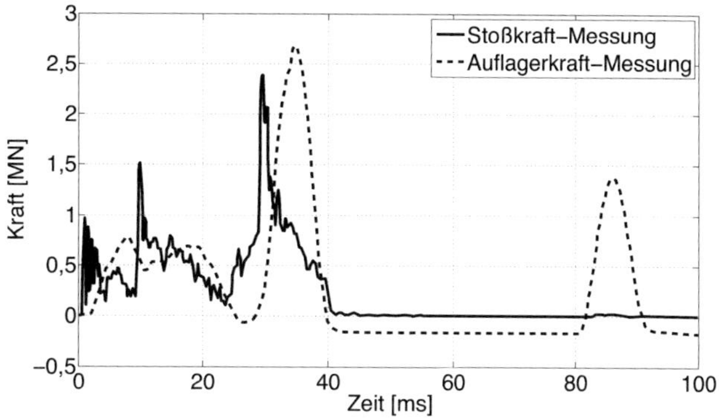

(b) ermittelte Last-Zeit-Funktionen

Abbildung 2.3: Versuchsergebnisse für Versuch I/6 Typ 12 nach [85]

Ein quantitativer Zusammenhang zwischen den wesentlichen Projektilparametern Aufprallgeschwindigkeit und Projektiltyp und den Versuchsergebnissen (Aufpralldauer, Restlänge des Projektils, Stoßlast-Zeit-Verlauf) wurde in [85] aufgrund der geringen Versuchszahl nicht gegeben.

2.1.2 Versuche UKAEA, Großbritannien

Versuche zum Aufprall weicher Stahlzylinder wurden bei AEE (Atomic Energy Establishment) in Winfrith, Dorchester, UK unter Koordination der Abteilung für Sicherheit und Zuverlässigkeit der UKAEA (United Kingdom Atomic Energy Authority) durchgeführt [67]. In einer ersten Versuchsreihe wurden offene dünnwandige Stahlröhren mit einer Länge von 400 mm und einem Außendurchmesser von 100 mm bei Wandstärken/Dicken-Verhältnissen zwischen 0,0119 und 0,0187 auf eine Kraftmesszelle geschossen. Die Aufprallgeschwindigkeiten, die über Lichtschranken ermittelt wurden, lagen zwischen 113 m/s und 315 m/s. Neben der Aufprallkraft wurden die Verschiebungen der Kraftmesszelle und des Aufbaus messtechnisch erfasst sowie der Aufprallvorgang mit Hochgeschwindigkeitskameras aufgezeichnet. Die Messergebnisse der Kraftmesszelle wurden deutlich durch deren Eigenschwingverhalten beeinflusst. Der Einfluss der Steifigkeit einzelner Bauteile auf den Kraftverlauf wurde von NEILSON [67] mit einem mechanischen Feder-Masse-Modell aufgezeigt. Vergleichend wurde der Impuls aus den gemessenen Kraftwerten dem Impuls aus dem mechanischen Modell gegenübergestellt, das mit einer errechneten Lastfunktion beaufschlagt wurde. Die gewählten Modellparameter und die Versuchsergebnisse konnten dabei in Übereinstimmung gebracht werden.

In einer zweiten Versuchsreihe wurde der Aufprall von Projektilen mit variierenden Wandstärken untersucht. Abbildung 2.4 zeigt den zwei- bzw. dreistufigen Aufbau der

Projektile, welche in den vorderen Bereichen aus gebogenem Flachmaterial hergestellt wurden. Diese entsprechen einer 1:4 Skalierung der Meppener Projektile [85]. Die Aufprallkraft wurde über eine piezoelektrische Kraftmessplattform erfasst, deren Aufbau gegenüber der ersten Versuchsreihe etwas vereinfacht wurde. Es wurden fünf Tests im Geschwindigkeitsbereich von 140 - 240 m/s durchgeführt.

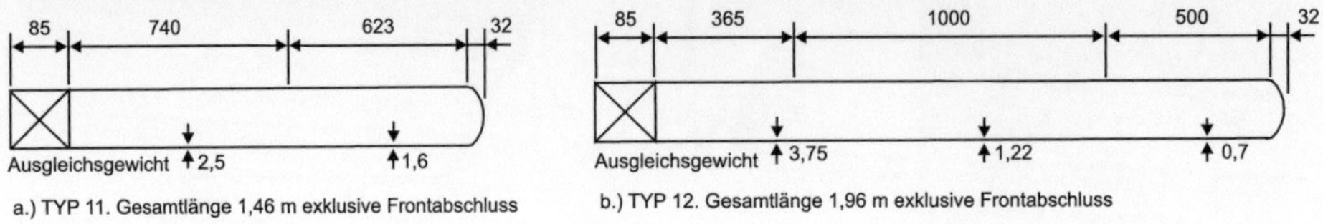

Abbildung 2.4: Zwei- bzw. dreistufiger Projektilaufbau nach [67]

Die Messergebnisse wurden mit analytischen Berechnungen basierend auf dem Ansatz von RIERA (siehe auch Abschnitt 2.2.1) verglichen. Für den zweistufigen Aufbau konnten gute Übereinstimmungen für die Aufpralldauer und die ungeborstene Restlänge erzielt werden. Für den dreistufigen Aufbau ergaben sich deutliche Abweichungen zwischen Experiment und Berechnung. Die analytischen Ergebnisse konnten durch eine Variation der angenommenen Berstlast, die dem Widerstandsvermögen des aufprallenden Körpers entspricht, verbessert werden. Die notwendige Variation der Ausgangsparameter wurde von NEILSON [67] unter anderem auf Verfestigungseffekte beim Biegen des Flachmaterials zurückgeführt. Das Versuchsergebnis sowie beide Berechnungsergebnisse sind für den Aufprall eines dreistufigen Projektils bei einer Aufprallgeschwindigkeit von 170 m/s in Abbildung 2.5 dargestellt.

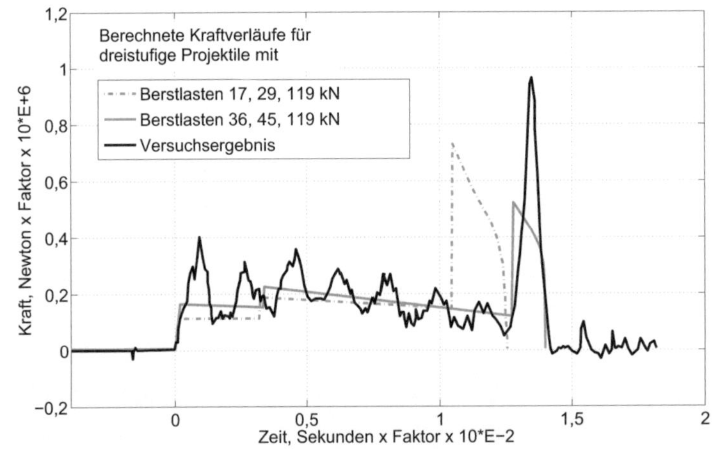

Abbildung 2.5: Ergebnisse Aufprall dreistufig nach [67]

Durch die angepassten Ausgangsdaten konnte das Modell die Versuchsergebnisse deutlich besser abbilden. Im Verlauf der Messergebnisse zeigte sich trotz des veränderten Messaufbaus ein deutlicher Einfluss einer Eigenschwingung mit einer Frequenz von ca. 600 Hz.

2.1.3 Aufprall einer F-4 Phantom, Sandia, USA

Der Aufprall eines Militärfugzeugs vom Typ F-4 Phantom wurde im April 1988 in den Sandia National Laboratories in Albuquerque, New Mexico, USA untersucht. Hauptziel der vom Kajima Technical Research Institute, Japan unter der Leitung der Kobori Research Complex Inc. durchgeführten Untersuchung war die Bestimmung der Last-Zeit-Funktion beim Aufprall auf einen steifen Betonblock [97, 107]. Darüber hinaus sollte das Berstverhalten des Flugzeugs bestimmt und die Ausbreitung des Treibstoffes, der durch Wasser ersetzt wurde, erfasst werden. Die Frage, ob sich die Triebwerke vor dem Aufprall vom Rumpf des Flugzeuges lösen und falls dies der Fall sein sollte, welche Geschwindigkeit sie besitzen, sollte ebenfalls untersucht werden.

Die flugfähige Maschine mit einem Aufprallgewicht von 19 t wurde auf einer Schlittenbahn über einen zweistufigen Raketenantrieb auf 215 m/s beschleunigt. Der Aufprall erfolgte auf einen Stahlbetonblock (7 x 7 x 3,66 m^3), der durch eine Luftlagerung nahezu reibungsfrei verschieblich war. Die Geschwindigkeit vor dem Aufprall wurde über ein „Stab-Bruch"-System sowie über Kameraaufzeichnungen erfasst. Beschleunigungssensoren entlang des Rumpfes der Phantom ermöglichten die Ermittlung der Geschwindigkeitsreduktion des Flugzeuges während des Aufpralls. Für den Zielkörper wurden die auftretenden Beschleunigungen, Geschwindigkeiten und Verschiebungen gemessen. Das Verhalten der Triebwerke wurde mit Hilfe eines „Draht-Bruch"-Systems sowie Hochgeschwindigkeitsaufnahmen untersucht. Abbildung 2.6 zeigt die Phantom während des Aufpralls auf den Zielkörper, bei dem kleine Teile der Flügel und des Hecks abgeschert, der Rest des Flugzeugs aber komplett zerstört wurde. Während die Bruchstücke weit verteilt waren, blieb die Ausbreitung des Wassers relativ gering. Der Zielkörper wurde nur oberflächlich beschädigt.

Abbildung 2.6: Aufprallversuch F-4 Phantom, Sandia, USA [13]

Abbildung 2.7 (a) zeigt den Mittelwert der einzelnen Beschleunigungsdaten des Zielkörpers, die aufgrund einer Kippbewegung deutlich voneinander abwichen. Eine gute Übereinstimmung mit der gemessenen Zielkörpergeschwindigkeit konnte durch Integration gezeigt werden. Die Geschwindigkeitsreduktion des Flugzeugs während des Aufpralls, die durch Integration der erfassten, gefilterten Beschleunigungsdaten berechnet wurden, ist in Abbildung 2.7 (b) gezeigt. Für die Turbinen ergab sich ein deutlich steilerer Geschwindigkeitsabfall als für den Rumpf.

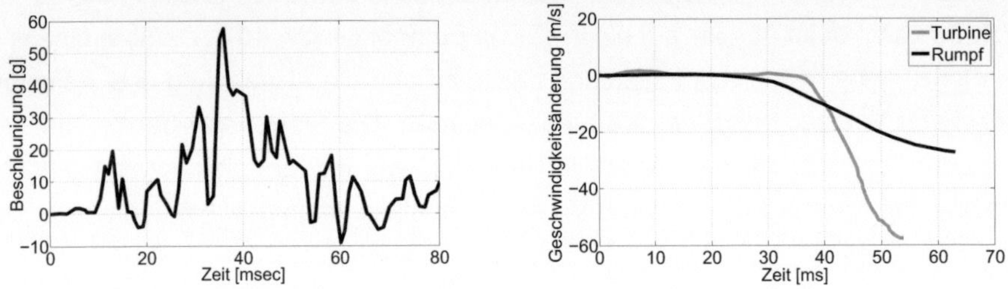

(a) Beschleunigung des Zielkörpers nach [107]

(b) Geschwindigkeitsreduktion des Flugzeugs nach [63]

Abbildung 2.7: Ergebnisse Sandia Versuche

Die Ermittlung der Aufprallkraft erfolgte über zwei unabhängige Methoden. Aufgrund der konstanten Masse des Zielkörpers lässt sich die Aufprallkraft über den Newtonschen Ansatz direkt auf Basis der Beschleunigung des Zielkörpers berechnen. Die ermittelte Last-Funktion ist in Abbildung 2.8 (a) dargestellt, die zugrunde gelegte Beschleunigungskurve wurde hierbei einer Filterung unterzogen. Weiterhin wurde die Aufprallkraft über einen Impulsansatz auf Basis der Beschleunigungsdaten des Flugzeugs berechnet. Die Ergebnisse sind für einen variierenden Einflussfaktor α der aufprallenden Masse ebenfalls in Abbildung 2.8 (a) dargestellt. MUTO ET AL. [63] bewerten die Ergebnisse auf Basis der Beschleunigungsdaten des Zielkörpers als verlässlicher, da diese keiner Anpassung über einen Einflussfaktor bedürfen.

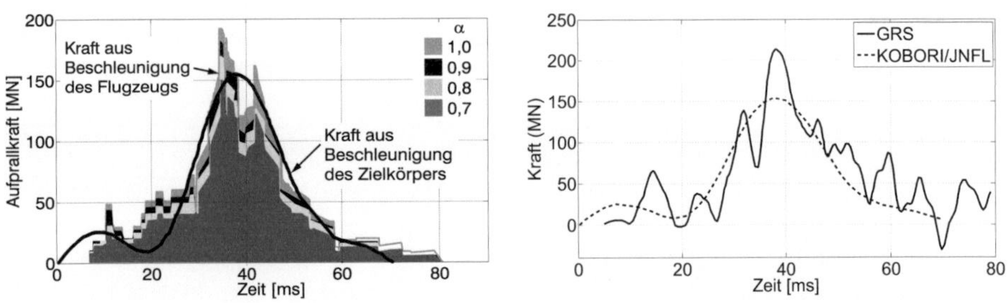

(a) direkte Berechnung bzw. Verwendung des Impulssatzes nach [63]

(b) Verwendung der Geschwindigkeits-Antwortfunktion nach [13]

Abbildung 2.8: Ermittelte Kraftverläufe der Sandia Versuche

Die Gesellschaft für Anlagen- und Reaktorsicherheit (GRS) mbH ermittelte die Last-Zeit-Funktion der Sandia-Versuche auf Basis von Geschwindigkeits-Antwort-Funktionen des Zielkörpers, die über ein numerisches Modell bestimmt wurden [13]. Mit diesen Funktionen lässt sich ein Zusammenhang zwischen den am Zielkörper gemessenen Geschwindigkeiten und der Belastungsgeschichte herstellen. Negative Kraftanteile in der ermittelten Funktion konnten unter Berücksichtigung von Kontaktkräften, die durch eine Verkippung des Zielkörpers relativ zur Trägerplatte aufgetreten sein müssen, eliminiert werden. Die globale Übereinstimmung mit der von MUTO ET AL. ermittelten Last-Zeit-Funktion (KOBORI/JNFL) zeigt Abbildung 2.8 (b), wenngleich diese aufgrund der Filterung einen glatteren Verlauf aufweist.

2.1.4 Versuche Karlsruhe, Deutschland

Im Rahmen des Dringlichkeitsprojektes „Äußere Einwirkungen" (RS 1146) des Bundesministeriums für Wirtschaft und Arbeit wurden an der Universität Karlsruhe (TH) am Institut für Massivbau und Baustofftechnologie experimentelle Aufpralluntersuchungen von KREUSER ET AL. [56] durchgeführt. Die verwendeten Aluminiumprojektile wiesen eine Geometrie- und Steifigkeitsverteilung auf, die an ein großes Passagierflugzeug angepasst wurden. Das Projektil, das aus drei Einzelteilen zusammengefügt wurde, ist in Abbildung 2.9 dargestellt. Die beiden vorderen Teile wiesen eine Wandstärke von 0,3 mm und der hintere Zylinder, der die erhöhte Steifigkeit des Flugzeugs im Bereich der Tragflächen abbildet, wies eine Wandstärke von 1,2 mm auf. Im hinteren Projektilteil konnte ein Tank implementiert werden. Dies ermöglichte die Simulation verschiedener Füllgrade des Treibstofftanks (ohne Füllung, halbgefüllt, vollgefüllt). Die drei Teflonringe dienten zur Zentrierung des Projektils in der Beschleunigungsanlage und zur Verminderung der Reibung.

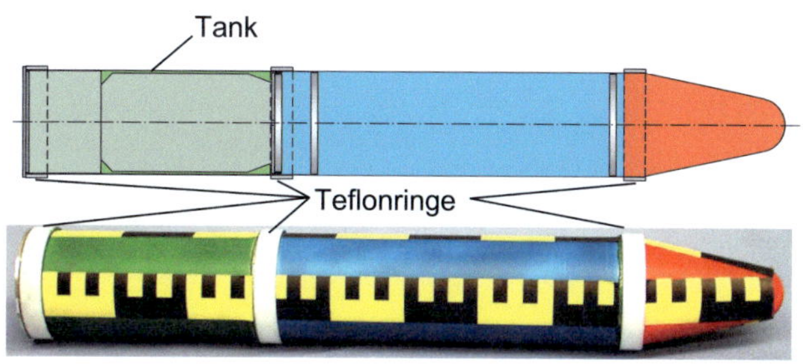

Abbildung 2.9: Aluminiumprojektil, schematisch (oben), real (unten) [56]

Der Versuchsaufbau ist schematisch in Abbildung 2.10 dargestellt. Das Projektil wurde über eine Druckluftkanone im Schussrohr beschleunigt (siehe auch Abschnitt 3.2.3), passierte nach einer kurzen Freiflugphase die Geschwindigkeitsmessung und traf dann auf die Kraftmessplattform auf. Diese war auf einer stufenlos verstellbaren Auftrefffläche eines massiven Zielträgertisches montiert, so dass die Last-Zeit-Funktionen für unterschiedliche Auftreffwinkel (0°, 30° und 60° zur Normalen) ermittelt werden konnten. In den über 50 Versuchen wurden zwei Aufprallgeschwindigkeiten untersucht (schnell: 175 m/s, langsam: 100 m/s). Der Aufprallvorgang wurde mit einer Hochgeschwindigkeitsvideokamera mit einer Aufzeichnungsfrequenz von 4000 Bildern/Sekunde dokumentiert.

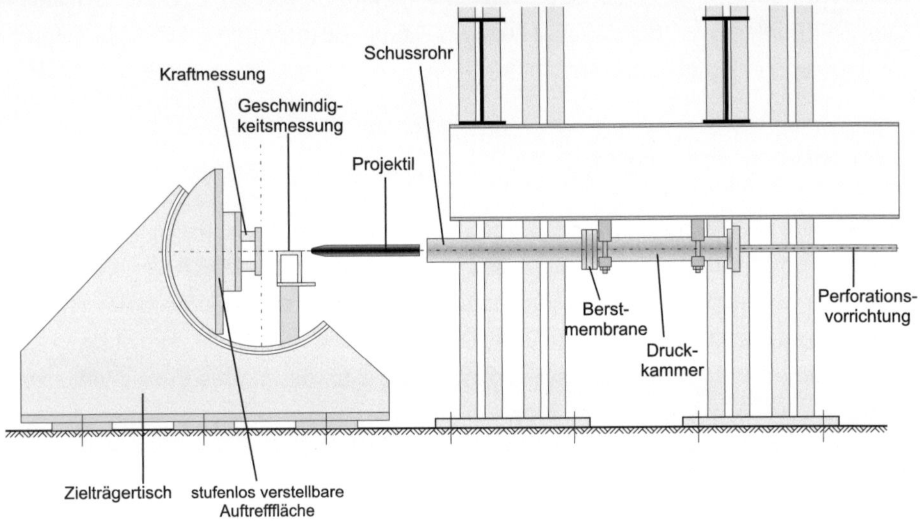

Abbildung 2.10: Versuchsaufbau Karlsruhe, schematisch [56]

Trotz des steifen Aufbaus des Zielträgertisches wurde dieser durch den Aufprall zu Eigenschwingungen angeregt, die die Messung der Aufprallkraft überlagerten. Eine direkte Auswertung der Aufprallkraft war daher nicht möglich. Die Bearbeitung der Daten durch eine Filterung ermöglichte eine Annäherung der tatsächlich eingetragenen Kraftverläufe [39, 83].

2.1.5 Versuche Technical Research Centre of Finland (VTT), Finnland

Seit 2003 werden am Technical Research Centre of Finland (VTT) im Rahmen des Finnish Research Programme on Nuclear Power Plant Safety SAFIR Aufprallversuche teilweise flüssigkeitsgefüllter, deformierbarer Projektile auf eine Kraftmessplattform bzw. Stahlbetonplatten durchgeführt. Hauptziel der experimentellen Untersuchungen ist die Schaffung einer Datenbasis zur Kalibrierung und Validierung numerischer Modelle zur Berechnung eines Flugzeugabsturzes auf ein Kernkraftwerk [88]. Weiterhin sollen die analytischen Berechnungsmethoden zur Bestimmung der Last-Zeit-Funktion beim Aufprall eines weichen Stoßkörpers weiterentwickelt werden [24].

Die Projektile werden auf einer Schlittenbahn (siehe Abbildung 2.11) beschleunigt. Die hierzu notwendige Kraft wird dabei über eine Finne vom Kolben, der innerhalb des Beschleunigungsrohres über Druckluft beschleunigt wird, auf das Projektil übertragen. Es können Projektile mit einem Gewicht von 100 kg mit einer Geschwindigkeit von bis zu 180 m/s verwendet werden [89]. Während der Kolben am Ende der Beschleunigungsstrecke abgebremst wird, fliegt das Projektil frei auf die Zielfläche [58].

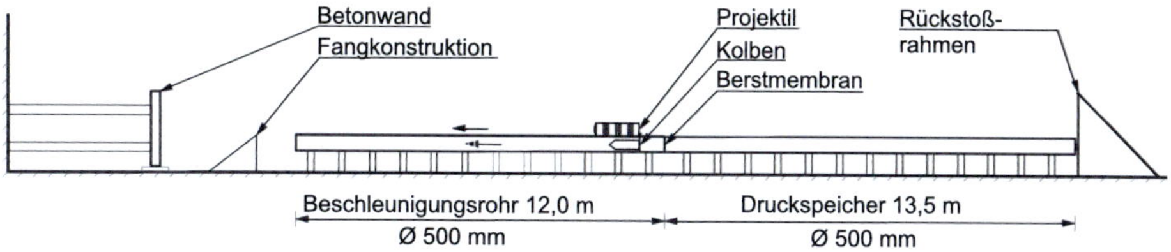

Abbildung 2.11: Versuchsaufbau VTT nach [58]

Der Schwerpunkt der Untersuchungen liegt in der Bestimmung des Versagensverhaltens der als Zielstruktur eingesetzten Stahlbetonwände, es wurden aber auch einige Versuche zur Bestimmung der Last-Zeit-Funktion beim Aufprall deformierbarer Projektile durchgeführt. Hierzu wurden die in Abbildung 2.12 dargestellten Kraftmessplattformen eingesetzt, die mit Stahlröhren gegen eine Felswand abgestützt wurden. Dies ermöglicht eine zusätzliche Ermittlung der Last-Funktion über Dehnungsmessstreifen, die auf den Stahlröhren befestigt sind [87].

Abbildung 2.12: Kraftmessplattformen VTT nach [57, 100]

In der ersten Versuchsreihe wurden zylindrische Projektile (siehe Abbildung 2.13 (a)) aus Spiralrohr (Stahl) bzw. Aluminium verwendet. Diese Projektile weisen einen Durchmesser zwischen 250 mm und 273 mm und Längen im Bereich von 0,8 m bis 1,5 m auf. Die Wandstärke beträgt zwischen 1,5 mm und 5 mm bei Aufprallgeschwindigkeiten von 70 - 200 m/s. Die Wasserfüllung wird teilweise innerhalb des Projektils aber auch durch einen äußeren Tank realisiert [104]. KUTTI und LASTUNEN [57] beschreiben die Erweiterung dieser ursprünglichen Geometrie um eine Flügelkonstruktion (siehe Abbildung 2.13 (b)), die mit Wasser gefüllt und durch zusätzliche steife Massen beaufschlagt werden kann.

(a) zylindrisch (b) mit Flügelkonstruktion

Abbildung 2.13: VTT Projektile [57]

Die Versuchsergebnisse zum Aufprall eines Stahlzylinders mit einer Wandstärke von 5 mm, einem Durchmesser von 273 mm und einer Länge von 1000 mm sind in Abbildung 2.14 für zwei unterschiedliche Aufprallgeschwindigkeiten exemplarisch dargestellt. SAARENHEIMO [89] vergleicht diese mit einer analytischen Lösung unter Berücksichtigung der beiden Beschleunigungsschlitten des Projektils und der Dehnratenabhängigkeit des Materials.

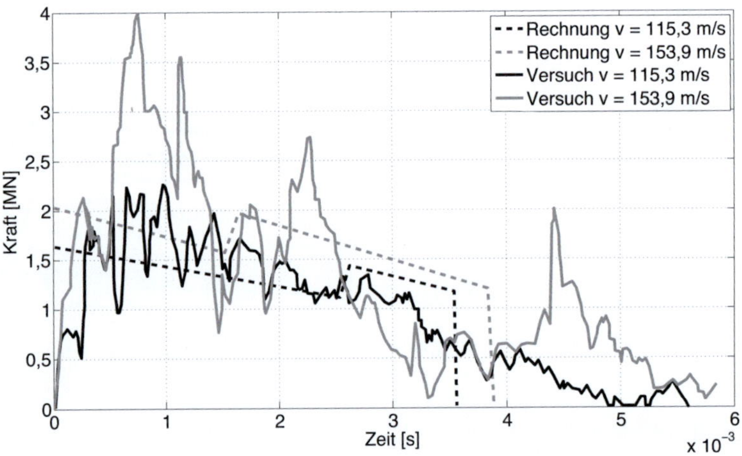

Abbildung 2.14: Aufprallkräfte von Stahlzylindern bei verschiedenen Aufprallgeschwindigkeiten nach [89]

Die eingesetzte Messtechnik ermöglicht die Ermittlung der Geschwindigkeit der Projektile vor dem Aufprall durch drei Laserlichtschranken. Die Geschwindigkeit kann zusätzlich näherungsweise aus dem Druck in der Druckkammer sowie aus den Hochgeschwindigkeitsaufnahmen ermittelt werden. Für niedrige Geschwindigkeiten (<120 m/s) konnte die Heckbeschleunigung des Projektils erfolgreich mit einem Beschleunigungssensor erfasst werden [58]. Zusätzlich wurde die Aufprallgeschwindigkeit sowie die Richtung der Ausbreitung der Wasserfüllung im Nahbereich mit Hochgeschwindigkeitskameras ermittelt. Die Ausbreitung des Wassers nach dem Aufprall wurde im Aufprallbereich über eine Rastermarkierung bzw. Stahlwannen erfasst. In weiterer Entfernung konnte die Tröpfchengröße mit Hilfe ölbefüllter Wannen bestimmt werden. Die Tröpfchengröße, -geschwindigkeit und -dichte beim Aufprall wurde mit zwei parallelen Kameras, synchronisiert mit einem Stroboskop, erfasst [93]. Es konnte festgestellt werden, dass die ersten aus dem geborstenen Projektil austretenden Tröpfchen eine höhere Geschwindigkeit besitzen als das Projektil selbst. Eine Erklärung hierfür liefern die Autoren nicht. Diese Geschwindigkeit sinkt jedoch bei zunehmender Entfernung vom Projektil stark ab.

2.2 Berechnungsmodelle

Im Folgenden werden Berechnungsmodelle vorgestellt, die vornehmlich entwickelt wurden, um die Aufprallkraft beim Anprall eines Flugzeuges abzuschätzen. Die Modelle sind eng miteinander verknüpft und basieren meist auf der Annahme eines weichen Stoßes.

2.2.1 Modell von RIERA

Das grundlegende Modell zur Bestimmung der Last-Zeit-Funktion beim Anprall eines Flugzeuges stammt von RIERA [76, 78] und basiert auf der Erhaltung des Impulses. Die eindimensionale Betrachtung setzt einen weichen Stoß und einen Aufprall senkrecht zur steifen Zielstruktur voraus. Das Modell weist innerhalb des Kontrollvolumens (siehe Abbildung 2.15) zwei Bereiche auf: die Deformationszone und den Bereich der Restmasse.

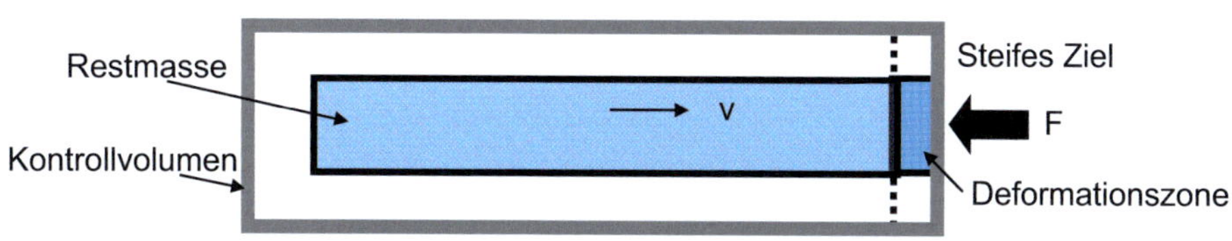

Abbildung 2.15: Aufprallmodell nach RIERA nach [78]

Die Deformationszone umfasst den Bereich des Aufprallkörpers, der beim Aufprall auf das steife Ziel deformiert wird. Ihre Ausdehnung ist zu vernachlässigen. Der undeformierte Restkörper wird im Modell als starrer Körper berücksichtigt.

Basierend auf dem zweiten Newtonschen Axiom lässt sich die Aufprallkraft F als zeitliche Ableitung der Impulsänderung dp bestimmen [78]:

$$F = \frac{dp}{dt} \tag{2.1}$$

Wird ein konstantes Kontrollvolumen betrachtet, ergibt sich die resultierende Kraft innerhalb eines Zeitschrittes dt zu:

$$F = \frac{p_{t1} - p_{t2}}{dt} + \frac{dp_{aus} - dp_{in}}{dt} \tag{2.2}$$

Der erste Term beschreibt hierbei die Impulsänderung der Gesamtmasse $p_{t1} - p_{t2}$ innerhalb des Kontrollvolumens. Impulsflüsse in bzw. aus dem Kontrollvolumen werden durch den zweiten Term erfasst.

Zum Kontaktzeitpunkt $t1$ der Masse m mit dem steifen Ziel gilt für Gleichung 2.2 bei der Aufprallgeschwindigkeit v:

$$p_{t1} = mv \tag{2.3}$$

Zum Zeitpunkt $t2$ ist das Massenelement dm in die Deformationszone eingedrungen und besitzt den Restimpuls dp_{dm}. Für Gleichung 2.2 gilt daher:

$$p_{t2} = (m - dm)(v - dv) + dp_{dm} \tag{2.4}$$

Der Restimpuls dp_{dm} kann mit der Geschwindigkeit v_r des Zieles zu $dp_{dm} = v_r dm$ gesetzt werden. Unter der Annahme, dass keine Massen aus dem Kontrollvolumen heraus bzw. in das Kontrollvolumen hinein fließen, ergibt sich Gleichung 2.2 zu:

$$F = m\frac{dv}{dt} + (v - dv - v_r)\frac{dm}{dt}. \tag{2.5}$$

Wird ein steifes Target ($v_r = 0$) vorausgesetzt und der Term zweiter Ordnung vernachlässigt, reduziert sich Gleichung 2.5 zu:

$$F = m\frac{dv}{dt} + v\frac{dm}{dt} \tag{2.6}$$

Der erste Term entspricht der Trägheitskraft der Restmasse bzw. der Berstlast. Diese Kraft wird zur weiteren Deformation des verbleibenden Aufprallkörpers benötigt und ist eine Strukturgröße, die entlang der Achse des Aufprallkörpers definiert wird ($F_G(x)$).

Der zweite Term entspricht der Impulsänderung der im Deformationsbereich abgebremsten Masse. Mit der Definition der Massenbelegung $\mu = \frac{dm}{dx}$ und dem Ansatz $v = \frac{dx}{dt}$ ergibt sich die Aufprallkraft, derart auch von LORENZ [62] hergeleitet, zu:

$$F(t) = F_G(x(t)) + \mu(x(t)) \cdot v^2(t) \tag{2.7}$$

Eine mögliche Verschiebung x_a der Zielstruktur mit der Geschwindigkeit v_a kann bei der Bestimmung der Aufprallkraft berücksichtigt werden [79]. Die bereits deformierte Masse m_d wird der Zielstruktur zugewiesen:

$$F(t) = F_G(x(t) - x_a(t)) + \mu(x(t) - x_a(t)) \cdot (v(t) - v_a(t))^2 - m_d \frac{dv_a}{dt} \tag{2.8}$$

Sollte der Aufprall schräg zur Oberfläche erfolgen, leitet RIERA [78] unter der Annahme, dass der Reibungswinkel zwischen der Oberfläche und dem aufprallenden Objekt bekannt ist und die geborstene Masse sich von der steifen Restmasse löst und dann vernachlässigt werden kann, die Aufprallkräfte normal und tangential zur Aufprallfläche her. Ist der Aufprallwinkel α kleiner als der Reibungswinkel ϕ bewegt sich der Aufprallpunkt nicht auf der Aufprallfläche und es gilt:

$$F_{normal} = F(t) \cdot cos(\alpha) \tag{2.9}$$

$$F_{tangential} = F(t) \cdot sin(\alpha) \tag{2.10}$$

Ist $\alpha > \phi$ ergibt sich die Gesamtaufprallkraft R unter dem Winkel ϕ als Summe der Aufprallkraft bei senkrechtem Aufprall und einer rechtwinklig hierzu wirkenden Kraft Q, die eine Verschiebung des Aufprallpunktes und eine Drehung der Restmasse um den Schwerpunkt bewirkt (siehe Abbildung 2.16).

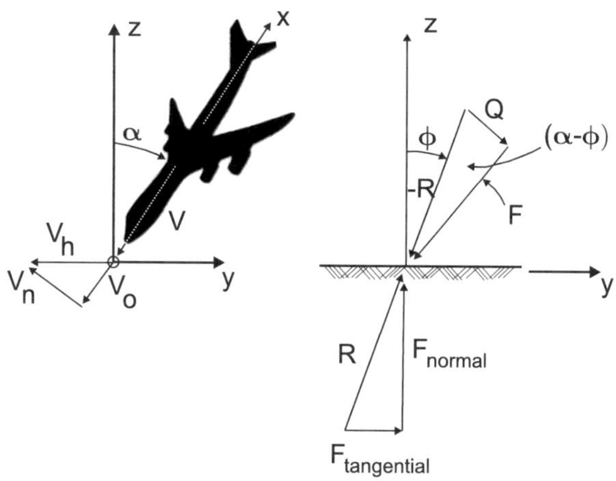

Abbildung 2.16: Schiefer Aufprall entsprechend RIERA [78]

Über die Kräfte- und Momentengleichgewichte um den Schwerpunkt (y_0,z_0) der Restmasse mit dem Rotationsträgheitsmoment I der Restmasse und dem Abstand L_0 des Schwerpunktes zum Aufprallpunkt lässt sich die Änderung des Aufprallwinkels α berechnen.

$$m\frac{d^2y_0}{dt^2} = -Q(t) \cdot cos(\alpha) + F_G(t) \cdot sin(\alpha) \tag{2.11}$$

$$m\frac{d^2z_0}{dt^2} = -Q(t) \cdot sin(\alpha) + F_G(t) \cdot cos(\alpha) \tag{2.12}$$

$$I\frac{d^2\alpha}{dt^2} = QL_0 \tag{2.13}$$

2.2.2 *Modell von* HORNYIK

Neben der Impulserhaltung berücksichtigt HORNYIK [40] in seinem Ansatz zur Bestimmung der Aufprallkraft zusätzlich den Erhalt der Energie. Die Deformationsarbeit e pro Längeneinheit wird unter Berücksichtigung der kinetischen Energie des ungeborstenen Teils des Aufprallkörpers, der Restenergie der Masse nach der Deformation und der Verformungsenergie beim elastisch-plastischen Versagen in der Deformationszone abgeleitet und ergibt sich zu:

$$-e = \frac{1}{2}\mu v^2(1-f) + m\frac{dv}{dt} \tag{2.14}$$

Der Wert $\sqrt{f}$ entspricht hierbei dem Verhältnis zwischen der Aufprallgeschwindigkeit und der Geschwindigkeit mit der sich die deformierten Massen rechtwinklig zur Aufprallachse bewegen. Mit Gleichung 2.14 ergibt sich die Aufprallkraft unter Verwendung des Impulssatzes zu:

$$F = \frac{1}{2}\mu v^2(1+f) - e \tag{2.15}$$

mit:

$$f \geq 1 + \frac{2e}{\mu v^2} = f_{min} \quad und \quad 0 \leq f \leq 1 \tag{2.16}$$

Der Wert f ist nach RIERA nicht ohne weitere Annahmen herzuleiten. Daher schlägt er die konservative Annahme $f = 1$ vor, womit der Ansatz von HORNYIK auf den Ansatz von RIERA zurückgeführt wird.

2.2.3 *Modell von* BAHAR *und* RICE

BAHAR und RICE [14, 74] berücksichtigen, abweichend von RIERA, in ihrem Ansatz einen kontinuierlich abfallenden Geschwindigkeitsverlauf in der Deformationszone. Der kontinuumsmechanische Ansatz erlaubt die Berücksichtigung der Ausdehnung der Deformationszone als prozentual zur Restlänge skalierte Länge sowie ein „Aufstauen" der geborstenen Masse am Zielkörper. Wird nun die Ausdehnung der Deformationszone durch Grenzwertbildung zu Null gesetzt sowie ein „Aufstauen" der Masse ausgeschlossen, erhalten BAHAR und RICE die folgende Berechnungsformel für die Aufprallkraft:

$$F = F_G + 0{,}5 \cdot \mu v^2 \tag{2.17}$$

Gleichung 2.17 kann auch über den Impulssatz hergeleitet werden. Im Vergleich zu RIERA wird durch die Formel von BAHAR und RICE die Kraft infolge der Geschwindigkeitsreduktion in der Deformationszone halbiert. RIERA [77] kritisiert an diesem Ansatz, dass die zunächst kontinuierlich angenommene Geschwindigkeitsverteilung durch die Reduzierung der Berstzonenausdehnung zu Null wieder einem Geschwindigkeitssprung am Übergang zwischen Projektil und Zielstruktur entspricht. Weiterhin kann nach RIERA die Ausdehnung der Berstzone gegenüber der Restlänge des Projektils vernachlässigt werden, muss aber nicht mathematisch Null sein. Der Ansatz von BAHAR und RICE wird daher von RIERA als untere Grenze von Gleichung 2.7 beurteilt.

2.2.4 Modell von DRITTLER *und* GRUNER

DRITTLER und GRUNER [27, 28] stellen ein eindimensionales numerisches Berechnungsmodell für den senkrechten Aufprall auf eine unverschiebliche Zielstruktur basierend auf der Differenzenmethode vor. Der Aufprallkörper wird in Längsrichtung in einzelne Elemente unterteilt, deren Massenverteilung und Querschnittsgröße hinterlegt wird. Die Gleichgewichtskräfte zwischen den einzelnen Elementen sowie die zugehörigen Geschwindigkeiten und die Verformungen werden über die Newtonsche Bewegungsgleichung bestimmt. Das Materialverhalten wird linear elastisch-plastisch mit elastischer Entlastung abgebildet. Wird beim Aufprall die Grenzdehnung in einem Element überschritten, können Trümmerstücke abgelöst werden, die sich dann unabhängig vom Restquerschnitt auf den Körper zu bewegen. Die zusätzliche Aufprallkraft der abgelösten Elemente wird über einen Impulsansatz erfasst. Das Modell von DRITTLER und GRUNER kann nicht nur für die Berechnung des weichen, sondern auch des harten Stoßes verwendet werden.

2.2.5 Modell von WOLF ET AL.

WOLF ET AL. [110] bestimmen die Last-Zeit-Funktion für den Aufprall eines Flugzeuges mit einem Feder-Masse-Modell. Das Flugzeug wird in konzentrierte Massenpunkte unterteilt (siehe Abbildung 2.17 (a)), die mit linear-elastisch-ideal-plastischen Federn verbunden sind. Ein Versagen der Federn tritt auf Zug bei Erreichen der Bruchdehnung ein. Bei Druckbeanspruchung verschmelzen benachbarte Massenpunkte bei kompletter Stauchung der Feder. Dies ist für die Massenpunkte m_j und m_{j+1} in Abbildung 2.17 (b) kurz vor und in Abbildung 2.17 (c) kurz nach der Verschmelzung der Massen dargestellt.

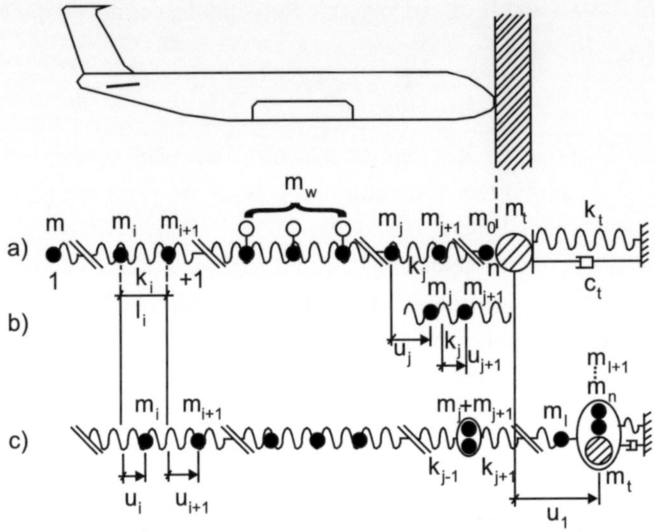

Abbildung 2.17: Feder-Masse-Modell nach WOLF ET AL. [110]

Die Triebwerke werden durch zusätzliche Massenpunkte berücksichtigt. Diese lösen sich nach einer vorgegebenen Berstlänge und treffen nicht auf den Zielkörper auf. Dieser kann durch ein Feder-Masse-Dämpfer-System ebenfalls verschieblich abgebildet werden. Ein Aufstauen der geborstenen Masse kann durch den Übergang der geborstenen Masse auf die Zielstruktur berücksichtigt werden (siehe Abbildung 2.17 (c)). Die Aufprallkraft setzt sich aus der Federkraft am Übergang zur Zielstruktur und der Kraft zur Abbremsung des auftreffenden Massenpunkts zusammen.

2.2.6 Modell von KAR

Aufgrund der vielen Unsicherheiten bei der Berechnung der Aufprallkraft schlägt KAR [50] einige Vereinfachungen vor. Bei der Vielzahl von Flugzeugmodellen kann nicht von einer einheitlichen Massenverteilung ausgegangen werden. Der zeitliche Massenstrom wird daher dreiecksförmig mit dem Maximalwert in der Flugzeugmitte angenommen. Mit dem Gewicht des Flugzeuges W, der Länge L und der Anfangsgeschwindigkeit v_0 ergibt sich dieser zu $m = 2\frac{W}{gL}v_0$. Die Geschwindigkeit während des Aufpralls wird auf der sicheren Seite konstant entsprechend der Ursprungsgeschwindigkeit ($v(t) = v_0$) definiert. Der Berstlastanteil wird ebenfalls als konstant angesetzt und erhält den Wert der zweifachen Berstlast. Zusätzlich setzt KAR einen Impulsänderungsfaktor von 0,75 an, da beim Aufprall einige geborstene Teile vom Aufprallort wegspringen, während andere Teile sich dort verdichten. Der Maximalwert der Kraft ergibt sich damit zu:

$$F_{max} = 2 \cdot F_G + 0{,}75 \cdot 2 \cdot (\frac{W}{gL})v_0^2 \tag{2.18}$$

Für den Aufprall eines Flugzeuges vom Typ Phantom (Masse = 20 t, Länge = 16,3 m) ist der dreiecksförmige Verlauf der Aufprallkraft bei einer Aufprallgeschwindigkeit von 215 m/s unter Annahme einer maximalen Berstlast von 50 MN in Abbildung 2.18 dargestellt.

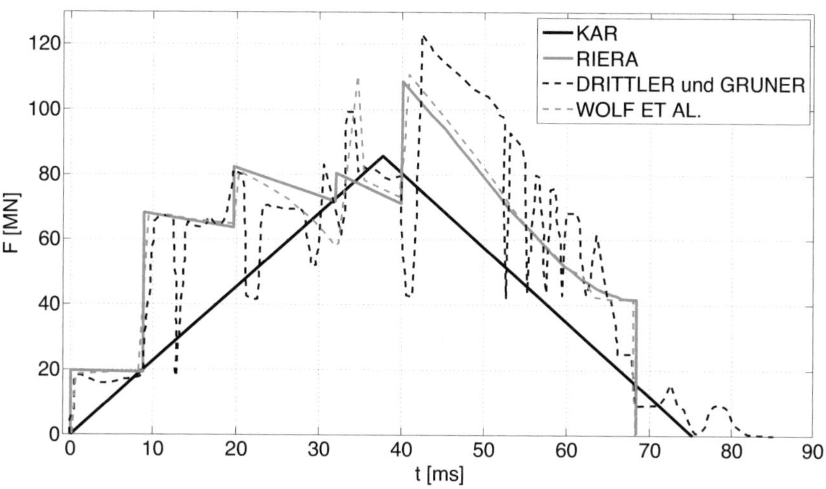

Abbildung 2.18: Last-Zeit-Funktionen beim Aufprall eines Flugzeugs vom Typ Phantom für eine Aufprallgeschwindigkeit von 215 m/s, Verläufe nach [110] um Ansatz nach KAR ergänzt

Die detaillierteren Last-Zeit-Verläufe, die sich unter Berücksichtigung der Massen- und Steifigkeitsverteilung entlang der Flugzeuglängsachse nach dem RIERA-Modell oder den Modellen von DRITTLER und GRUNER bzw. WOLF ET AL. (siehe ebenfalls Abbildung 2.18) ergeben, lassen sich durch diese einfache Abschätzung grob annähern.

2.2.7 *Modelle von* BIGNON *und* RIERA

Ebenfalls auf Basis eines Feder-Masse-Modells stellen BIGNON und RIERA [21] das Programm SMASH vor. Dieses benutzt den PARK-Algorithmus zur Integration der Bewegungsgleichung. Die Modellierung eines zweidimensionalen Feder-Masse-Modells ist im Programm MULTIMASS I möglich. Die einzelnen Massen werden hierbei in Längsrichtung mit nicht-linearen visko-elastisch-plastischen Federn und zusätzlich mit visko-elastisch-plastischen Drehfedern verbunden. Dies ermöglicht die Abbildung von Rotationen und ein Ablösen von Elementen beim Überschreiten von Grenzverformungen. Die Aufprallkraft entsprechend dem RIERA-Ansatz kann mit dem Programm IMPACT berechnet werden. Da dieser Algorithmus das elastische Rückfedern nicht abbilden kann, wird eine lineare Abschätzung der abfallenden Lastkurve basierend auf der Periodendauer der Longitudinalschwingung des Reststückes vorgeschlagen.

2.2.8 Modelle von JONAS ET AL.

JONAS ET AL. [48] stellen zwei Rechenmodelle zur Bestimmung der Aufprallkraft im Rahmen der Meppen-Versuche vor. Die zugehörigen Modelle sind in Abbildung 2.19 dargestellt. Es wird jeweils ein verschieblicher Zielkörper mit der Masse M_B und der Steifigkeit C_B angenommen.

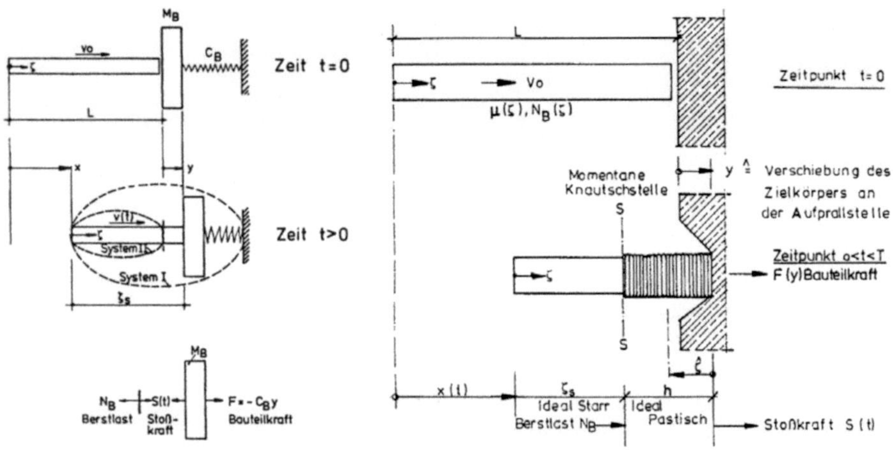

(a) Rechenmodell I (b) Rechenmodell II

Abbildung 2.19: System der Rechenmodelle [48]

In Rechenmodell I wird der Aufprallkörper als ideal-starr-ideal-plastisch angenommen und die Ausdehnung der Deformationszone wird vernachlässigt. Über den Impulssatz bestimmt sich damit die Aufprallkraft, die als Stoßkraft S bezeichnet wird, zu:

$$S(t) = -M_B\ddot{y} - C_B y = \ddot{x}\int_0^{\zeta_S} d\zeta\mu + \ddot{y}\int_{\zeta_S}^{L} d\zeta\mu - \mu_S(\dot{x}-\dot{y})^2 \tag{2.19}$$

mit $\mu = \frac{dm}{dx}$ und dem Index S für die momentane Lage der Unstetigkeitsstelle. Gleichung 2.19 stimmt mit dem Ansatz von RIERA bei Berücksichtigung eines verschieblichen Zielkörpers (Gleichung 2.8) überein. Um eine bessere Anpassung der berechneten Aufprallkraft an die Versuchsergebnisse zu erreichen, wurde im Rechenmodell II zusätzlich die aufgestaute Projektillänge berücksichtigt. Mit der erhöhten Massenbelegung $\beta \cdot \mu_S$ mit $\beta > 1$ im Knautschbereich ergibt sich die Stoßkraft zu:

$$S(t) = \ddot{x} \int_0^{\zeta_S} d\zeta\mu + \ddot{y} \left[\mu L - \int_0^{\zeta_S} d\varsigma\mu \right] - \mu_S \frac{\beta}{\beta - 1} (\dot{x} - \dot{y})^2 \tag{2.20}$$

Der Freiwert β kann aus Versuchsergebnissen abgeschätzt werden. Nach RÜDIGER ET AL. [85] kann der Ansatz erweitert werden, indem jedem Abschnitt i des Aufprallkörpers mit der Massenverteilung μ_i ein Wert β_i zugewiesen wird.

2.2.9 *Modell von* ABBAS ET AL.

ABBAS ET AL. [8] bestimmen die Aufprallkraft ebenfalls basierend auf dem Prinzip der Energieerhaltung. Die Reduktion der kinetischen Energie des ungeborstenen Aufprallkörpers setzt sich, wie bereits bei HORNYIK (siehe Abschnitt 2.2.2), aus der Deformationsenergie und der verbleibenden kinetischen Energie der deformierten Masse zusammen. ABBAS ET AL. berücksichtigen darüber hinaus die zusammengefassten Energieanteile E_a aus Wärme- und Schallentwicklung sowie die kinetische Energie und die Verformungsenergie der Zielstruktur. Die Aufprallkraft ergibt sich dann zu:

$$F = F_G[x(t)] + \frac{1}{2}(1 + k^2)\mu[x(t)]v^2 + km_d \frac{dv_a}{dt} + \frac{1}{v}\frac{dE_a}{dt} \tag{2.21}$$

mit v_a= Geschwindigkeit der Zielstruktur ($v_a = k \cdot v$) und m_d = deformierte Masse. Der letzte Term aus Gleichung 2.21 ist allerdings unbekannt und die Reaktion der Zielstruktur ist damit schwer abzuschätzen. Eine Vernachlässigung des Terms führt nach ABBAS ET AL. zu nicht-konservativen Aufprallkräften, daher wird in [8] eine Berechnung nach Gleichung 2.7 bzw. 2.8 empfohlen.

2.2.10 *Modell von* KIRKPATRICK *und* BOCCHIERI

KIRKPATRICK und BOCCHIERI [53] erweitern das Modell nach RIERA auf weichere und aufgefächerte Stahlrahmen- oder Betonrahmenkonstruktionen und implementieren dies in ein Bemessungsprogramm. Das Modell berücksichtigt den Einfluss einer möglichen Auf- bzw. Abtrennung einzelner Flugzeugkomponenten bei der Interaktion mit einzelnen Konstruktionselementen wie Decken und Stützen. Das Flugzeug wird vereinfacht mit konstanter Massenverteilung und Festigkeit für die einzelnen Komponenten modelliert. Dieses Modell wird mit einem Strahlverfolgungsalgorithmus derart in einzelne Segmente zerlegt, dass ein möglicher Aufprall der Segmente auf Strukturbauteile getrennt betrachtet werden kann. Neben der Aufprallkraft nach RIERA wird zusätzlich der Kraftanteil berücksichtigt, der aus der Interaktion der penetrierenden Masse mit der nichtstrukturellen Masse des Bauwerks resultiert.

2.2.11 Bemessung nach DIN 25449 : 2008-02

Die DIN 25449 : 2008-02 „Bauten aus Stahl- und Spannbeton in kerntechnischen Anlagen – Sicherheitskonzept, Einwirkungen, Bemessung und Konstruktion" [7] sieht zur Bemessung gegen Flugzeugabsturz die Last-Zeit-Funktion entsprechend der RSK-Richtlinie für Druckwasserreaktoren [81] vor. Diese Last-Zeit-Funktion (siehe Abbildung 2.20) wurde aus zwei unabhängigen Betrachtungen des Anpralls einer Phantom RF-4E mit einer Aufprallgeschwindigkeit von 215 m/s synthetisiert [29]. Die Last ist auf einer kreisförmigen Aufprallfläche von 7,0 m² anzunehmen.

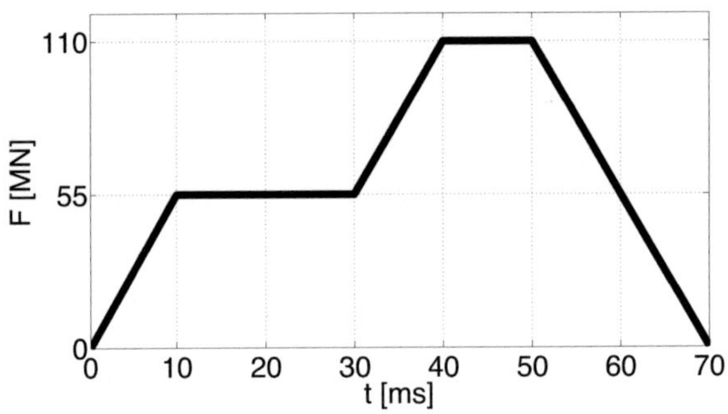

Abbildung 2.20: Lastfunktion nach RSK-Richtlinie [81]

Eine wünschenswerte Parametrisierung der Last-Zeit-Funktion für unterschiedliche Flugzeugtypen unter Berücksichtigung der wesentlichen Einflussgrößen wie Gesamtmasse und Aufprallgeschwindigkeit ist durch die Kopplung der Geschwindigkeitsänderung an die Berstlast (siehe auch Abschnitt 2.2.1) sowie die Veränderlichkeit der Steifigkeits- und Massenverteilung entlang der Aufprallachse nicht möglich.

Während in Deutschland die Lastfunktion noch immer von einer schnell fliegenden Militärmaschine abgeleitet wird, fordert die U.S. Nuclear Regulatory Commission (NRC) für neue Anlagen die Berücksichtigung des Anpralls großer Passagiermaschinen [103].

2.2.12 Ansätze für die Berstlast

Die in den vorangehenden Abschnitten dargestellten einfachen Berechnungsmodelle, die von einem starren undeformierten Restkörper ausgehen, weisen einen Kraftanteil auf, der der Trägheitskraft des Restkörpers entspricht. Dieser Kraftanteil ist erforderlich, um den Aufprallkörper an der Stoßstelle zu deformieren und ist dem Widerstandsvermögen des Aufprallkörpers, der sogenannten Berstlast, gleichzusetzen. Basierend auf der berücksichtigten Versagensart des Aufprallkörpers ergeben sich unterschiedliche Ansätze für die Berstlast, die im Folgenden vorgestellt werden.

Die maximal mögliche Berstlast F_G wird durch die Versagenslast des Querschnitts definiert. Diese berechnet sich als Produkt der Querschnittsfläche A und der Bruchfestigkeit σ_u des Materials:

$$F_G = P_u = A \cdot \sigma_u \tag{2.22}$$

Wird das Versagen auf Basis des Fließens des Materials definiert, reduziert sich die Berstlast mit der Fließspannung σ_y zu:

$$F_G = P_y = A \cdot \sigma_y \tag{2.23}$$

JONAS ET AL. [48] gehen davon aus, dass die Berstlast nicht nur von der statischen Versagenslast P_y abhängig ist, sondern einen zusätzlichen geschwindigkeitsabhängigen Anteil aufweist. Dieser ergibt sich als Produkt der Massenverteilung an der Stoßstelle μ_S mit der momentanen Geschwindigkeit an der Stoßstelle v_s. Beide Lastanteile können über die entsprechenden Parameter α_1 bzw. α_2 an die im Versuch ermittelten Kräfte angepasst werden:

$$F_G = \alpha_1 P_y - \alpha_2 \mu_S v_S \tag{2.24}$$

Tritt das Versagen des Aufprallkörpers aufgrund von Beulbildung ein, kann die Berstlast auf Basis der klassischen idealen Beulspannung

$$F_G = P_B = \frac{2 \cdot \pi \cdot t^2 \cdot E}{\sqrt{3(1-\nu^2)}} \tag{2.25}$$

oder der Beulspannung nach DONNEL

$$F_G = P_B = 2 \cdot \pi \cdot R \cdot t \cdot E \cdot \frac{0{,}6 \cdot \frac{t}{R} - 10^{-7} \cdot \frac{R}{t}}{1 + 0{,}0004 \cdot \frac{E}{f_y}}, \tag{2.26}$$

die die Streckgrenze f_y des Materials mit berücksichtigt, bestimmt werden. In Gleichung 2.25 und Gleichung 2.26 entspricht t der Wandstärke des Zylinders mit dem mittleren Radius R. E beschreibt den Elastizitätsmodul des Materials.

BIGNON und RIERA [21] kombinieren die Ansätze aufgrund des Beulversagens mit dem Versagen aufgrund des Fließens des Materials. Mit einem Ansatz nach RANKINE erhalten sie die folgende Gleichung:

$$\frac{1}{F_G} = \frac{1}{P_R} = \frac{1}{P_B} + \frac{1}{P_y} \tag{2.27}$$

Die Berstlast entspricht damit dem Kehrwert der Summe der Kehrwerte aus P_B und P_y, die aus den Gleichungen 2.25 bzw. 2.26 entnommen werden können.

Versagt der Aufprallkörper aufgrund von Faltenbildung, kann dies ebenfalls in der Berstlast berücksichtigt werden. Die im Folgenden dargestellten Berechnungsansätze beziehen sich auf zylindrische Aufprallkörper. Für diese stellt sich in Abhängigkeit des Radius-Wandstärken-Verhältnisses eine symmetrische oder eine asymmetrische Faltungsgeometrie ein.

Eine Näherungslösung für das symmetrische Falten wurde von ALEXANDER [12] abgeleitet. Diese nähert die Faltenbildung über die Einführung von plastischen Gelenken mit geraden Verbindungsstücken entsprechend Abbildung 2.21 an.

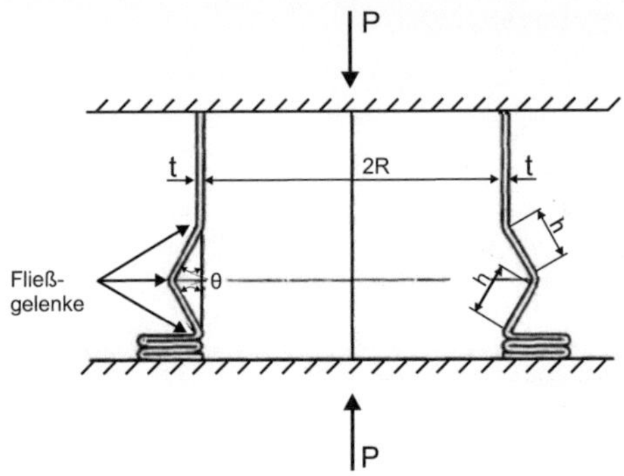

Abbildung 2.21: Modell nach ALEXANDER [12]

Die Bestimmung der zur Faltung notwendigen Kraft erfolgt über die zu verrichtende Arbeit und ergibt sich mit der Wandstärke t und dem Radius R des Zylinders zu:

$$F_G = P_F = \sigma_y \left(\frac{2(\pi t)^{3/2}}{3^{1/4}} \sqrt{R} + \frac{\pi}{\sqrt{3}} t^2 \right) = \sigma_y \left(8{,}46 \sqrt{Rt^3} + 1{,}814\, t^2 \right) \tag{2.28}$$

Unter Berücksichtigung, dass auch innenliegende Faltungen auftreten und die Faltungslänge auch auf Basis der elastischen Beulbildung abgeleitet werden kann, ergibt sich nach ALEXANDER der folgende Mittelwert:

$$F_G = P_F = \sigma_y \cdot 8{,}598 \sqrt{Rt^3} \tag{2.29}$$

ABRAMOWICZ [9] und JONES [10, 11] berücksichtigen zusätzlich die gekrümmte Gestalt der sich ausbildenden Falte über eine effektive Faltungslänge. Basierend auf der Herleitung nach ALEXANDER erhalten sie mit dem Mittelwert der veränderlichen Fließspannung σ_0 einen mittleren Kraftwert [49] von:

$$F_G = P_F = \frac{2(\pi t)^{3/2} \sqrt{R} \sigma_0}{3^{1/4} (0{,}86 - 0{,}37 (t/R)^{1/2})} \tag{2.30}$$

Zusätzlich kann die Abhängigkeit der Fließspannng von der Dehnrate auf Basis der COWPER-SYMONDS Beziehung, die das Verhältnis zwischen statischer und dynamischer Fließspannung in Abhängigkeit der Dehnrate $\dot{\varepsilon}$ und den beiden experimentell zu bestimmenden Materialparametern D und q beschreibt ($\frac{\sigma_{0,dynamisch}}{\sigma_{0,statisch}} = 1 + \left(\frac{\dot{\varepsilon}}{D}\right)^{\frac{1}{q}}$) berücksichtigt werden. Unter der vereinfachten Annahme einer konstanten Dehnrate ergibt sich die Berstlast mit der Anfangsgeschwindigkeit V_0 zu:

$$F_G = P_F = \frac{2(\pi t)^{3/2}\sqrt{R}\sigma_0}{3^{1/4}\left(0{,}86 - 0{,}37(t/R)^{1/2}\right)}\left(1 + \left(\frac{V_0}{4RD}\right)^{1/q}\right) \tag{2.31}$$

WIERZBICKI ET AL. [109] berücksichtigen für die gekrümmte Geometrie der Falte zwei S-förmige Bereiche. Sie erhalten damit mit der Fließspannung σ_y und dem Ausgangsradius R eine mittlere Aufprallkraft von:

$$F_G = P_F = 11{,}22 \cdot \sigma_y \cdot t^{3/2}\sqrt{R} \tag{2.32}$$

Für Radius-Wandstärkenverhältnisse von R/t > 40 - 45 stellt sich nach JONES [49] eine asymmetrische Faltenbildung ein. Das vom ursprünglichen Kreisquerschnitt abweichende Polygon variiert hierbei in der Anzahl n der Seitenflächen.

PUGSLEY und MACAULAY [71] stellen zunächst ein Konzept zur Bestimmung der Aufprallkraft basierend auf der sich einstellenden Faltungsgeometrie und der Verformungsarbeit vor. Die Kraft während des Faltungsprozess für $n=3$ bzw. $n=4$ Seitenflächen ergibt sich zu:

$$F_G = P_{n=3} = 2\pi Rt\sigma_y\left(1{,}6\frac{t}{R} + 0{,}12\right) \quad bzw. \quad F_G = P_{n=4} = 2\pi Rt\sigma_y\left(2{,}1\frac{t}{R} + 0{,}15\right) \tag{2.33}$$

Nach Überarbeitung der ursprünglichen Geometrieannahmen bestimmt PUGSLEY [72] den Wert in Abhängigkeit der Anzahl der Seitenflächen n und der Fließspannung σ_y zu:

$$F_G = P_n = 2{,}286 \cdot n^2 \cdot \sigma_y \cdot t^2 \tag{2.34}$$

WIERZBICKI konnte mit der nachfolgenden Formel mit der mittleren Fließspannung σ_0 eine gute Übereinstimmung mit Versuchsergebnissen erzielen [10]:

$$F_G = P_F = 7{,}28 \cdot \pi \cdot \sigma_0 \cdot \sqrt[3]{R \cdot t^5} \tag{2.35}$$

Unter Berücksichtigung der effektiven Faltungslänge nach ABRAMOWICZ und JONES [10] wird Gleichung 2.35 in Gleichung 2.36 überführt.

$$F_G = P_F = 31{,}33 \cdot \sigma_0 \cdot \sqrt[3]{R \cdot t^5} \tag{2.36}$$

Wird zusätzlich der Einfluss des Dehnrateneffekts berücksichtigt, wird Gleichung 2.36 erweitert zu:

$$F_G = P_F = 31{,}33 \cdot \sigma_0 \cdot \sqrt[3]{R \cdot t^5}\left(1 + \left(\frac{0{,}370 \cdot V_0}{RD}\right)^{1/q}\right) \tag{2.37}$$

ABRAMOWICZ und JONES [11] präsentieren einen weiteren Ansatz zur Bestimmung der mittlere Faltungskraft bei asymmetrischem Falten. Die Parameter A_N sind hierbei von der Anzahl der sich ausbildenden Seitenflächen der Faltungsgeometrie abhängig und werden in Tabelle 2.1 aufgeschlüsselt dargestellt.

$$F_G = P_F = \frac{1}{4}\sigma_0 \cdot t^2 \left(A_{1N} \cdot \sqrt{\frac{2R}{t}} + A_{2N}\right) \tag{2.38}$$

Die Berücksichtigung der effektiven Faltungslänge führt zu

$$F_G = P_F = \frac{1}{4}\sigma_0 \cdot t^2 \left(A_{3N} \cdot \sqrt{\frac{2R}{t}} + A_{4N}\right) \tag{2.39}$$

und bei Berücksichtigung des Dehnrateneffektes ergibt sich:

$$F_G = P_F = \frac{1}{4}\sigma_0 \cdot t^2 \left(A_{3N} \cdot \sqrt{\frac{2R}{t}} + A_{4N}\right)\left(1 + \left(\frac{A_{5N}V \cdot \sqrt{\frac{t}{2R}}}{DR}\right)^{1/q}\right) \tag{2.40}$$

Tabelle 2.1: Parameter A für das Berechnungsmodell von ABRAMOWICZ und JONES [11] für das asymmetrische Falten

n	2	3	4	5	6
A_{1N}	22,64	21,07	20,61	20,40	20,30
A_{2N}	12,57	32,66	60,70	96,72	140,74
A_{3N}	31,01	28,86	28,23	27,95	27,81
A_{4N}	17,22	44,74	83,15	132,49	192,80
A_{5N}	0,171	0,716	1,814	3,648	6,404

Zusammenfassend sind die Berstlasten für die vorgestellten Ansätze in Tabelle 2.2 für einen Aluminiumzylinder mit einer Wandstärke t von 0,3 mm und einem mittleren Radius R von 34,85 mm dargestellt. Der Elastizitätsmodul E des Aluminiums beträgt 74.124 N/mm², die Fließgrenze σ_y, die vereinfachend als mittlere Fließspannung σ_0 verwendet wird, beträgt 426 N/mm² und die Zugfestigkeit σ_u beträgt 569,5 N/mm². Die

Querdehnzahl ν beträgt 0,3 und zur Berücksichtigung des Dehnrateneffekts wurden die Werte für die Materialparameter D und q für Aluminium nach JONES [49] zu 6500 1/s bzw. 4 gewählt.

Tabelle 2.2: Berstlasten für einen Aluminiumring

Versagen	Gleichung	Berstlast [kN]
Bruch	2.22	37,41
Fließen	2.23	27,98
Beulen	2.25	25,37
Fließen/Beulen	2.27	13,31
Faltung symmetrisch	2.29	3,55
Faltung symmetrisch, effektive Faltungslänge	2.30	4,24
Faltung symmetrisch, effektive Faltungslänge, Dehnrateneffekt allgemeine Aluminiumlegierung	2.31	6,98
Faltung symmetrisch, S-förmige Falte	2.32	4,64
Faltung asymmetrisch	2.35	4,28
Faltung asymmetrisch, effektive Faltungslänge	2.36	5,86
Faltung asymmetrisch, effektive Faltungslänge, Dehnrateneffekt allgemeine Aluminiumlegierung	2.37	10,05
Faltung asymmetrisch, Anzahl der ausgebildeten Seitenflächen n=3/4/5	2.38	3,39/3,59/3,91
Faltung asymmetrisch, effektive Faltungslänge, Anzahl der ausgebildeten Seitenflächen n=3/4/5	2.39	4,65/4,92/5,35
Faltung asymmetrisch, effektive Faltungslänge, Dehnrateneffekt allgemeine Alminiumlegierung, Anzahl der ausgebildeten Seitenflächen n=3/4/5	2.40	6,63/7,57/8,79

t = 0,3 mm, R = 34,85 mm, E = 74.124 N/mm², v = 0,3, σ_u = 569,5 N/mm², σ_y = 426 N/mm², D_{Alu} = 6500 1/s, q_{Alu} = 4, v_0 = 160 m/s

Tabelle 2.2 zeigt, dass beim Ansatz eines Bruch- oder Fließversagens des Materials beim Aufprall die höchsten Berstlasten anzusetzen sind. Wird für den dargestellten dünnwandigen Zylinder ein Beulversagen maßgebend, reduziert sich die Berstlast geringfügig. Durch die Verwendung des Rankine-Kriteriums (siehe Gleichung 2.27) wird die Berstlast gegenüber einem Fließversagen etwa halbiert. Stellt sich ein Versagensmechanismus durch Faltung ein, ergeben sich deutlich geringere Berstlasten. Diese sind für asymmetrisches Falten höher als für symmetrisches Falten. Die Berücksichtigung einer effektiven Faltungslänge führt in beiden Fällen zu einer Erhöhung der Berstlasten. Eine weitere Erhöhung der Berstlast ergibt sich durch die Berücksichtigung des Dehnrateneffekts.

Die Berstlast variiert somit je nach auftretendem Versagen beim Aufprall deutlich und ist daher an die jeweiligen Randbedingungen des untersuchten Aufpralls anzupassen.

2.2.13 *Zusammenfassung der Berechnungsmodelle*

Die vorgestellten Berechnungsmodelle lassen sich in zwei wesentliche Kategorien - numerische Modelle und Berstlast-Methoden- unterteilen.

Bei den numerischen Modellen werden sowohl kontinuierliche als auch Feder-Massen-Modelle zur Abbildung des Aufprallkörpers verwendet. Wesentlich bei diesen Modellen ist die Definition des Material- bzw. Federverhaltens, die das Versagen des Aufprallkörpers bestimmt. Die numerischen Modelle ermöglichen das Ablösen bzw. Verschmelzen einzelner Elemente und teilweise das Abbilden von Rotationen beim Aufprall.

Die Berechnungsmodelle unter Verwendung der Berstlast-Methode weisen alle einen Berstlastanteil sowie einen Term zur Berücksichtigung der im Aufprallbereich abgebremsten Masse, entsprechend dem Modell nach RIERA (siehe Abschnitt 2.2.1), auf und betrachten einen weichen Stoß. Die Modelle von HORNYIK, BAHAR und RICE, JONAS ET AL. und ABBAS ET AL. stellen Erweiterungen des RIERA-Modells dar und führen zu einer vom RIERA-Modell abweichenden Gewichtung der einzelnen Terme der Aufprallkraft.

HORNYIK und ABBAS ET AL. berücksichtigen zusätzliche Energieanteile bei der Bestimmung der Aufprallkraft. Diese Anteile sind aber unbekannt oder nur auf Basis weiterer Annahmen zu bestimmen. JONAS ET AL. berücksichtigen ein Aufstauen der Masse im Aufprallbereich. Aus diesem Modell kann aber kein allgemeiner Ansatz abgeleitet werden, da zur Berechnung der Aufprallkraft Kennwerte aus Versuchen zu bestimmen sind. Die Variation von BAHAR und RICE beruht auf der der Annahme eines linear abfallenden Geschwindigkeitsverlaufs in der Deformationszone. Die Ausdehnung der Deformationszone wird aber zu null gesetzt, so dass sich mathematisch eine Halbierung des Anteils der aufprallenden Masse ergibt.

Aus den Einschränkungen der erweiterten Modelle ergibt sich das ursprüngliche Berstlast-Modell von RIERA als geeignetste Methode zur Bestimmung des Verlaufs der Aufprallkraft. Im Vergleich zu den vorgestellten numerischen Modellen erfordert es einen deutlich geringeren Programmier- und Rechenaufwand. Zusätzlich kann das Versagen des Aufprallkörpers durch den Ansatz der zugehörigen Berstlast berücksichtigt werden.

Für eine erste grobe Abschätzung der Aufprallkraft kann das stark vereinfachte Modell von KAR herangezogen werden.

2.3 Finite-Elemente-Berechnungen von Impakt-Vorgängen

Die folgende Darstellung von Finite-Elemente-Berechnungen beschränkt sich auf Veröffentlichungen, die in Bezug zu den in Abschnitt 2.1 vorgestellten experimentellen Untersuchungen stehen. Zusätzlich werden Ansätze zur Simulation eines kompletten Flugzeuges dargestellt, um die aktuellen Möglichkeiten der Simulation zu veranschaulichen.

2.3.1 Simulation experimenteller Untersuchungen

Simulation der Versuche in Meppen

BRANDT ET AL. [23] beschreiben die Simulation der Meppen-Versuche (siehe auch Abschnitt 2.1.1) mit einem axialsymmetrischen Finiten-Differenzen-Modell. Die Schalenelemente können das nichtlineare Verhalten und die Faltenbildung abbilden. Nach Filterung der hochfrequenten Schwingungsanteile kann die berechnete Last-Zeit-Funktion die Versuchsergebnisse gut annähern.

Simulation der Versuche in Sandia

BAUER ET AL. [16] berechnen den Aufprall des in Sandia eingesetzten Militärflugzeugs mit dem dreidimensionalen Code DYSMAS/L. Das vornehmlich aus Schalenelementen bestehende Modell repräsentiert die Steifigkeits- und Massenverteilung des Flugzeugs (siehe Abbildung 2.22 (a)). Mit dem nach heutigen Gesichtspunkten eher groben Netz kann die im Versuch ermittelte Last-Zeit-Funktion bereits angenähert werden.

(a) nach BAUER ET AL. [16] (b) nach ITOH ET AL. [44]

Abbildung 2.22: Diskretisierung der Phantom

Ein detaillierteres Modell (siehe Abbildung 2.22 (b)) wird von ITOH ET AL. [44] vorgestellt. Neben dem Flugzeugrumpf werden die Turbinen und der Flugzeugtank abgebildet. Die Wahl einer sinnvollen Wandstärke von 4 mm für den Rumpf erfordert eine

Erhöhung der Dichte, um die reale Flugzeugmasse anzunähern. Unter Berücksichtigung eines Zeitversatzes, der auf eine veränderte Massenverteilung der Flugzeugspitze gegenüber dem realen Aufprall und die Vernachlässigung der Führungsschlitten und Raketenantriebe zurückgeführt wird, kann eine ausreichende Übereinstimmung der Last-Zeit-Funktion beim Aufprall erzielt werden.

Simulation der Versuche in Karlsruhe

Die Karlsruher Versuche wurden von der GRS [91] numerisch nachgebildet. Für die Simulation der Kraftmessplattform konnte eine gute Übereinstimmung erzielt werden. Der Einfluss der Eigenschwingungen des steifen Stahltargets auf die ermittelten Aufprallkräfte konnte durch das reduzierte Modell nicht nachgebildet werden. Für den simulierten Aufprall eines leeren Projektils konnte daher nur eine gute Übereinstimmung für die Restlänge des Projektils und den übertragenen Impuls, aber nicht für die aus diesen Impulsdaten abgeleitete Last-Zeit-Funktion erreicht werden. Das dreidimensionale Modell verwendet ein Schalenmodell mit drei Elementschichten und berücksichtigt den Dehnrateneffekt des Materials. Die prinzipielle Abbildbarkeit eines Projektilaufpralls mit Flüssigkeitsfüllung wurde anhand eines axialsymmetrischen Modells gezeigt. Die Simulation des Wassers erfolgte hierbei mit der SPH-Methode (Smooth Particle Hydrodynamics) [43].

Simulation der Versuche bei VTT

Die numerischen Untersuchungen zu den bei VTT durchgeführten Versuchen fokussieren meist das Versagen der ebenfalls untersuchten Stahlbetonwände [35, 86, 99, 100, 105]. Erste Simulationen zum Aufprall der Projektile wurden von SAARENHEIMO ET AL. [87] und VARPASUO [104] gezeigt. TARALLO ET AL. [99] konnten mit dem in Abbildung 2.23 (a) gezeigten Modell unter Berücksichtigung der Struktur der Messplattform eine gute Übereinstimmung des übertragenen Impulses zwischen Simulation und Experiment erzielen. Das Modell eines Projektils mit Flügeln (siehe Abbildung 2.23 (b)) von KUUTTI und LASTUNEN [57] zeigt ein vergleichbares Verformungsverhalten, wie es in den Versuchen beobachtet wurde. Ein direkter Vergleich der ermittelten Last-Zeit-Funktionen ist aufgrund der mit Eigenschwingungen überlagerten Messdaten nicht möglich.

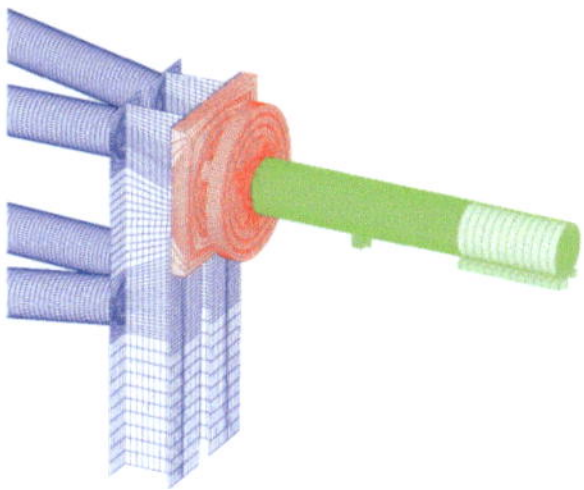

(a) Simulation von TARALLO ET AL. [99]

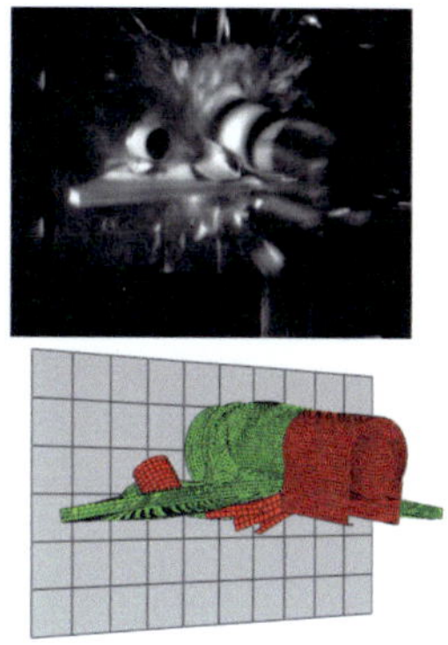

(b) Vergleich von Versuch und Simulation von KUUTTI und LASTUNEN [57]

Abbildung 2.23: Simulation der Versuche bei VTT

2.3.2 Simulation von Flugzeugen

Finite-Elemente-Untersuchungen mit großen Passagiermaschinen sind in jüngster Vergangenheit meist durch die Anschläge auf das World Trade Center motiviert.

LAWVER ET AL. [59] zeigen Last-Zeit-Funktionen, die sie mit Modellen der Militärmaschinen C-130 und C-141 berechnet haben. Die numerischen Ergebnisse weichen deutlich von den von LAWVER ET AL. berechneten analytischen Lösungen basierend auf dem RIERA-Modell ab.

HENKEL und KLEIN [38] präsentieren ein numerisches Modell eines Airbus A320. Die Validierung des Models erfolgt auf Basis eines Eigenfrequenzvergleichs mit Literaturwerten. Der Aufprall auf eine steife Wand mit einer Geschwindigkeit von 125 m/s resultiert in einer kontinuierlichen Verformung des Flugzeugrumpfes, einem Abscheren der Turbine und einem Zerbrechen des Flügels.

STEPAN [95] beschreibt das numerische Modell einer Boeing B747-400. Zur Simulation der Außenhülle werden mehrschichtige Schalenelemente verwendet, für die Triebwerke Volumenelemente. Die Gesamtmasse des Flugzeugs ergibt sich aus der Strukturmasse und zusätzlichen Massen für Ladung, Passagiere und Tanks. Stepan validiert das Modell mit einer analytischen Vergleichsrechnung mit dem RIERA-Modell [96]. Die Berstlasten werden dabei basierend auf Angaben RIERAS [76] für eine Boeing B707-320 an die B747-400 angepasst. Im Vergleich ergeben sich für die numerische Lösung ein höheres Lastniveau für den Aufprall des Flugzeugrumpfes und eine geringere Ausdehnung des maximalen Peaks (siehe Abbildung 2.24). Es wird daher eine Neuabschätzung der Berstlasten für das RIERA-Modell empfohlen.

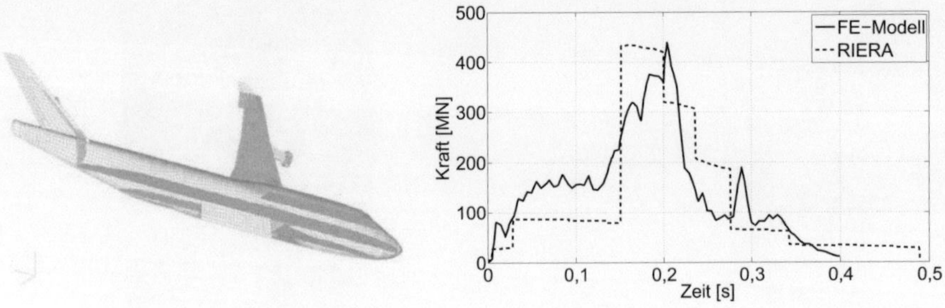

Abbildung 2.24: Modell und Simulationsergebnisse von STEPAN [96]

KIRKPATRICK ET AL. [54] entwickeln ein sehr detailliertes Modell der Boeing 767-200ER zur Untersuchung des Einsturzes des World Trade Centers. Das Modell besteht für den Rumpf, das Leitwerk und die Flügel aus Schalenelementen. Fahrwerk und Triebwerke weisen zusätzlich Volumenelemente auf. Der Treibstoff wurde mit der SPH-Methode modelliert. Ausgehend von der detaillierten Modellierung von Teilstrukturen wurde das Modell in seiner Größe und Komplexität stetig erweitert. Zur Simulation des gesamten Flugzeugs musste der Detaillierungsgrad unter Beibehaltung des für die detaillierteren Modelle ermittelten Verhaltens reduziert werden. Dies erfordert sowohl eine Anpassung der Geometrie aber auch der Versagensparameter des Materials. KIRKPATRICK ET AL. weisen darauf hin, dass die Anwendung üblicher Ingenieurvereinfachungen zu einem physikalischen widersprüchlichen Verhalten und damit deutlichen Fehlern in der Schadensabschätzung führen kann.

Eine Beurteilung der vorgestellten Simulationen ist nur schwer möglich, da wie die Untersuchungen von KIRKPATRICK ET AL. zeigen, ein vereinfachtes Flugzeugmodell die Berücksichtigung vieler Details erfordert. Die Ableitung der vorgestellten Flugzeugmodelle ist in den meisten Fällen wenig detailliert erläutert und lässt daher keine Rückschlüsse auf die getroffenen Annahmen zu. Ebenso sind die Eingangsparameter für den Vergleich mit dem RIERA-Modell meist nicht angegeben.

2.4 Schlussfolgerungen

Die Darstellung des Stands der Erkenntnis zum Impakt deformierbarer Aufprallkörper zeigt auf, dass nur wenige Ergebnisse derartiger Untersuchungen veröffentlicht wurden. Die zugängliche Datenbasis ist daher sehr gering und eine Beurteilung der Ergebnisse ist durch die mangelnde Kenntnis der Versuchsrahmenbedingungen meist nur stark eingeschränkt möglich. Zur Schaffung einer soliden Datenbasis, die für eine detaillierte Auswertung verwendet werden kann, ist daher die Durchführung einer definierten Versuchsreihe notwendig. Die in den dargestellten Versuchen aufgetretenen

Überlagerungen der Last-Zeit-Funktion mit den Eigenschwingungen des Versuchsaufbaus sollen hierbei reduziert werden.

Bei der Bestimmung der Aufprallkraft von zylindrischen Aufprallkörpern wurden in den dargestellten Versuchen überwiegend Stahlquerschnitte verwendet. Die Betrachtung des Lastfalls Flugzeuganprall impliziert aber die Verwendung von in der Luftfahrtindustrie eingesetzten Aluminiumwerkstoffen, wie diese beispielsweise von KREUSER ET AL. verwendet wurden.

Der Einfluss einer Flüssigkeitsfüllung auf die Last-Zeit-Funktion wurde nur von KREUSER ET AL. und in den aktuellen Versuchen von VTT untersucht. Detaillierte Auswertungen hierzu wurden bisher nicht veröffentlicht. Die Auswertung der Effekte beim Aufprall eines Projektils mit implementiertem Tank ist daher ebenfalls Ziel dieser Arbeit.

Bei der numerischen Simulation von Aufprallexperimenten konnten meist das Aufprallverhalten des Stoßkörpers und der Impulsübertrag auf den Zielkörper abgebildet werden, eine Übereinstimmung der experimentell und numerisch ermittelten Last-Zeit-Funktionen wurde aber in der Regel nicht erreicht. Dies ist auf den Einfluss der meist auftretenden Eigenschwingungen der Zielstruktur zurückzuführen, welcher beim Vergleich der experimentell und numerisch ermittelten Last-Zeit-Funktionen berücksichtigt werden muss. Unter Anwendung unterschiedlicher Methoden sollen daher von der Zielstruktur unabhängige Last-Zeit-Funktionen ermittelt werden, die zur Validierung der numerischen Modelle herangezogen werden. Die numerischen Modelle sollen nachvollziehbar basierend auf den Geometrie- und Materialdaten der Projektile entwickelt werden. Die Kenntnis der Versuchsrandbedingungen soll hierbei auch die Berücksichtigung möglicher Störungen während des Experiments ermöglichen.

Die zuverlässige numerische Abbildung vollständiger Flugzeuge erfordert, wie von KIRKPATRICK ET AL. gezeigt, detaillierte Kenntnisse der Flugzeugstruktur und des Verhaltens von einzelnen Teilstrukturen und ist nicht Inhalt dieser Arbeit.

Sowohl experimentelle als auch detaillierte numerische Untersuchungen sind mit einem deutlichen Zeitaufwand verbunden. Zur effizienten Abschätzung der Last-Zeit-Funktion beim Aufprall der untersuchten Projektile können die in Abschnitt 2.2 dargestellten Berstlast-Modelle verwendet werden. Die Ermittlung der Berstlasten muss hierbei basierend auf den vorliegenden Randbedingungen erfolgen. Durch die experimentell und numerisch ermittelten Last-Zeit-Funktionen können die Güte der analytischen Lösung sowie deren Einschränkungen vergleichend dargestellt werden. Dies soll anhand des RIERA-Modells erfolgen.

3 Experimentelle Untersuchungen

Im Rahmen dieser Arbeit wurden Aufpralluntersuchungen mit flüssigkeitsgefüllten Aluminiumprojektilen zur Bestimmung der Last-Zeit-Funktion beim Aufprall durchgeführt. Der zugehörige Versuchsaufbau ist in Abbildung 3.1 schematisch dargestellt. Die Projektile, die teilweise mit einem Flüssigkeitstank bestückt waren, wurden mit einer Druckluftkanone beschleunigt. Der Aufprall erfolgte nach einer freien Flugphase von ca. 2 m auf eine Kraftmessplattform. Diese war auf einem Pendelkörper montiert, so dass eine zusätzliche Bestimmung der Aufprallkraft auf Basis der Beschleunigung des Pendelkörpers ermöglicht wurde. Der Aufprall der Projektile wurde mit einer Hochgeschwindigkeitskamera aufgezeichnet.

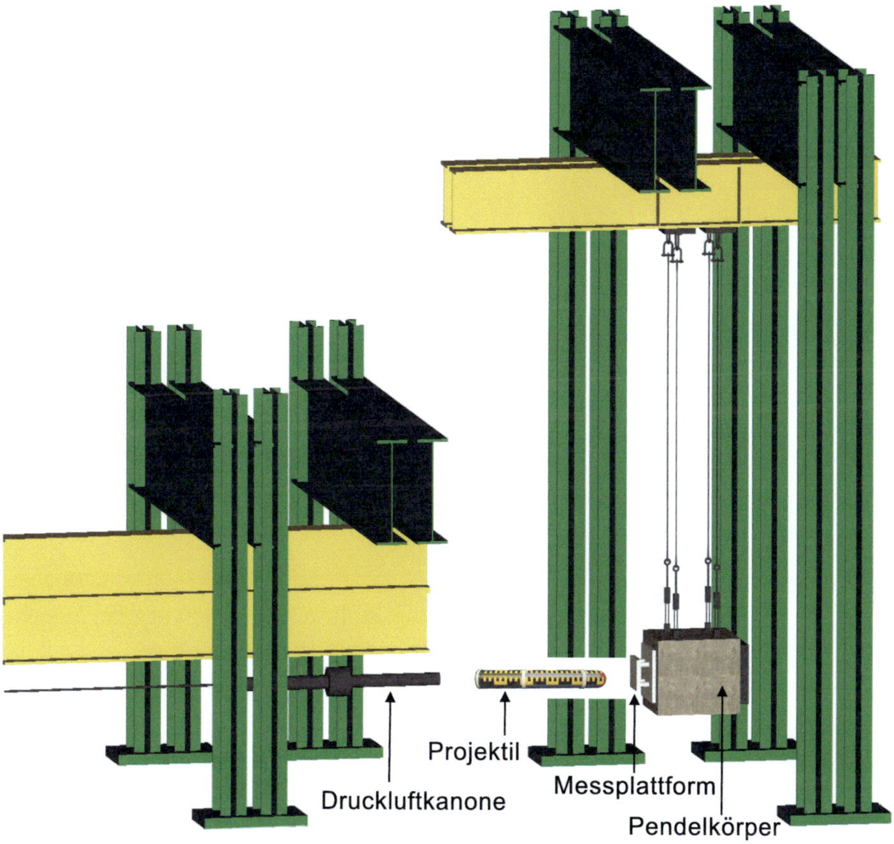

Abbildung 3.1: Schematischer Versuchsaufbau

Im Folgenden wird zunächst der Pendelaufbau erläutert und die Gleichungen zur Bestimmung der Aufprallkraft und des übertragenen Impulses werden hergeleitet. Der anschließenden Darstellung der verwendeten Pendelkörper und der Beschleunigungskanone folgt die Beschreibung der eingesetzten Messtechnik. Die Geometrie der Projektile sowie deren Materialien werden ebenso wie die Versuchsparameter dargestellt.

3.1 Pendelaufbau

Für den Zielkörper wurde das mechanische Grundmodell eines massiven Pendelkörpers gewählt (siehe Abbildung 3.2). Dies hat den Vorteil, dass die Grundeigenfrequenz des Aufprallkörpers bekannt ist. Für das ideale Pendel ist diese lediglich von der Länge der Aufhängung abhängig und kann daher so klein gewählt werden, dass sie deutlich unterhalb der im Aufprallsignal zu erwartenden Frequenzen liegt.

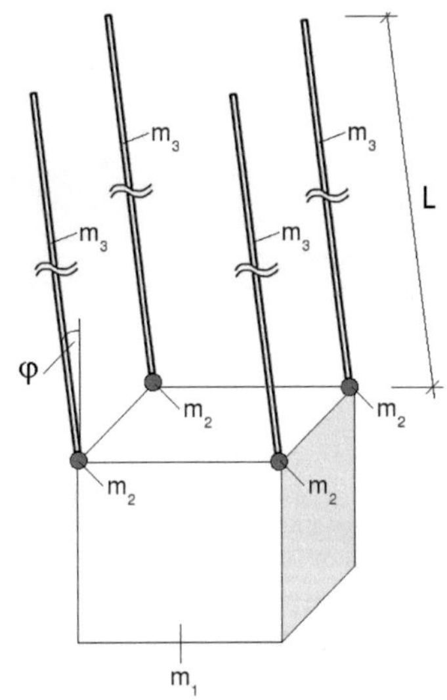

Abbildung 3.2: Pendelkörper

Erfolgt die Aufhängung des Pendelkörpers über vier Anschlagpunkte, führt dies dazu, dass der Körper bei der Schwingung des Gesamtpendels nicht rotiert und die Oberflächen des Körpers immer senkrecht bzw. parallel zur Horizontalen bleiben. Eine auf der Aufprallfläche montierte Messplattform zur Erfassung der Kraft verbleibt somit auch bei Bewegung des Pendels immer senkrecht zur Aufprallrichtung. Bei dieser Art der Pendelaufhängung existiert für jeden einzelnen Punkt des Körpers ein anderer Drehpunkt, der jeweils im Abstand der Aufhängungslänge L über dem jeweiligen Punkt liegt. Hieraus lässt sich ein Schwingungsersatzsystem ableiten, das dem einfachen Massenpendel entspricht, solange die Masse der Aufhängung gegenüber dem Pendelgewicht vernachlässigt werden kann.

Werden jedoch schwere Ketten, Seile oder Anschlagpunkte zur Aufhängung verwendet, kann sich das jeweilige Gewicht sowie die der Rotation entgegengesetzte Trägheit auf die Eigenfrequenz des Pendels auswirken und muss berücksichtigt werden. Die Schwingungsgleichung und daraus folgend die Eigenfrequenz des Systems ist im Folgenden für den in Abbildung 3.2 dargestellten Körper m_1 mit Einzelmassen im Bereich der Aufhängung m_2 und massebehafteten Seilen m_3 für die Pendellänge L und den Auslenkungswinkel φ über den LAGRANGE-Ansatz hergeleitet.

Die kinetische sowie die potentielle Energie des Systems ergeben sich mit dem Trägheitsmoment J_{S3} der massenbehafteten Seile und der Anzahl n der Seile bzw. Einzelmassen zu:

$$E_{kin} = \frac{1}{2} \cdot m_1 \cdot (L \cdot \dot{\varphi})^2 + \frac{1}{2} \cdot m_2 \cdot (L \cdot \dot{\varphi})^2 \cdot n + \frac{1}{2} \cdot m_3 \cdot \left(\frac{1}{2} \cdot L \cdot \dot{\varphi}\right)^2 \cdot n + \frac{1}{2} \cdot J_{S3} \cdot \dot{\varphi}^2 \cdot n \quad (3.1)$$

$$E_{pot} = m_1 \cdot g \cdot L \cdot (1 - \cos\varphi) + m_2 \cdot g \cdot L \cdot (1 - \cos\varphi) \cdot n + m_3 \cdot g \cdot \frac{L}{2} \cdot (1 - \cos\varphi) \cdot n \quad (3.2)$$

Über die LAGRANGE Funktion $\mathcal{L}$ kann unter Verwendung der entsprechenden Ableitungen die Schwingungsgleichung für das System entsprechend Gleichung 3.8 berechnet werden.

$$\mathcal{L} = E_{kin} - E_{pot} \quad (3.3)$$

$$\frac{\partial \mathcal{L}}{\partial \varphi} = -m_1 \cdot g \cdot L \cdot sin\varphi - m_2 \cdot g \cdot L \cdot \sin\varphi \cdot n - m_3 \cdot g \cdot \frac{L}{2} \cdot \sin\varphi \cdot n \quad (3.4)$$

$$= -\left(m_1 + m_2 \cdot n + \frac{1}{2} m_3 n\right) \cdot g \cdot L \cdot \sin\varphi \quad (3.5)$$

$$\frac{\partial \mathcal{L}}{\partial \dot{\varphi}} = m_1 \cdot L^2 \cdot \dot{\varphi} + m_2 \cdot L^2 \cdot \dot{\varphi} \cdot n + \frac{1}{4} \cdot m_3 \cdot L^2 \cdot \dot{\varphi} \cdot n + J_{S3} \cdot \dot{\varphi} \cdot n \quad (3.6)$$

$$\frac{d}{dt}\left(\frac{\partial \mathcal{L}}{\partial \dot{\varphi}}\right) = \left(m_1 \cdot L^2 + m_2 \cdot L^2 \cdot n + \frac{1}{4} \cdot m_3 \cdot L^2 \cdot n + J_{S3} \cdot n\right) \cdot \ddot{\varphi} \quad (3.7)$$

$$\frac{d}{dt}\left(\frac{\partial \mathcal{L}}{\partial \dot{\varphi}}\right) - \frac{\partial \mathcal{L}}{\partial \varphi} = \left[\left(m_1 + m_2 \cdot n + \tfrac{1}{4} \cdot m_3 \cdot n\right) \cdot L^2 + J_{S3} \cdot n\right] \cdot \ddot{\varphi} + \left(m_1 + m_2 \cdot n + \tfrac{1}{2} \cdot m_3 \cdot n\right) \cdot g \cdot L \cdot \sin\varphi = 0 \quad (3.8)$$

Die Schwingungsgleichung ergibt sich damit zu:

$$\ddot{\varphi} + \frac{\left(m_1 + m_2 \cdot n + \frac{1}{2} \cdot m_3 \cdot n\right) \cdot g \cdot L}{\left(m_1 + m_2 \cdot n + \frac{1}{4} \cdot m_3 \cdot n\right) \cdot L^2 + J_{S3} \cdot n} \cdot \sin\varphi = 0 \quad (3.9)$$

Für die Eigenperiode als Kehrwert der Eigenfrequenz gilt:

$$T = 1/f = 2\pi \cdot \sqrt{\frac{\left(m_1 + m_2 \cdot n + \frac{1}{4} \cdot m_3 \cdot n\right) \cdot L^2 + J_{S3} \cdot n}{\left(m_1 + m_2 \cdot n + \frac{1}{2} m_3 \cdot n\right) \cdot g \cdot L}} \tag{3.10}$$

Die Kenntnis der Schwingungsgleichung ermöglicht neben der Ableitung der Eigenfrequenz auch eine zusätzliche Möglichkeit zur Bestimmung der vom Aufprallkörper auf die Zielstruktur übertragenen Kraft. Hierzu wird die Schwingungsgleichung in der Kraftdarstellung mit der von außen wirkenden Kraft Q_i gleichgesetzt [70]:

$$\frac{d}{dt}\left(\frac{\partial \mathcal{L}}{\partial q_i}\right) - \frac{\partial \mathcal{L}}{\partial q_i} = Q_i \tag{3.11}$$

$$\begin{aligned}\left[\left(m_1 + m_2 \cdot n + \tfrac{1}{4} \cdot m_3 \cdot n\right) \cdot L^2 + J_{S3} \cdot n\right] \cdot \ddot{\varphi} + \left(m_1 + m_2 \cdot n + \tfrac{1}{2} \cdot m_3 \cdot n\right) \cdot g \cdot L \cdot \sin\varphi \\ = F(t) \cdot \cos\varphi \cdot L\end{aligned} \tag{3.12}$$

Für kleine Winkel kann diese Gleichung linearisiert werden:

$$\begin{aligned}\left[\left(m_1 + m_2 \cdot n + \tfrac{1}{4} \cdot m_3 \cdot n\right) \cdot L^2 + J_{S3} \cdot n\right] \cdot \ddot{\varphi} + \left(m_1 + m_2 \cdot n + \tfrac{1}{2} \cdot m_3 \cdot n\right) \cdot g \cdot L \cdot \varphi \\ = F(t) \cdot L\end{aligned} \tag{3.13}$$

Die Überführung in transversale Koordinaten erfolgt über $x = \varphi \cdot L$ zu:

$$F(t) = \frac{\left[\left(m_1 + m_2 \cdot n + \frac{1}{4} m_3 \cdot n\right) \cdot L^2 + J_{S3} \cdot n\right]}{L^2} \cdot \ddot{x} + \frac{\left(m_1 + m_2 \cdot n + \frac{1}{2} \cdot m_3 \cdot n\right) \cdot g}{L^2} \cdot x \tag{3.14}$$

Wird die Beschleunigung des Pendelkörpers während des Aufpralls erfasst, lässt sich der Kraftverlauf der eingetragenen Kraft bestimmen, da die Verschiebungsgrößen durch Integration der Beschleunigung berechnet werden können.

Für den vorliegenden Versuchsaufbau lässt sich die Bestimmung der Kraft aufgrund der geringen Verschiebungen und der großen Pendelmasse vereinfachend auf den Newtonschen Ansatz zurückführen. Mit $m_3 \approx 0$ und $J_{S3} \sim 0$ ergibt sich:

$$F(t) = (m_1 + m_2 \cdot n) \cdot \ddot{x} + \frac{m_1 \cdot g}{L} \cdot x \backsimeq (m_1 + m_2 \cdot n) \cdot \ddot{x} \tag{3.15}$$

Eine vergleichende Auswertung der eingetragenen Kraft unter Verwendung des detaillierten Ansatzes und der vereinfachten Lösung wird in Abschnitt 4.2.1 gezeigt.

Neben der Bestimmung der Aufprallkraft unter Verwendung der Beschleunigungen des Körpers ermöglicht der Pendelaufbau zusätzlich die Bestimmung des durch den Aufprall übertragenen Impulses. Hierzu ist es notwendig von messbaren Größen, wie beispielsweise der Horizontalverschiebung x des Körpers, auf den eingetragenen Impuls zurückrechnen zu können. Über den Erhalt des Drehimpulses und der Gesamtenergie ist dies unter der Annahme, dass der Körper selbst nicht rotiert, möglich. Hierbei sind Rotationen von Aufhängungen, deren Gewicht nicht vernachlässigt werden kann, zu berücksichtigen. Die Lösung für den in Abbildung 3.2 dargestellten Aufbau ist im Folgenden gegeben.

Für die geometrischen Randbedingungen (Horizontalverschiebung x, Vertikalverschiebung h_1) gelten hierbei:

$$x = L \cdot \sin\varphi \tag{3.16}$$

$$h_1 = L \cdot (1 - \cos\varphi) \tag{3.17}$$

Aus den Grundgleichungen der Energieerhaltung

$$E_{pot} = m_1 \cdot g \cdot h_1 + m_2 \cdot n \cdot g \cdot h_1 + m_3 \cdot g \cdot \frac{h_1}{2} \cdot n \tag{3.18}$$

$$E_{kin} = \frac{1}{2} \cdot m_1 \cdot v_1^2 + \frac{1}{2} \cdot m_2 \cdot n \cdot v_1^2 + \frac{1}{2} \cdot m_3 \cdot \left(\frac{v_1}{2}\right)^2 \cdot n + \frac{1}{12} \cdot m_3 \cdot L^2 \cdot \frac{1}{2} \cdot \left(\frac{v_1}{2}\right)^2 \cdot n \tag{3.19}$$

lassen sich die Geschwindigkeit v_1 im Tiefpunkt und daraus der übertragene Drehimpuls L_0 bestimmen:

$$L_0 = I_0 \cdot L = m_1 \cdot v_1 \cdot L + n \cdot m_2 \cdot v_1 \cdot L + \left[\frac{1}{12} \cdot m_3 \cdot L^2 + m_3 \cdot \left(\frac{L}{2}\right)^2\right] \cdot \frac{1}{L} \cdot v_1 \cdot n \tag{3.20}$$

Der übertragene Gesamtimpuls I_0 ergibt sich dann durch Division des Drehimpulses L_0 durch die Pendellänge L.

Durch den Aufbau der Zielstruktur als Pendelkörper wird ein System mit niedriger Grundeigenfrequenz erzeugt, das die Bestimmung der Aufprallkraft über zwei Systeme ermöglicht. Die Aufprallkraft kann unter Verwendung von Beschleunigungssensoren sowie über die Messplattform bestimmt werden. Zusätzlich ermöglicht der Pendelaufbau die Ermittlung des übertragenen Gesamtimpulses.

3.2 Mechanischer Aufbau

Die theoretische Grundlage des schweren Massependels wurde in zwei Versuchskörpern umgesetzt. Die beiden Varianten sind basierend auf ihren unterschiedlichen Abmessungen mit „großes Pendel" und „kleines Pendel" bezeichnet.

3.2.1 Variante „großes Pendel"

Mit dem Ziel einen möglichst schweren Pendelkörper zu benutzen, um die Bewegung des Körpers während des Aufpralls des Projektils so gering wie möglich zu halten, wurde ein Betonkörper mit den Maßen 2700 x 1800 x 1200 mm³ und einer Masse von ca. 14.500 kg als Pendelkörper ausgewählt. Dieser Körper wies vier Anschlagpunkte in Form von DEHA-Kugelkopfankern auf. Die Aufhängung des Körpers erfolgte in Form eines Parallelpendels (siehe Abbildung 3.3) an einem 6 m hohen Portalrahmen. Die Länge der Stahlketten inklusive der dreh- und schwenkbaren Anschlagpunkte betrug 3,6 m. Die resultierende Schwinglänge des Pendels war jedoch kürzer, da einige Teile der Halterung aufgrund ihrer Masse während der Schwingung des Körpers nicht rotierten.

Abbildung 3.3: Versuchsaufbau „großes Pendel"

Die Erfassung der Aufprallkraft erfolgte mit einer Kraftmessplattform, die an der Stirnseite des Körpers montiert wurde. Zusätzlich wurde die eingetragene Kraft basierend auf Gleichung 3.15 aus den Beschleunigungsdaten des Pendelkörpers berechnet. In der Auswertung zeigte sich, dass der massive Betonkörper durch den zentral eingeleiteten Stoß des Projektilaufpralls in seiner Biegeeigenfrequenz um die vertikale Achse angeregt wurde. Die Beschleunigungssignale an den Seitenflächen des Körpers wurden dabei derart überlagert, dass eine Auswertung der eingetragenen Kraft über die Beschleunigungsdaten nicht möglich war. Die Geometrie des Körpers musste daher verändert und ein alternativer Pendelkörper entworfen werden. Dies ist im Folgenden für die Variante „kleines Pendel" beschrieben.

3.2.2 Variante „kleines Pendel"

Hauptanforderung beim Entwurf der alternativen Geometrie war die Erzielung möglichst hochfrequenter Biegeeigenfrequenzen des Körpers, was durch eine stabförmige Geometrie erreicht werden kann. Die Geometrie des Pendelkörpers wird durch mehrere Randbedingungen beschränkt: Mindestabmessungen ergeben sich durch die erforderlichen Abstände für die Befestigung der Messplattform und der Anschlagmittel. Weiterhin muss die Gesamtmasse an den Messbereich der Sensoren angepasst und ausreichend hoch sein, um die Verschiebungen während des Projektilaufpralls möglichst gering zu halten. Zur Vermeidung von Reflexionen der durch den Aufprall eingetragenen Stoßwellen während der Aufpralldauer sollte ein möglichst langer Körper gewählt werden. Da ein Versuchskörper mit einer Länge von mehr als sechs Metern aufgrund des Platzbedarfs nicht realisiert werden konnte, wurden die Längenabmessungen so kurz wie möglich gewählt, um hohe Frequenzen der Reflexionswellen zu erzwingen, die in der Auswertung der Messsignale ausgefiltert werden können.

Die gewählte Körpergeometrie beträgt 710 x 710 x 810 mm³. Der Körper wurde abgesehen von einer Transportbewehrung an der Unterseite des Körpers unbewehrt ausgeführt. Der verwendete Beton wies eine Würfeldruckfestigkeit von 78,2 N/mm² nach 28 Tagen und einen E-Modul von 33826 N/mm² auf. Dieser Versuchskörper (siehe Abbildung 3.4) wurde für alle im Rahmen dieser Arbeit dargestellten Versuche als Zielstruktur eingesetzt.

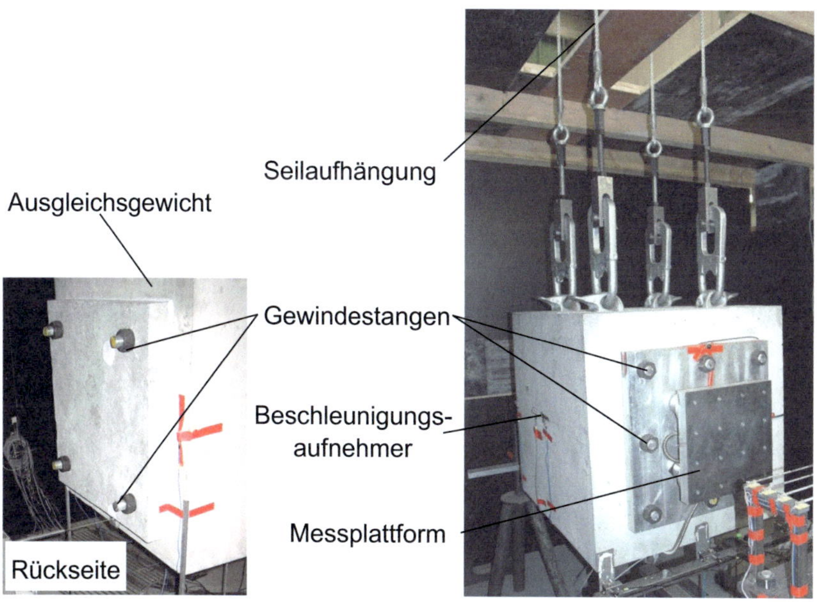

Abbildung 3.4: Versuchskörper „kleines Pendel"

Zur Bestimmung der Aufprallkraft wurde die Messplattform über acht einbetonierte Gewindestangen am Versuchskörper verankert. Die Messplattform wurde hierbei im Abstand von 1 cm von der Oberfläche des Körpers befestigt und der Zwischenraum wurde mit schwindkompensiertem Vergussmörtel (ADDIMENT B 55 N, Größtkorn 1 mm) aufgefüllt (siehe Abbildung 3.5 (a)). Nach Erhärten des Mörtels wurde das zur Befestigung notwendige Drehmoment aufgebracht. Die Masse der Messplattform kann bei dieser kompakten Geometrie des Pendelkörpers nicht vernachlässigt werden und muss daher mit einer Lastplatte auf der Rückseite ausgeglichen werden, um eine Verkippung des Köpers zu vermeiden. Diese Ausgleichsplatte wurde mit Gewindestangen befestigt. Die Verbindungsschicht zwischen Pendelkörper und Ausgleichsplatte besteht aus Silikon, um eine möglichst große Impedanz zu erzielen. Die Aufprallkraft kann auch unabhängig von der Messplattform unter Verwendung der Beschleunigungsdaten bestimmt werden. In diesem Fall wurde die Messplattform durch eine Stahlplatte mit gleichem Gewicht ersetzt.

Die beim großen Pendelkörper eingesetzten Stahlketten können bei diesem Versuchskörper aufgrund ihrer hohen Masse nicht eingesetzt werden, da die Annahme des idealen Pendels nicht mehr gegeben wäre. Die Stahlketten wurden daher durch Stahlseile mit deutlich reduziertem Gewicht ersetzt. Zwischen dem Seilende und der Aufnahme durch die DEHA-Anker wurde eine Konstruktion zum Ausgleich des Seildralls eingebaut (siehe Abbildung 3.5 (b)). Die Gesamtmasse des Körpers inklusive der Anker, der Messplattform sowie des Ausgleichsgewichtes beträgt 1117 kg.

(a) vergossene Messplattform

(b) Aufhängung

Abbildung 3.5: Details des „kleinen Pendels“

Zum Schutz vor umherfliegenden Fragmenten wurde der Versuchskörper ausgehend vom Ausgang des Beschleunigungsrohres der Druckluftkanone eingehaust (siehe Abbildung 3.6). Mehrere Öffnungen, die mit Verbundsicherheitsglas abgeschlossen wurden, ermöglichten die Beleuchtung des Aufbaus und die Aufzeichnung des Aufpralls mit einer Hochgeschwindigkeitskamera.

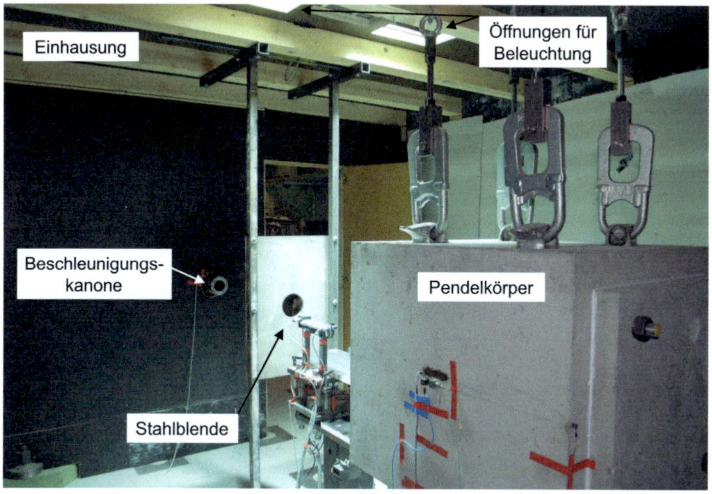

Abbildung 3.6: Einhausung des Pendelkörpers und Stahlblende

Im Laufe der Versuchsreihe wurde zwischen dem Ausgang des Schussrohres und dem Zielkörper eine Stahlblende eingesetzt, um den Einfluss der nachströmenden Luft aus dem Beschleunigungsrohr auf den Pendelkörper zu reduzieren. Die Blende weist einen Durchmesser von 12,5 cm auf und ist einen Meter von der Austrittsöffnung des Beschleunigungsrohres entfernt (siehe Abbildung 3.6). Ein Durchtritt der nachströmenden Luftmasse kann hiermit nicht vollständig verhindert, aber reduziert werden.

3.2.3 Beschleunigungskanone

Die zur Beschleunigung eingesetzte Druckluftkanone stellt neben dem Zielkörper einen wichtigen Bestandteil des mechanischen Aufbaus dar. Die in ihrer Grundform bereits von EIBL ET AL. [30, 31] verwendete Druckluftkanone (siehe Abbildung 3.7) besteht im Wesentlichen aus den beiden Hauptkomponenten Druckkammer und Beschleunigungsrohr und kann mit einem maximalen Druck von 100 bar betrieben werden.

Die Überwachung des Drucks erfolgt mit drei Drucksensoren, die über die Länge der Druckkammer verteilt sind. Eine Berstmembran trennt die Druckkammer vom Beschleunigungsrohr, welches einen Innendurchmesser von 75 mm und eine Länge von 1 m besitzt. Die gezielte Freigabe des Druckes erfolgt durch das Auslösen eines Schlagpendels, dessen Pendelgewicht auf den Auslösedorn trifft. Die Spitze des Auslösedorns, der durch die Druckkammer hindurchgeführt wird, bringt die Berstmembran gezielt zum Platzen.

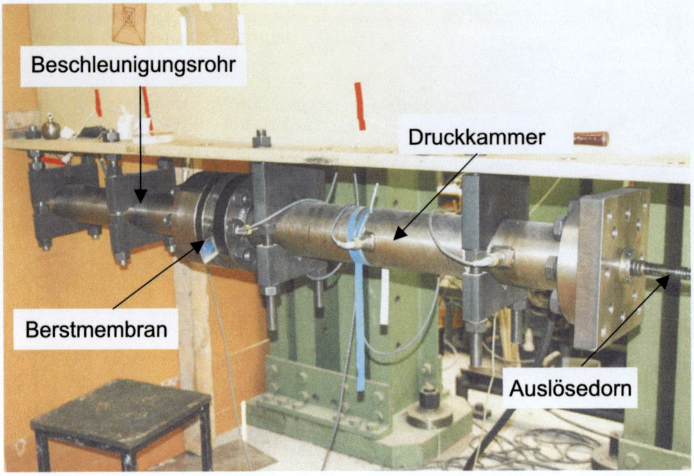

Abbildung 3.7: Druckluftkanone zur Beschleunigung der Projektile

Die Druckluftkanone wurde mit Druckluft sowie technischem Stickstoff betrieben. Zur Erreichung des Solldruckes hat es sich als sinnvoll erwiesen, die Druckkammer zunächst mit einem leicht überhöhten Druck zu füllen und den Druck dann auf den Sollwert abfallen zu lassen. Dies ist notwendig, da aufgrund der Durchführung des Auslösedorns keine absolute Dichtheit in der Druckkammer erzielt werden kann. Der Maximaldruck der Berstmembran sollte so gewählt werden, dass dieser geringfügig über dem Solldruck liegt, um ein gezieltes Platzen zu ermöglichen.

3.3 Messtechnik

Neben den Hauptbestandteilen Messplattform und Beschleunigungssensoren wurde eine Vielzahl von weiteren Messelementen in den Versuchsaufbau integriert. Die eingesetzten Elemente werden im Folgenden beschrieben und ihre Funktionsweise wird erläutert.

Kraftmessplattform

Zur Erfassung der Aufprallkraft wurde eine Dreikomponenten-Piezokraftmessplattform eingesetzt. Diese ist in Abbildung 3.8 dargestellt. Die Kraftmessplattform besteht im Wesentlichen aus drei Komponenten: Deckplatte, Piezo-Elemente und Grundplatte.

Die Deckplatte, mit den Abmessungen 300 x 300 x 38 mm³, ist aus Aluminium gefertigt und dient der Einleitung der Aufprallkraft in die vier Messaufnehmer. Die Aluminiumplatte wird durch eine 2 mm starke Stahlplatte vor plastischen Deformationen beim Aufprall geschützt. Durch diesen Aufbau ist es möglich, hohe Eigenfrequenzen der Messplattform mit einer stoßunempfindlichen Oberfläche zu kombinieren. Die Grundplatte, 500 x 500 x 38 mm³, ist ebenfalls aus Aluminium gefertigt und dient der Weiterleitung der eingetragenen Kräfte von den Messelementen in den Pendelkörper. Die Fertigungspläne der Deck- sowie der Grundplatte sind im Anhang A dargestellt.

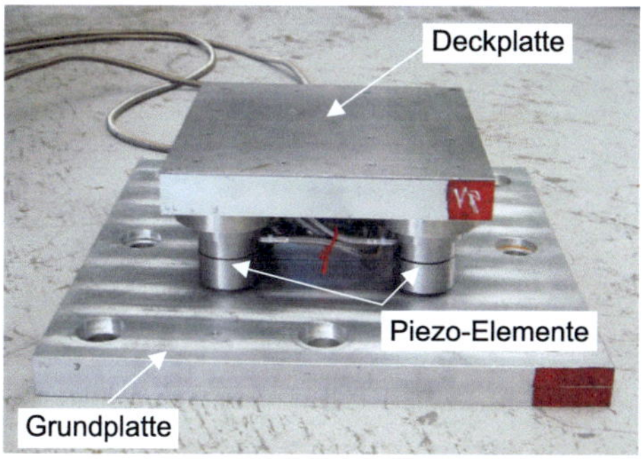

Abbildung 3.8: Kraftmessplattform zur Erfassung der Aufprallkraft

Zur Erfassung der Kraft wird der Mehrkomponenten-Bausatz Typ 9366BB der Firma Kistler [55] verwendet. Dieser besteht aus vier Dreikomponentenkraftsensoren, deren Kraftmessprinzip auf dem Effekt der direkten Piezoelektrizität basiert. Zur Erfassung der Kräfte in allen drei Raumrichtungen enthält der Messaufnehmer ein Quarzscheibenpaar, das den longitudinalen Piezoeffekt aufweist und zwei Quarzscheibenpaare, die den Schubeffekt aufweisen. Den prinzipiellen Aufbau eines solchen Sensors gibt Abbildung 3.9 wieder.

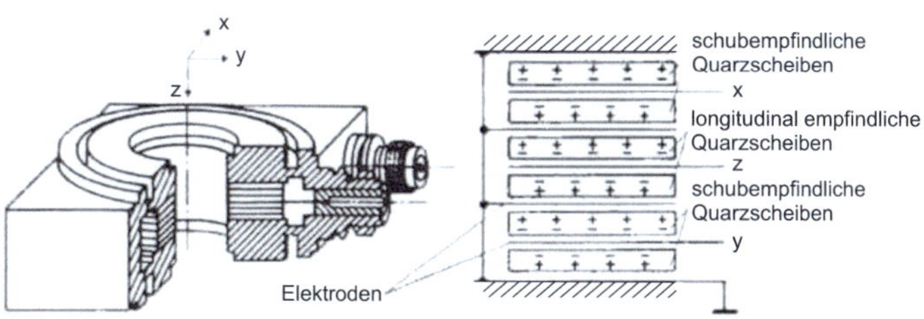

Abbildung 3.9: Prinzipieller Aufbau eines Dreikomponentenkraftsensors [22]

Die vier Kraftsensoren werden elektrisch parallel geschaltet, so dass das Gesamtsignal als Summe der Einzelsignale ermittelt wird. Hierzu werden die in den einzelnen Messelementen abgegriffenen Ladungen, für alle drei Kraftrichtung getrennt, in der Summierbox zusammengefasst. Diese Summierbox ist auf der Grundplatte montiert.

Eine getrennte Erfassung der einzelnen Messelemente ist nicht möglich. Für die Messplattform wurde eine Eigenfrequenz von ca. 2500 Hz ermittelt [82].

Beschleunigungssensoren

Zur Erfassung der Beschleunigung des Pendelkörpers wurden jeweils in der Mitte der Seitenflächen Beschleunigungssensoren montiert. Diese Sensoren erfassen die Beschleunigung des Körpers in Schussrichtung und müssen eine niedrige Ansprechschwelle bei hoher Resonanzfrequenz aufweisen. Es wurden die Sensoren entsprechend Tabelle 3.1 eingesetzt.

Tabelle 3.1: Kennwerte der verwendeten Beschleunigungssensoren

Versuch Nr.	**linke Seite** (Aufnehmertyp, Messbereich, Resonanzfrequenz, Ansprechschwelle)	**rechte Seite** (Aufnehmertyp, Messbereich, Resonanzfrequenz, Ansprechschwelle)
K 1-2	Niederimpedanz (Piezotron) Kistler 8614A1000M1 +/- 1000 g, 25 kHz, 0,01 g	Niederimpedanz (Piezotron) Kistler 8604B501 +/- 500 g, 5 kHz, 0,01 g
K 8-24	K-Shear, Piezotron-Beschleunigungssensor 8704B500M1 +/- 500 g, 54 kHz, 0,01 g	K-Shear, Piezotron-Beschleunigungssensor 8704B500M1 +/- 500 g, 54 kHz, 0,01 g

Der Messbereich der eingesetzten Sensoren übersteigt die erwarteten Beschleunigungswerte um ein Vielfaches. Dies ist notwendig, da die Sensoren durch den Aufprall stark höherfrequent angeregt werden. Diese Anregung geht mit hohen Amplituden einher. Werden daher Sensoren mit geringerem Messbereich eingesetzt, hätte dies die Überschreitung des Messbereiches zur Folge und die Daten wären nicht verwendbar.

Um die Beschleunigungssensoren in Schussrichtung zu befestigen, wurden Stahlwürfel mit minimalen Abmessungen am Pendelkörper angebracht. Die Sensoren wurden dabei in die Würfelhalterung eingeschraubt.

Zur Überprüfung der Übereinstimmung der Kraftmessung unter Verwendung der Beschleunigungssensoren und der Messplattform wurden Aufpralltests durchgeführt. Die Anregung des Aufprallkörpers erfolgte hierbei mit einer Stahlkugel, die als Pendel montiert war. Zur Erzielung eines zeitlich ausgedehnten Aufpralls wurde nicht direkt auf die Deckplatte der Messplattform gependelt, sondern auf ein im Zentrum der Messplattform befestigtes Sandkissen. Die ermittelten Kräfte sind in Abbildung 3.10 für einen Versuch exemplarisch dargestellt. Die Kräfte, die sich aus den Beschleunigungsdaten ableiten lassen, wurden hierbei unter Verwendung der vereinfachten Formel 3.15 berechnet. Die Verstärkung der Beschleunigungssensoren betrug 10 g/V. Für den Bereich des direkten Aufpralls ergibt sich eine sehr gute Übereinstimmung zwischen dem Mittelwert der Beschleunigungsdaten und der Messung der Kraftmessplattform. Es ist daher möglich, die Aufprallkraft mit beiden Systemen (Kraftmessplattform und Beschleunigungsdaten) zu bestimmen. Auch im Nachschwingbereich zeigen die Daten eine ausreichende Übereinstimmung. Bei gleicher Frequenz weisen die Beschleunigungsdaten hierbei lediglich eine etwas höhere Amplitude bei geringerer Dämpfung auf.

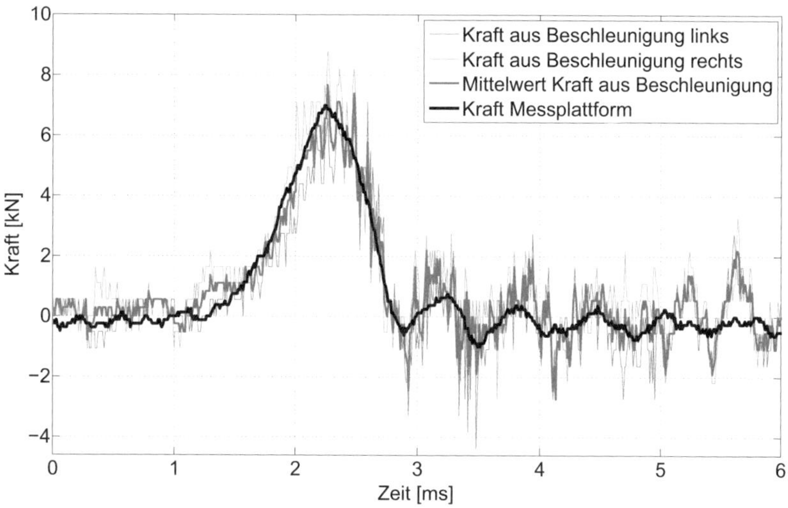

Abbildung 3.10: Vergleich der Kraftmessung aus der Messplattform mit den errechneten Kraftverläufen aus Beschleunigungsdaten

Zur Erfassung möglicher Schwingungen des Stahlportales wurden in Längs- und Querrichtung Beschleunigungssensoren vom Typ HBM B12/200 eingesetzt. Diese weisen einen Messbereich von +/- 200 m/s² bei einer maximalen Frequenz von 100 Hz auf.

Dehnungsmessstreifen

Zur Erfassung der in den Körper eingetragenen Stoßwelle bzw. der Kontraktionsschwingung des Körpers infolge der Anregung wurden Dehnungsmessstreifen (DMS) eingesetzt. Die DMS (Typ PL60) wurden jeweils oberhalb der seitlich angebrachten Beschleunigungssensoren horizontal auf dem Pendelkörper befestigt. Sie weisen eine Messlänge von 60 mm und einen Messbereich von +/- 200 µm/m auf.

Verschiebungsmessung am Zielkörpers

Der Gesamtweg des Körpers infolge des Aufpralls wird über einen induktiven Wegaufnehmer mit einer Messlänge von +/- 125 mm an der Rückseite des Körpers erfasst. Da durch einen einzelnen Aufnehmer nicht sichergestellt werden kann, dass der Körper sich während der Pendelbewegung nicht verdreht und somit die Messung nicht verfälscht wird, wurden zwei mechanische Messschreiber installiert. Diese sind in Abbildung 3.11 (a) dargestellt. Die Kante des Pendelkörpers wird hierbei mit einer Aluminiumschiene bis zum Boden verlängert. Am Ende befindet sich eine Halterung für einen Stift, der über einen Federmechanismus gegen den Boden verspannt wird, so dass die gesamte Bewegung des Körpers trotz der Höhenänderung infolge des Schwingens aufgezeichnet werden kann. Die Aufzeichnung des Weges erfolgt auf Millimeterpapier jeweils an der linken und rechten Außenkante.

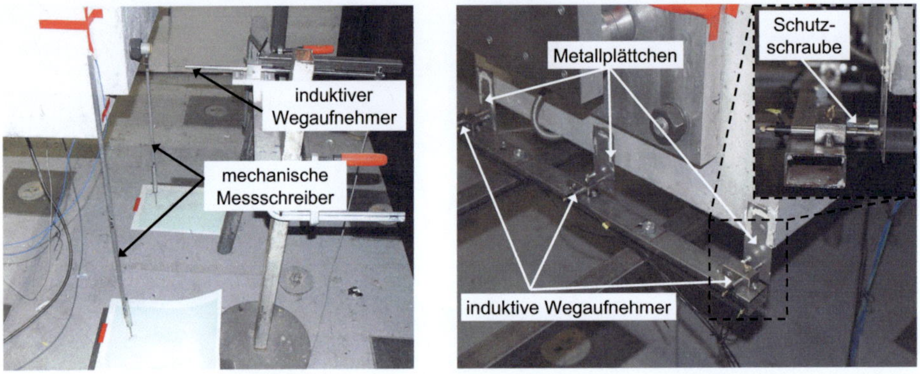

(a) hinten (b) vorne

Abbildung 3.11: Verschiebungsmessung am Zielkörper

Eine Drehbewegung des Körpers zu Beginn der Pendelschwingung kann zusätzlich durch die an der Vorderseite des Körpers angebrachten drei induktiven Aufnehmer bestimmt werden. Die Messlänge von +/- 5 mm ist ausreichend, um die anfängliche Pendelbewegung des Körpers zu erfassen. Die Erfassung der exakten Bewegung des Körpers während des kurzen Aufpralls kann durch die induktiven Aufnehmer aufgrund der geringen Verschiebungen (wenige Mikrometer) nicht aufgelöst werden. Die Ableitung der Geschwindigkeit des Pendelkörpers, welche Rückschlüsse auf den eingetragenen Impuls ermöglicht, ist auf Basis dieser Verschiebungsdaten aber möglich. Durch den Impulsübertrag erfährt der Pendelkörper eine dem Aufprall nachfolgende große Gesamtauslenkung, so dass die Aufnehmer vor dem wieder zurückschwingenden Körper geschützt werden müssen. Der eingesetzte Mechanismus ist in Abbildung 3.11 (b) dargestellt. Der Verschiebungsweg wird zum Schutz der Sensoren nicht direkt auf der Körperoberfläche abgegriffen, sondern über am Körper befestigte Metallplättchen etwas unterhalb. Schwingt der Körper nach dem Aufprall zurück, schlagen die Metallplättchen an den neben den Sensoren befestigten Schutzschrauben an. Dies führt dazu, dass die Klebeverbindung der Metallplättchen versagt und diese vom Körper abgeschlagen werden. Der Körper kann dann ohne weiteren Kontakt zu den Sensoren ausschwingen.

Luftdruckmessung am Körper

In einigen Versuchen wurden Drucksensoren eingesetzt, um die zusätzliche Belastung des Körpers aufgrund der aus der Beschleunigungskanone ausströmenden Luft zu quantifizieren. Es wurden hierbei Differenzdrucksensoren verwendet, die einen Messbereich von 0 - 40 mbar aufweisen. Die Aufnehmer wurden an der Grundplatte der Messplattform befestigt. Die Messergebnisse sind nur bedingt verwertbar, da der Messbereich während des Aufpralls überschritten wurde und somit eine Aussage über den maximal aufgetretenen Druck nicht möglich ist. Weiterhin kommt es zu einer Abschattung der Aufnehmer durch umherfliegende Splitterteile, so dass nicht alle Druckanteile erfasst werden. Negative Druckanteile, die durch Rückströmeffekte ausgelöst werden könnten, können aufgrund des Verstärkeraufbaus nur bedingt dargestellt werden. Eine Druckbelastung des Körpers durch die ausströmende Luft konnte jedoch zweifelsfrei nachgewiesen werden.

Druckmessung in der Druckluftkanone

Der Druck in der Druckkammer der Beschleunigungskanone wird über Drucksensoren vom Typ HBM P42K erfasst, die auf dem Prinzip der Dehnungsmessung basieren. Die Sensoren weisen einen Messbereich von +/- 200 bar auf. Über die Längsachse der Druckkammer sind drei Sensoren verteilt. Der Auslösemechanismus zur Beschleunigung der Projektile wird basierend auf diesen Druckdaten aktiviert.

Messung der Aufprallgeschwindigkeit

Die Geschwindigkeit des Projektils wird kurz vor dem Aufprall auf die Messplattform erfasst. Dies erfolgt durch den in Abbildung 3.12 (a) dargestellten Aufbau. Vier Glasstäbe, die mit Leitlack bestrichen sind, werden in einer Spannungsteilerschaltung entsprechend Abbildung 3.12 (b) angeordnet. Beim spröden Zerbrechen der Glasstäbe durch das anfliegende Projektil ergibt sich ein Spannungssprung von 0 V auf 5 V. Basierend auf den definierten Abständen der Glasstäbe von 5 cm lässt sich dann die mittlere Geschwindigkeit des Projektils berechnen. Zusätzlich zur Geschwindigkeitsmessung liefern die Glasstäbe das Triggersignal für die Messwerterfassung.

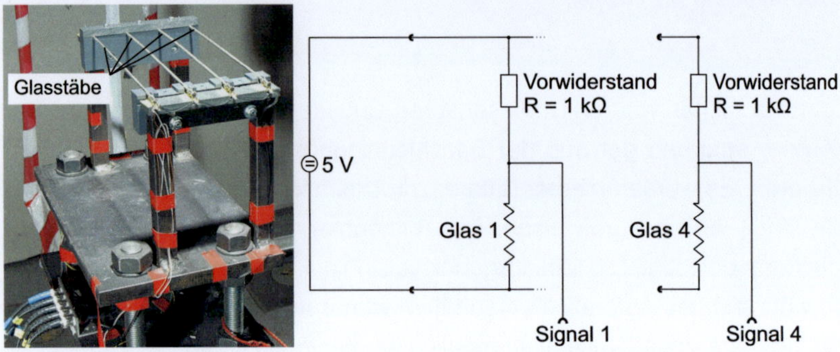

(a) Messaufbau (b) Spannungsteilerschaltung

Abbildung 3.12: Messung der Aufprallgeschwindigkeit des Projektils

Hochgeschwindigkeitskamera

Der Aufprall des Projektils wird mit einer Hochgeschwindigkeitskamera vom Typ Weinberger SpeedCam Visario 1500 unter vornehmlicher Verwendung des Objektivs Variogon 1:2/18-90 der Firma Schneider Kreuznach aufgezeichnet. Bei einer Aufzeichnungsrate von 4000 Bildern/Sekunde können somit für den gesamten Aufprallvorgang ca. 12 - 15 Einzelbilder mit einem Format von 768 x 512 Bildpunkten ausgewertet werden. Der erfasste Bildausschnitt ist hierbei ca. 0,6 m x 0,3 m groß. Die Beleuchtung erfolgt mit zwei flackerfreien 2000 W Scheinwerfern. Je nach Beleuchtungsanordnung können hierbei Belichtungszeiten von 100 µs - 250 µs realisiert werden. Unter Verwendung der Boost-Funktion der Scheinwerfer ist es bei optimaler Ausleuchtung auch möglich, Aufzeichnungen mit einer Frequenz von 10.000 Bildern/Sekunde zu realisieren. Das Bildformat reduziert sich hierdurch auf 512 x 192 Bildpunkte. Dies führt dazu, dass nicht das gesamte Projektil während des Aufpralls im Bildausschnitt erfasst werden kann.

Für die Versuche K 11 - 12 stand ein zusätzliches Kamerasystem vom Typ Phantom V12 zur Verfügung. Die Aufzeichnung erfolgt hierbei mit einer Frequenz von 12.000 Bildern/Sekunde bei einer Belichtungsdauer von 7 µs. Das System wurde vom Fraunhofer Institut für Chemische Technologie (ICT) Pfinztal/Berghausen zur Verfügung gestellt.

Die Bilddaten dienen zur Beurteilung der Qualität des Aufpralls und zur Identifikation möglicher Störungen, können aber auch zusätzlich zur Bestimmung des vom Projektil übertragenen Impulses und damit zur Kraftermittlung eingesetzt werden.

Verstärker

Die Messsignale der Verschiebungen, der Portalbeschleunigungen sowie der Druckwerte werden durch einen Verstärker vom Typ MGC der Firma Hottinger Baldwin Messtechnik (HBM) an den zur Messwerterfassung verwendeten Transientenrekorder übertragen. Die Verschiebungen sowie die Beschleunigungen werden hierbei mit einer Grenzfrequenz von 1500 Hz, die Druckdaten bei einer Grenzfrequenz von 500 Hz Tiefpass gefiltert, um starke Rauschanteile aus dem Signal zu entfernen.

Die Verstärkung der DMS erfolgte mit analogen Verstärkern vom Typ KWS 3020 C der Firma Hottinger Baldwin ohne Filterung der Daten.

Die Signale der Kraftmessplattform werden durch drei Einzelverstärker vom Typ Kistler 5011 übertragen. Für die Versuche K 18 - 21 wurde in Aufprallrichtung ein Verstärker vom Typ Kistler 5015 eingesetzt, der einen größeren Messbereich aufweist. Die Beschleunigungen am Pendelkörper werden mit Verstärkern vom Typ Kistler 5008, die als Niederimpedanz-Ladungsverstärker betrieben werden, verstärkt.

Transientenrekorder

Zur Aufzeichnung der Messdaten wurde ein Transientenrekorder des Typs TRA 800 der Firma W+W Scientific Instruments verwendet. Die Aufzeichnungsfrequenz betrug 100 kHz bei einer Tiefpassfilterung der Daten mit einer Grenzfrequenz von 50 kHz. Die Auflösung des Transientenrekorders beträgt 12 Bit, was bei einer Ausgangsgröße von +/- 10 V einer Datenauflösung von 0,00488 V/Datenpunkt entspricht. Dies führt bei Ausnutzung des Messbereichs beispielsweise dazu, dass für die Beschleunigungssensoren die Ansprechschwelle nicht durch den Sensor, sondern durch den Transientenrekorder festgelegt wird.

Die Triggerung des Transientenrekorders erfolgt durch den Spannungssprung beim Durchbrechen des ersten Glasstabes. Die gesamte Messdauer ($t = 1{,}1$ s) ist unter Verwendung eines Pretriggers so eingestellt, dass alle Ereignisse des Versuches, vom Abfallen des Druckes in der Berstkammer über das Zerbrechen der Glasstäbe, den Aufprallvorgang selbst sowie der Beginn des Ausschwingvorgangs, erfasst werden.

3.4 Projektile

3.4.1 Geometrie

Die im Rahmen dieser Arbeit für die Aufprallversuche verwendete Projektilgeometrie wurde von der von KREUSER ET AL. [56] eingesetzten Projektilgeometrie abgeleitet. Da die Grundzüge dieser Projektilvariante P erhalten bleiben, wird zunächst die Ableitung der wesentlichen Geometriegrößen anhand dieser Projektilvariante dargestellt. Im Anschluss werden die Variationen und unterschiedlichen Entwicklungsstufen der verwendeten Projektilgeometrie K erläutert. Detailliertere Skizzen der Projektile sind im Anhang B enthalten.

Projektilvariante P nach KREUSER ET AL. *[56]*

Die äußere Geometrie der Projektilvariante P wurde von der Außenhülle eines Airbus A340-600 abgeleitet. Diese lässt sich wie in Abbildung 3.13 dargestellt in vier wesentliche Bereiche unterteilen. Abschnitt 1 umfasst den Bereich des Cockpits, das eine besondere geometrische Form aufweist. Hieran schließt sich die Kabine an, die einen zylindrischen Aufbau besitzt (Abschnitt 2). Im Bereich der Tragflächen (Abschnitt 3) weist der Rumpf der Maschine eine höhere Steifigkeit auf, um die Belastung aus den Tragflächen aufnehmen zu können. Sowohl in den Tragflächen, aber auch im Rumpf des Flugzeuges, sind die Kerosintanks untergebracht. Dies führt zu einer erhöhten Masse im Mittelteil des Flugzeuges. Den Abschluss bildet das Heck des Flugzeuges (Abschnitt 4).

Abbildung 3.13: Airbus A340-600, unterteilt in die vier Abschnitte: Cockpit, Kabine, Kabine im Bereich der Tragflächen und Heck des Flugzeugs

Die wesentlichen Geometriemerkmale dieser Passagiermaschine wurden in einem Aluminiumprojektil umgesetzt. Die Geometrie des Projektils ist in Abbildung 3.14 dargestellt.

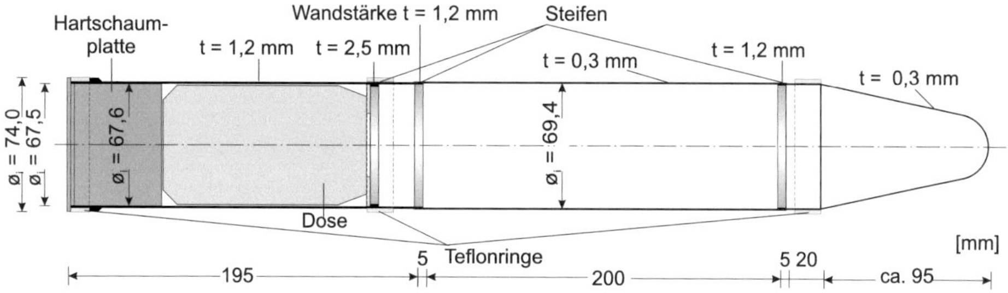

Abbildung 3.14: Projektilvariante P

Das Cockpit wurde als Kegelstumpf mit aufgesetzter Halbkugel abgebildet und in einer Wandstärke von 0,3 mm ausgeführt. Der anschließende Kabinenbereich ist als Zylinder mit einem Außendurchmesser von 70 mm ausgebildet und besitzt ebenfalls eine Wandstärke von 0,3 mm. Die Wahl der Wandstärke entspricht dabei der minimalen Wandstärke, die reproduzierbar gefertigt werden kann. Im Übergangsbereich werden die beiden Bauteile zusammengesteckt, was zwangsläufig zu einer erhöhten Bauteildicke in diesem Bereich führt. Zusätzlich ist zum stabilen Zusammenbau des Projektils eine Steife mit einer Dicke von 1,2 mm erforderlich, auf der sich das Cockpitbauteil auf dem Zylinder abstützt. Weiterhin ist der Zylinder im hinteren Übergangsbereich versteift. Der Rumpf im Bereich der Tragflächen wurde mit einer erhöhten Wandstärke von 1,2 mm ausgeführt, um einerseits die erhöhte Steifigkeit des Rumpfes, aber auch die erhöhte Masse aufgrund der einbindenden Tragflächen zu berücksichtigen. Dies entspricht der real auftretenden Steifigkeitssteigerung von 1:4. Eine geometrische Abbildung der Tragflächen und Triebwerke ist aufgrund der Beschleunigung der Projektile im Schussrohr nicht möglich und aufgrund des Fokus der Arbeit auf den Lasteintrag durch den Rumpfkörper auch nicht erforderlich. Im Übergangsbereich zwischen den beiden Zylindern sind die Wandstärken so gewählt, dass sich eine Gesamtdicke von 1,2 mm ergibt. Der vordere Zylinder stützt sich teilweise auf einem 2,5 mm dicken Versteifungsring ab. Dieser dient zusätzlich als Anschlag für den Haltering, der benötigt wird, wenn im hinteren Zylinder ein Flüssigkeitstank eingebaut wird. Dieser Tank wird durch eine Getränkedose, deren Inhalt durch destilliertes Wasser ersetzt wird, realisiert. Zur Fixierung des Tanks wird der verbleibende Teil der Projektilkammer mit einer Hartschaumplatte gefüllt.

Das Heck des Flugzeuges wird nicht geometrisch abgebildet, da es nur einen sehr geringen Einfluss auf die eingetragene Last-Zeit-Funktion hat. Das fehlende Gewicht wird durch den Abschlussdeckel des Projektils angenähert.

Zur Zentrierung des Projektils im Beschleunigungsrohr und zur Reduktion der Reibung während der Beschleunigungsphase sind drei Teflonringe mit einem Außendurchmesser von 75 mm jeweils in den Übergangsbereichen der Projektilteile und am Ende des Projektils befestigt. Die Teflonringe werden passgenau gefertigt und in der entsprechenden Position mit dem Projektil verklebt.

Projektilvariante K

Da das Cockpit und der anschließende Kabinenbereich dieselbe Steifigkeit aufweisen und im Projektiltyp P bereits jeweils mit einer Wandstärke von 0,3 mm ausgebildet waren, sollte der Übergangsbereich zwischen beiden Bauteilen in einer Weiterentwicklung so gestaltet werden, dass die erhöhten Wandstärken infolge des Übergangs und der Steife vermieden werden können. Hierbei wurde zunächst versucht, den vorderen Projektilbereich, bestehend aus Cockpit und erstem Zylinderbauteil aus einem Stück zu drehen. Dies war aber aufgrund der großen Länge des dann entstehenden Bauteils in Verbindung mit den spitzen Winkeln im Bereich des Cockpitbauteils nicht möglich, da kleinste Schwingungen im Bearbeitungswerkzeug bereits zum Aufreißen des Bauteils führten. Die Cockpitgeometrie wurde daher zu einer einfacher zu fertigenden Halbkugel abgeändert, so dass eine kontinuierliche Fertigung des Projektilfrontbereichs möglich war. Die hieraus entstandene Projektilgeometrie K ist in Abbildung 3.15 dargestellt. Auch in dieser Projektilvariante wird das Heck des Flugzeuges (Teil 4 in Abbildung 3.13) nicht nachgebildet.

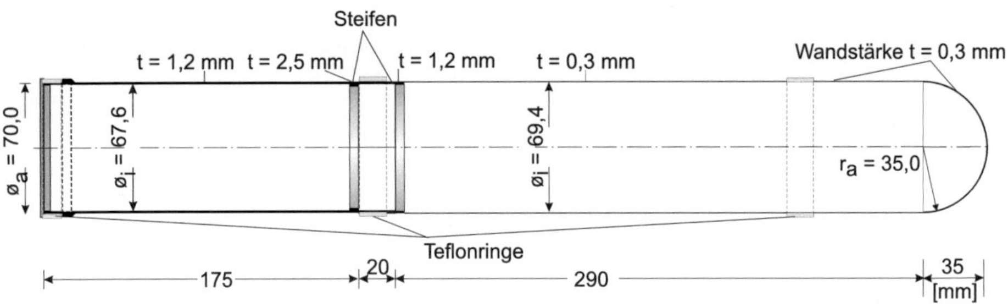

Abbildung 3.15: Projektilvariante K

Aufgrund der geringeren räumlichen Ausdehnung der Halbkugel wurde das Zylinderstück verlängert, um übereinstimmende Ausgangslängen beider Projektilvarianten zu erzielen. Die Steife im Übergangsbereich konnte fertigungstechnisch nicht als innen liegende kontinuierliche Steife ausgebildet werden. Daher wurde das Zylinderstück (Wandstärke 0,3 mm) hier mit einer Nut gefertigt und die Steife anschließend von innen eingepresst und verklebt.

Es zeigte sich, dass das Projektil im Übergangsbereich der beiden Zylinder aufgrund der geringen Wandstärke des vorderen Zylinders von 0,3 mm sehr starke Verformungen erfuhr, die dazu führten, dass der hintere Zylinder sich während des Aufpralls in den vorderen Zylinder hineinschiebt. Um dies zu verhindern, wurde in Projektilvariante K2 die innen liegende Steife des hinteren Zylinders ($t = 2{,}5$ mm) teilweise nach außen gelegt, so dass sich der vordere Zylinder auf dieser abstützen kann und eine deutliche Aufweitung erreicht werden muss, bevor es zum Übereinanderschieben beider Bauteile kommt. Die Geometrie ist in Abbildung 3.16 dargestellt.

Abbildung 3.16: Teilweise außenliegende Steife für Projektilvariante K2

Die innenliegende Steife des vorderen Projektilteils kann aufgrund ihrer Klebeverbindung nur geringfügig zur Stabilisierung der Geometrie während des Aufpralls beitragen. Dies führte in einigen Versuchen dazu, dass das Projektil an dieser Stelle versagte und der vordere Zylinderteil durch den anschließenden Teflonring hindurchgeschoben wurde. Eine kontinuierliche Faltung des Zylinders konnte dann nicht mehr erzielt werden. Um die Steifigkeit des vorderen Projektilteils zu erhöhen, wurde in Projektilvariante K3 die Steife von innen nach außen gelegt, so dass diese während des Fertigungsprozesses beim Drehen der Außenkontur erhalten blieb. Zusätzlich wurden die Wandstärkenverhältnisse im Übergangsbereich derart verändert, dass der außen liegende Zylinder nun eine Wandstärke von 0,45 mm aufweist, die Gesamtwandstärke aber nicht verändert wurde. Die zugehörige Geometrie ist in Abbildung 3.17 dargestellt.

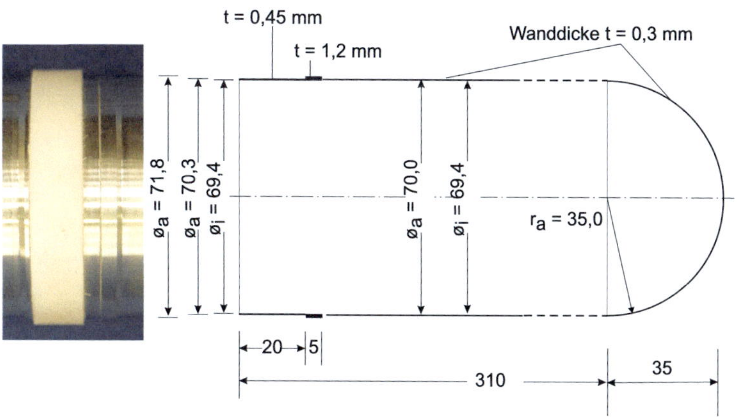

Abbildung 3.17: Projektilvariante K3

Bei den Versuchen mit Wasserfüllung zeigte sich, dass die Klebeverbindung zwischen Deckel und hinterem Zylinderbauteil nicht immer ausreichend war, um eventuell auftretenden Kräften aufgrund der Trägheit der eingebauten Dose standzuhalten. Der abschließende Deckel wurde daher verändert, so dass die Verbindung zwischen Deckel und Zylinder über ein Feingewinde (68 x 0,7) realisiert werden konnte. Die Geometrie des Deckels ist in Abbildung 3.18 dargestellt.

Abbildung 3.18: Deckelgeometrie

Mit dem vorliegenden Projektil wird gegenüber dem Vergleichsflugzeug bei Betrachtung des Durchmessers sowie des Leer- und Maximalgewichts eine Skalierung von etwa 1:80 bis 1:90 erreicht. Eine konstanter Maßstabsfaktor konnte für die Projektile nicht umgesetzt werden. Da weiterhin die Wasserfüllung, das dehnratenabhängige Materialverhalten sowie das Bruchverhalten nicht geometrisch skaliert werden können, ist eine direkte Übertragung der Versuchsergebnisse nicht möglich.

3.4.2 Verwendete Materialien

Aluminium

Beim verwendeten Aluminium handelt es sich um die hochfest aushärtbare Aluminium-Knetlegierung A 2024 (Bezeichnung nach DIN: AlCuMg2, ISO: AlCu4Mg1, DIN EN: AW-2024, deutsche Werkstoffnummer: 3.1354). Die Legierung wird vornehmlich im Flugzeugbau eingesetzt und setzt sich wie folgt zusammen [5]: max. 0,5 % Si, max. 0,5 % Fe, 3,8 - 4,9 % Cu, 0,3 - 0,9 % Mn, 1,2 - 1,8 % Mg, max. 0,1 % Cr, max. 0,25 % Zn, max. 0,15 % Ti sowie weiteren Beimengungen mit Einzelanteilen kleiner 0,05 % und einem Gesamtanteil von maximal 0,15 % und dem Rest aus Aluminium. Das vorliegende Material erfüllt die Anforderungen für die Wärmebehandlungszustände T4 und T3511 [4].

Abbildung 3.19 zeigt sowohl eine verwendete Probe sowie die Ergebnisse der Zugversuche, die an Schulterkopfproben entsprechend DIN 50125 [6] ermittelt wurden. Der konstante Querschnitt der Probe mit einer Breite von 16 mm und einer Dicke von 5 mm weist eine Länge von 65 mm auf. Die Messlänge zur Erfassung der Dehnung während des Versuchs betrug 50 mm.

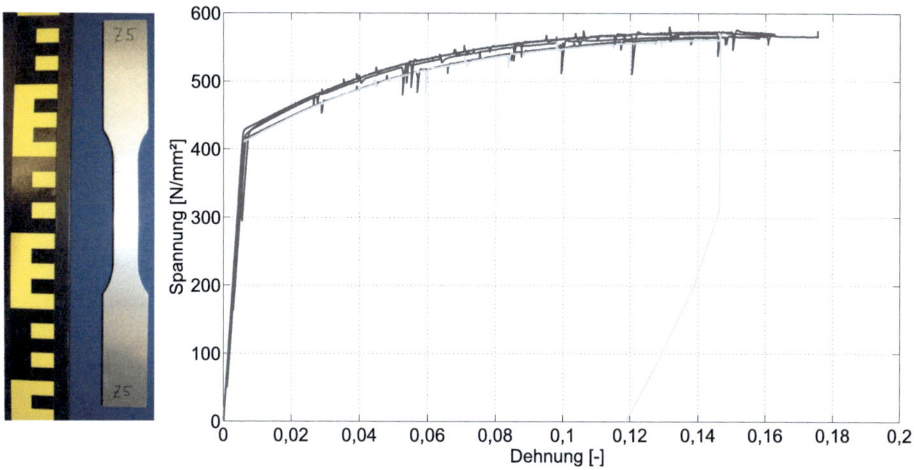

Abbildung 3.19: Zugprobe und Spannungs-Dehnungs-Diagramm der im Zugversuch getesteten Proben

Die kleinen Sprünge im Kraftverlauf sind auf die dehnungsgesteuerte Regelung des Versuchs zurückzuführen, beeinflussen den generellen Verlauf der Spannungs-Dehnungs-Beziehung aber nicht. Der Bruch der fünf getesteten Proben trat in der Regel ohne deutliche Einschnürung innerhalb des homogenen Querschnitts der Zugproben auf. Lediglich eine Probe versagte im Übergangsbereich und wurde daher nicht zur Auswertung herangezogen. Für die Festigkeiten des Materials ergaben sich folgende Werte: $R_{p0,2}$ = 419 - 433 N/mm², R_m = 566 - 573 N/mm². Für den E-Modul gilt: E = 69384 - 74757 N/mm². Die Bruchdehnung A50 liegt zwischen 15,8 und 17,5 %.

Teflon

Für die Teflonringe wurde Rohrmaterial mit einem Außendurchmesser von 80 mm und einem Innendurchmesser von 60 mm eingesetzt. Das virginale, ungefüllte Polytetraflourethylen (PTFE) besitzt entsprechend dem vorliegenden Werkstoffprüfzeugnis [34] eine Reißfestigkeit von 25,2 N/mm² bei einer Reißdehnung von 236 %.

Klebstoff

Zur Verbindung der einzelnen Projektilteile miteinander und zur Befestigung der Teflonringe auf dem Projektil wurde ein Zwei-Komponenten Epoxy-Klebstoff (Typ: Double-

Bubble rot) der Firma Epoxy Products eingesetzt. Dieser weist eine Scherfestigkeit von ca. 20 N/mm² für eine Aluminium-Aluminium-Verbindung auf.

3.4.3 Fertigung

Die Fertigung der Projektile erfolgt mit einer CNC-gesteuerten Drehmaschine. Die Fertigung des vorderen Projektilteils stellt aufgrund der geringen Wandstärke von 0,3 mm und der Gesamtlänge von 345 mm eine besondere Herausforderung dar. Die angewandte Vorgehensweise wird daher kurz beschrieben und ist in Abbildung 3.20 fortlaufend von links nach rechts dargestellt.

Abbildung 3.20: Einzelschritte der Fertigung des vorderen Projektilteils

Die Außenkontur des Projektils wird zunächst aus der teilweise vorgebohrten Aluminiumvollstange grob vorgedreht. Eine vollständige Bearbeitung der gesamten Projektillänge ist hierbei nur durch Umspannen möglich. Die Innenkontur wird anschließend zunächst im zylindrischen Bereich und anschließend für die Halbkugel mit einem Drehmeißel auf das Endmaß ausgedreht. Zum Drehen der Außenkontur ist es notwendig, einen Stabilisierungskern aus Kunststoff in das innen bereits fertig gestellte Projektil einzupressen. Das Projektil mit Kunststoffkern wird dann zunächst im Bereich der Halbkugel und nach erneutem Umspannen im hinteren Projektilteil auch außen auf das Endmaß gedreht. Im Bereich der Umspannstelle (ca. 17 cm unterhalb der Spitze) kann es hierbei zu einer Reduktion in der Ausführung der Wandstärke kommen, da minimale Abweichungen beim Einspannen sich bereits auf die Wandstärke auswirken. Die weiteren Projektilteile werden auf ähnliche Weise hergestellt.

Das zusammengefügte Projektil mit den Teflonringen ist in Abbildung 3.21 dargestellt.

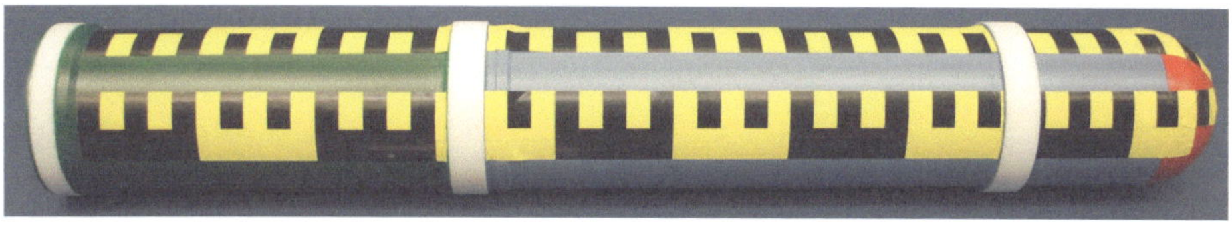

Abbildung 3.21: Lackiertes Projektil mit Teflonringen und Markierungsband

Die einzelnen Projektilabschnitte sind farblich gekennzeichnet. Zusätzlich ist ein Markierungsband zur besseren Auswertung der Videodaten auf dem Projektil angebracht.

3.5 Parameterwahl

Die Sollgeschwindigkeit der Projektile wurde für die Mehrzahl der Versuche auf 165 m/s (~600 km/h) festgelegt. Dies entspricht der Geschwindigkeit, die mit der vorhandenen Beschleunigungskanone für eine Vielzahl der von KREUSER ET AL. [56] durchgeführten Versuche erreicht werden konnte, und liegt etwas unterhalb der Geschwindigkeit mit der ein Flugzeug bodennah noch sicher gesteuert werden kann. Langsamere Geschwindigkeiten wurden im Rahmen dieser Arbeit nicht untersucht, da der Aufprallvorgang für ein Projektil ohne Tankfüllung bereits vor dem Bersten des hinteren Projektilteils zum Stillstand kommen würde und daher keine Erkenntnisse zum Deformationsverhalten des hinteren Teils gewonnen werden könnten. Lediglich zwei Versuche wurden mit erhöhten Sollgeschwindigkeiten von 190 bzw. 200 m/s durchgeführt.

Der Einfluss des Grads der Tankfüllung wurde für leere, halbgefüllte und vollgefüllte Tanks untersucht. Für die Projektile mit Tankfüllung wurde hierzu eine entsprechend gefüllte Getränkedose im hinteren Projektilteil eingebaut. Das reale Kerosin wurde im Versuch durch destilliertes Wasser abgebildet.

Um den Einfluss der Kraftmessplattform auf die Versuchsergebnisse abzuschätzen, wurden einzelne Versuche ohne Messplattform unter Verwendung einer massenäquivalenten Aufprallplatte aus Stahl durchgeführt.

4 Vorgehensweise zur Auswertung der Experimente

Basierend auf der Vielzahl der eingesetzten Messelemente (siehe Abschnitt 3.3) ergeben sich mehrere Möglichkeiten zur Bestimmung der gesuchten Last-Zeit-Funktion beim Aufprall auf die Zielstruktur. Neben der Ermittlung der eingetragenen Kraftfunktion können auch der übertragene Gesamtimpuls sowie die Aufprallgeschwindigkeit durch unabhängige Methoden ermittelt werden. Einen Überblick, aus welchen Daten welche Information abgeleitet werden kann, gibt Abbildung 4.1. Die angewandten Methoden und Verfahren, die bei der Auswertung der Rohdaten Anwendung finden, werden im Folgenden exemplarisch am Aufprall eines leeren Projektils (Versuch K8) erläutert. Sie gelten äquivalent für alle durchgeführten Versuche.

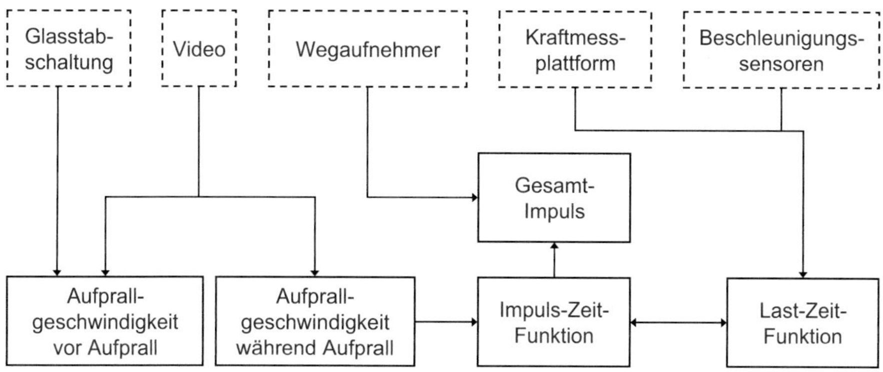

Abbildung 4.1: Zusammenhang von Rohdaten und Informationen über den Aufprall

4.1 Auswertung der Kraftmessung

Die Aufprallkraft des Projektils kann direkt über die in Abschnitt 3.3 erläuterte Piezo-Kraftmessplattform erfasst werden. Die Messergebnisse in Aufprallrichtung zeigt Abbildung 4.2. Es ist zu erkennen, dass die Kraft zunächst durch den Aufprall der Halbkugel ansteigt und dann wieder etwas absinkt. Der folgende Kraftpeak bei ca. 0,75 ms lässt sich dem Aufprall des vorderen Teflonrings zuweisen, da hier ein erhöhter Massenstrom abgebremst wird. Ab ca. 2 ms trifft der hintere, steifere Zylinderteil auf. Hierbei erreicht die Aufprallkraft ihren Maximalwert und sinkt anschließend aufgrund des Rückpralls des Restprojektils wieder ab. Der Aufprall endet nach ca. 2,75 - 3 ms. Das registrierte Messsignal zeigt nach Ende des Aufpralls noch deutliche Kraftwerte, die um die Nulllage schwingen. Ebenso sind im Aufprallsignal in den Bereichen um 1 ms und

1,75 ms deutliche negative Kraftanteile enthalten. Das Entstehen von Zugkräften ist während des Aufpralls physikalisch aber nicht möglich. Die Aufprallkraft kann in ihrem Verlauf, beeinflusst durch das Versagen des Projektils, minimal den Wert Null erreichen. Der gemessene Kraftverlauf kann somit nicht allein dem Aufprall des Projektils zugeordnet werden. Der Kraftverlauf stellt eine Überlagerung des gesuchten Verlaufs der Aufprallkraft auf ein steifes Ziel mit der Eigenschwingungscharakteristik des Aufprallkörpers, bestehend aus Messplattform und Pendelkörper, dar.

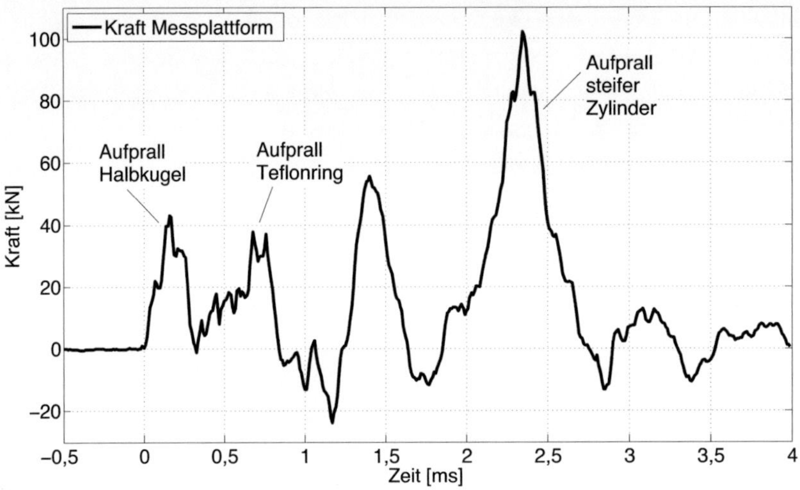

Abbildung 4.2: Kraftverlauf Messplattform

Zur Beurteilung der Eigenschwingungen des Aufprallkörpers wurde das dynamische Verhalten des Körpers bei Anregung durch einen angenäherten Dirac-Stoß ermittelt. Hierzu wurde die Messplattform durch den Aufprall einer nahezu als ideales Pendel gelagerten Stahlkugel (m = 2098 g, v ~ 1,2 m/s) angeregt. Das aus dem gemessenen Kraftverlauf generierte Frequenzspektrum ist in Abbildung 4.3 (a) dargestellt. Durch den Stoß werden vornehmlich zwei Frequenzbereiche deutlich angeregt. Die erste Eigenfrequenz liegt beim dargestellten Versuch bei ca. 1500 Hz und die zweite Eigenfrequenz im Bereich von 2665 Hz. Die Charakteristik des Frequenzspektrums ist für alle mit Messplattform durchgeführten Pendelversuche ähnlich, lediglich die angeregten Eigenfrequenzen variieren in einem zu vernachlässigenden Bereich.

Vergleichend ist in Abbildung 4.3 (b) das Frequenzspektrum des in Abbildung 4.2 dargestellten Kraftverlaufes aus dem Beschussversuch abgebildet. Das Spektrum weist im Bereich von 1500 Hz, für diesen Versuch etwas unterhalb, ebenfalls eine erhöhte Amplitude auf. Die Ausprägung dieses Frequenzpeaks variiert für die durchgeführten Versuche und ist bei einigen deutlich stärker und bei anderen weniger deutlich ausprägt. Die Überlagerung des Aufprallsignals mit den Eigenschwingungen des Zielkörpers ist daher eindeutig. Die Messdaten müssen folglich bearbeitet werden, um die gesuchte Funktion des Aufpralls auf eine steife Struktur zu erhalten. Im Folgenden werden hierzu die Methoden einer reinen Tiefpassfilterung und die Kombination aus Tiefpassfilterung und Glättung dargestellt.

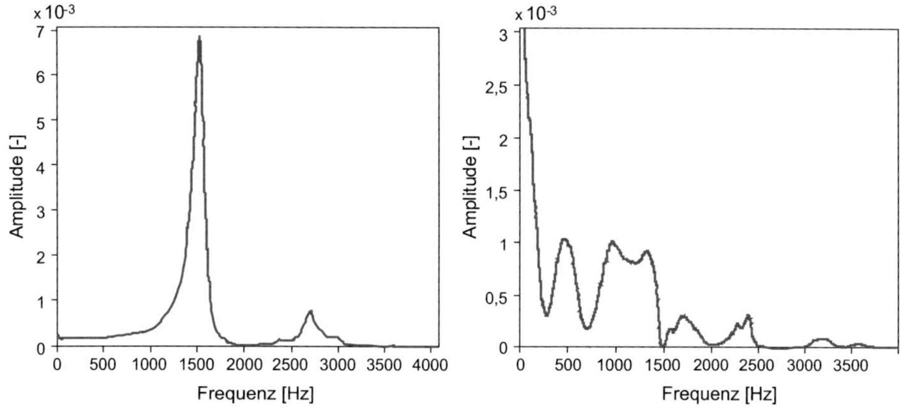

(a) angenäherter Dirac-Stoß (b) Projektilaufprall

Abbildung 4.3: Frequenzspektren

4.1.1 Tiefpassfilterung

Der Vergleich der Frequenzspektren in Abbildung 4.3 zeigt die Überlagerung des Aufprallsignals mit den Eigenschwingungen des Zielkörpers. Durch eine Tiefpassfilterung werden nun die Frequenzanteile des Aufbaus aus dem Messsignal entfernt.

Ein Filter entspricht hierbei einer Rechenvorschrift, die auf die Messdaten angewandt wird, so dass bestimmte Frequenzen eines Signals möglichst unbeeinflusst bleiben, während andere Frequenzen vollständig unterdrückt werden sollen. Bei einem Tiefpassfilter sollen alle Frequenzanteile unterhalb der Grenzfrequenz (Durchlassbereich) erhalten bleiben, während die Frequenzen oberhalb (Sperrbereich) aus dem Signal entfernt werden sollen. Die Begrenzung des Filters erfolgt durch die Definition der Übertragungsfunktion, die das Verhalten des Filters im Frequenzbereich beschreibt. Ein optimales Tiefpassfilter besitzt dabei einen Amplitudengang, der im Durchlassbereich den Wert eins und im Sperrbereich den Wert Null annimmt. Zur Bestimmung der Filtervorschrift muss dieser ideale Verlauf durch eine stetig differenzierbare Funktion abgebildet werden. Dies ist aufgrund der Sprungstelle bei der Grenzfrequenz nur näherungsweise möglich, so dass das ideale Tiefpassfilter innerhalb eines vorgegebenen Toleranzschemas angenähert wird. Die Wahl der mathematischen Funktion wirkt sich auf die Eigenschaften des Filters, wie beispielsweise den exakten Amplituden- oder den Phasengang zwischen Ein- und Ausgangssignal aus. Für eine detaillierte Beschreibung der mathematischen Grundlagen und der Vielzahl an Filtervarianten und -eigenschaften wird auf die entsprechende Fachliteratur verwiesen (beispielsweise SCHRÜFER [90], KIENKE und JÄKEL [52], SMITH [94]).

Zur Bearbeitung der Messdaten der Kraftmessplattform erfolgt die Umsetzung des Tiefpassfilters unter Verwendung des Programms MATLAB [3]. Das gewählte Filter weist einen Durchlassbereich bis 1250 Hz mit einer maximalen Dämpfung des Signals von 0,01 dB auf. Die Grenzfrequenz mit einer Mindestdämpfung von 30 dB liegt bei 1300 Hz. Die Dämpfung beschreibt hierbei das Verhältnis zwischen dem Eingangs- und dem Ausgangssignal des Filters entsprechend der Gleichung: $Dämpfung\,[dB] = 20 \cdot \log \frac{Eingangssignal}{Ausgangssignal}$. Die Verwendung einer elliptischen Filterfunktion erfordert hierbei die zweifache Filterung der Daten aufgrund des nichtlinearen Phasengangs des Filters. Das Signal wird daher nach dem ersten Filterdurchlauf in invertierter Reihenfolge erneut gefiltert, um die durch die Filterung entstandene Phasenverschiebung auszugleichen. Das Ergebnis der Filterung ist zusammen mit der gemessenen Kraftfunktion in Abbildung 4.4 dargestellt.

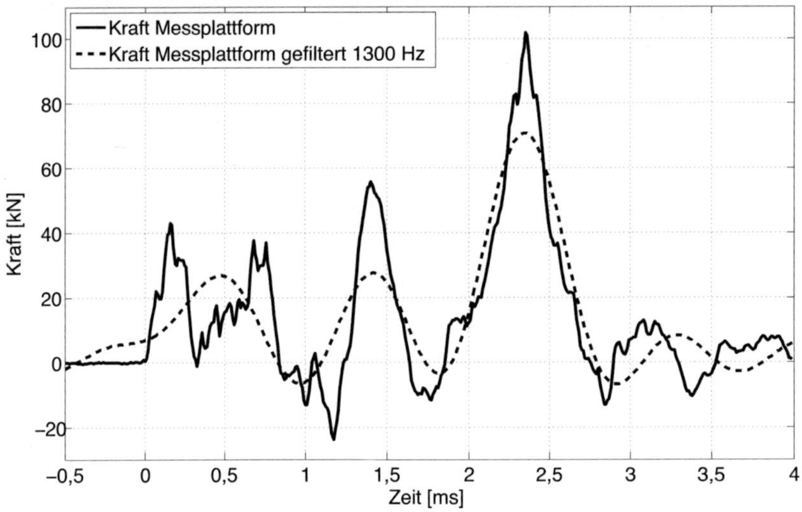

Abbildung 4.4: Kraft Messplattform, Tiefpassfilterung 1300 Hz

Es zeigt sich, dass die Daten durch die Filterung deutlich geglättet werden. Eine Elimination der negativen Kraftwerte ist durch die reine Tiefpassfilterung aber nicht möglich. Weiterhin verändert sich die Charakteristik der Last-Zeit-Funktion zu Beginn des Aufpralls durch die Filterung deutlich. Die vollständige Ausfilterung aller Frequenzanteile über 1300 Hz führt dazu, dass auch Anteile des Aufprallsignals aus den Messdaten entfernt werden und eine Abbildung von steilen Signalübergängen nicht mehr möglich ist. Durch die steile Flanke des Filters im Übergangsbereich zwischen dem gedämpften und dem ungedämpften Frequenzbereich ergibt sich eine neue maßgebende Störfrequenz nahe der Grenzfrequenz. Die reine Tiefpassfilterung ermöglicht somit keine zutreffende Annäherung an die gesuchte Funktion des Projektilaufpralls auf eine steife Struktur. Es wird daher der im Folgenden dargestellte alternative Filterungsansatz verwendet.

4.1.2 Tiefpass - gleitendes Mittel

In Abschnitt 4.1.1 wurde gezeigt, dass die gesuchte Kraftfunktion durch eine reine Tiefpassfilterung der Daten nicht aus den Messdaten gewonnen werden kann. Daher findet nun ein alternatives Filterkonzept Anwendung. Auch hier werden die Daten zunächst mit einem Tiefpassfilter bearbeitet. Die Grenzfrequenz wird aber so gewählt, dass nicht alle hochfrequenten Anteile aus dem Signal entfernt werden und der wesentliche Charakter der Messdaten erhalten bleibt. Das gewählte elliptische Tiefpassfilter besitzt im Durchlassbereich bis 2350 Hz eine Dämpfung von maximal 0,01 dB und im Sperrbereich ab 2400 Hz eine Mindestdämpfung von 30 dB. Die Grenzfrequenz liegt somit knapp unterhalb der zweiten Eigenfrequenz des Zielkörpers (siehe auch Abbildung 4.3 (a)), die mit Hilfe der Pendelversuche auf Basis der Daten der Messplattform ermittelt wurde. Das Ergebnis der Filterung ist zusammen mit den Rohdaten in Abbildung 4.5 gezeigt. Durch die Filterung werden lediglich die hochfrequenten Oszillationen geringer Amplitude aus dem Signal entfernt. Der wesentliche Verlauf der Messdaten, die negativen Kraftanteile mit eingeschlossen, bleibt aber erhalten.

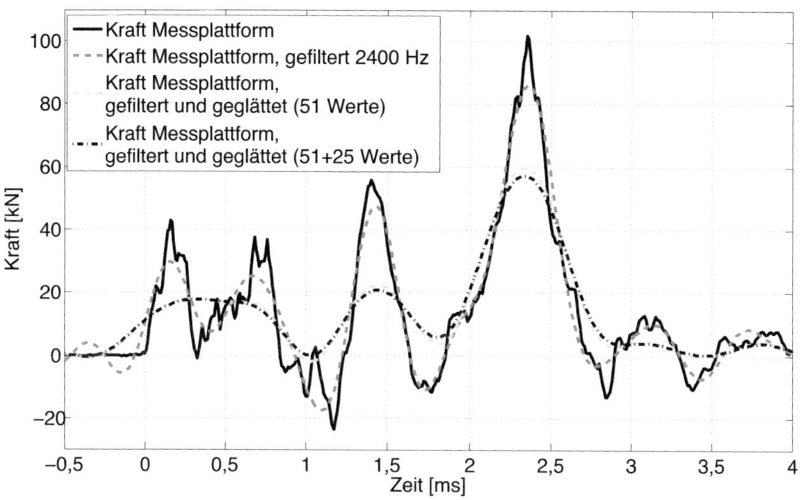

Abbildung 4.5: Versuchsdaten - Tiefpassfilterung und gleitendes Mittel

Die weitere Bearbeitung der Messdaten erfolgt nun unter Verwendung eines gleitenden arithmetischen Mittels (moving average filter). Die neuen Funktionswerte werden als arithmetischer Mittelwert der umliegenden Funktionswerte berechnet, so dass das 'moving average filter' einer Faltung des Signals mit einem Rechteckfenster mit dem Flächeninhalt eins entspricht [94]. Für die Messdaten wird zunächst der arithmetische Mittelwert aus 51 Funktionswerten gebildet, d. h. jeweils 25 Werte links und rechts der Auswertestelle und diese selbst werden berücksichtigt. Dies führt bereits zu einer deutlichen Reduktion bzw. Elimination der negativen Kraftanteile im Bereich des Aufpralls (siehe Abbildung 4.5). Aufgrund der Mittelwertbildung kommt es jeweils am Signalanfang und -ende zu einer Aufweitung des Signals um die halbe Mittelungslänge. Zur weiteren Reduktion der negativen Kraftanteile wird das gleitende Mittel ein weiteres Mal, allerdings mit einer reduzierten Mittelungslänge von 25 Werten, angewandt. Das bereits gefilterte Signal erfährt somit insgesamt eine Fensterung mit einer trapezförmigen Fensterfunktion. Der Kraftverlauf nach Anwendung des vollständigen Filterkonzeptes ist ebenfalls in Abbildung 4.5 dargestellt. Die Aufprallkraft wächst zunächst an und erreicht während des Aufpralls des zylindrischen Projektilteils eine Art Plateau. Der im Ursprungssignal bei 0,75 ms zu erkennende Aufprall des Teflonrings kann aufgrund der sehr kurzen Kontaktzeit und des damit einhergehenden hochfrequenten Signalanteils im gefilterten und geglätteten Signal nicht mehr eindeutig abgebildet werden. Die im Ursprungssignal nachfolgenden negativen Kraftwerte sind nun vollständig eliminiert und das Signal oszilliert im weiteren Verlauf um einen Mittelwert, was teilweise auf ein nicht ideales Versagen des Projektils zurückgeführt werden kann. Der Aufprall des steiferen Projektilteils mit dem anschließenden Abfallen der Last ist eindeutig zu erkennen. Nach Ende des Aufpralls wird nahezu der Wert Null erreicht. Durch das alternative Filterkonzept kann somit ein physikalisch sinnvoller Kraftverlauf aus den mit Eigenschwingungen überlagerten Messdaten generiert werden.

4.2 Auswertung der Beschleunigungsmessung

Die Messung der Beschleunigung des Zielkörpers ermöglicht bei bekannter Masse die Berechnung der eingetragenen Kraft. Im Folgenden wird zunächst ein Vergleich zwischen der exakten Auswertung und einer vereinfachten Näherungsrechnung gezeigt, bevor dann die Messergebnisse ausgewertet werden. Weiterhin wird auf die Messdaten der am Portalrahmen befestigten Beschleunigungssensoren eingegangen.

4.2.1 Vergleich exakte / vereinfachte Bestimmung der Kraft aus der Beschleunigung am Zielkörper

Alternativ zur Messplattform kann die Aufprallkraft unter Verwendung der Pendelgleichung auch über die seitlich am Körper befestigten Beschleunigungssensoren berechnet werden. Gleichung 3.14 liefert hierzu den exakten Ansatz unter Berücksichtigung der Beschleunigung und der Verschiebung des Körpers sowie der verschiedenen Einzelmassen. Aufgrund des geringen Einflusses der Verschiebung kann die Aufprallkraft aber auch vereinfacht nach Gleichung 3.15 ermittelt werden. Es werden hierbei die Massen des Seils und der Verbindungskonstruktion vernachlässigt. Die mit beiden Ansätzen ermittelten Kräfte sind in Abbildung 4.6 für den auf der linken Seite des Zielkörpers angebrachten Sensor vergleichend dargestellt. Die Abweichungen der beiden

Kurven lassen sich grafisch kaum auflösen und betragen ca. 1 %. Im Folgenden wird daher für die Auswertung der Beschleunigungsdaten der vereinfachte Ansatz verwendet.

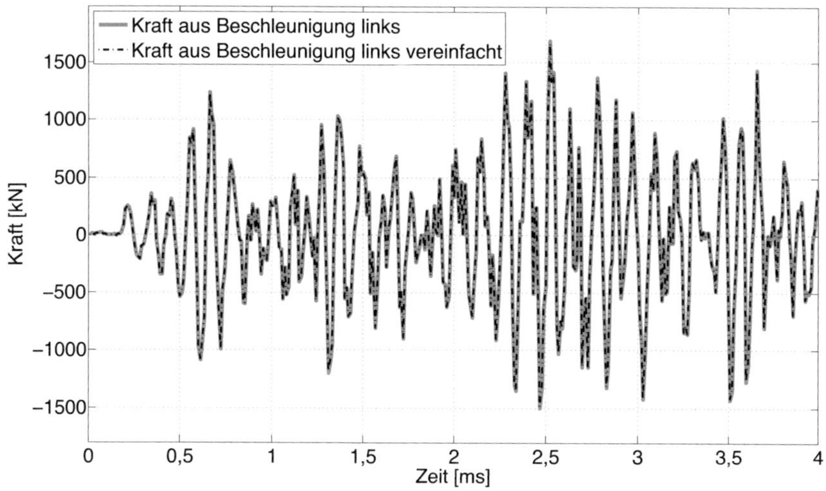

Abbildung 4.6: Aus der Beschleunigungsmessung ermittelter Kraft-Zeit-Verlauf, Vergleich der exakten mit der vereinfachten Auswertung

4.2.2 Auswertung der Kraft aus der Beschleunigung am Zielkörper

Beim Vergleich der Kraftkurven, die sich unter Verwendung der Beschleunigungssensoren (siehe Abbildung 4.6) und der Kraftmessplattform (siehe Abbildung 4.2) ergeben, wird deutlich, dass das aus der Beschleunigung berechnete Kraftsignal aufgrund des Aufpralls sehr stark von hochfrequenten Eigenschwingungen großer Amplitude überlagert ist. Die ermittelten Kraftwerte übersteigen die Werte der Messplattform um mehr als das zehnfache und eine Aussage über den eingetragenen Kraftverlauf ist anhand der Rohdaten nicht möglich. Auf die Messdaten wird daher das in Abschnitt 4.1.2 vorgestellte Filterkonzept angewandt. Die Daten werden zunächst einer Tiefpassfilterung mit einer Grenzfrequenz von 2400 Hz und einer anschließenden Glättung über 51 und anschließend 25 Werte unterzogen. Den jeweiligen Kraftverlauf für den links bzw. rechts angebrachten Beschleunigungssensor nach der Bearbeitung der Daten zeigt Abbildung 4.7.

Die beiden Verläufe weichen in einigen Bereichen deutlich voneinander ab. Dies ist auf die Überlagerung der translatorischen Bewegung des Pendelkörpers mit einer rotatorischen Bewegung, ausgelöst durch einen nicht perfekt zentralen Stoß, zurückzuführen. Den rein translatorischen Bewegungsanteil des Körpers und damit die in Stoßrichtung übertragene Kraft erhält man durch Mittelwertbildung der beiden Kurven. Die gemittelte

Kraftkurve ist ebenfalls in Abbildung 4.7 dargestellt. Die gewählte Glättung führt fast im gesamten Verlauf zu positiven Kraftwerten, lediglich bei ca. 1 ms konnte der negative Kraftbereich nicht ausgeglichen werden. Hier kommt es durch das Abfallen der Last zu einem Überschwingen des Beschleunigungssensors. Das Aufweiten des Signals am Aufprallbeginn bzw. -ende resultiert aus der gewählten Glättung der Daten.

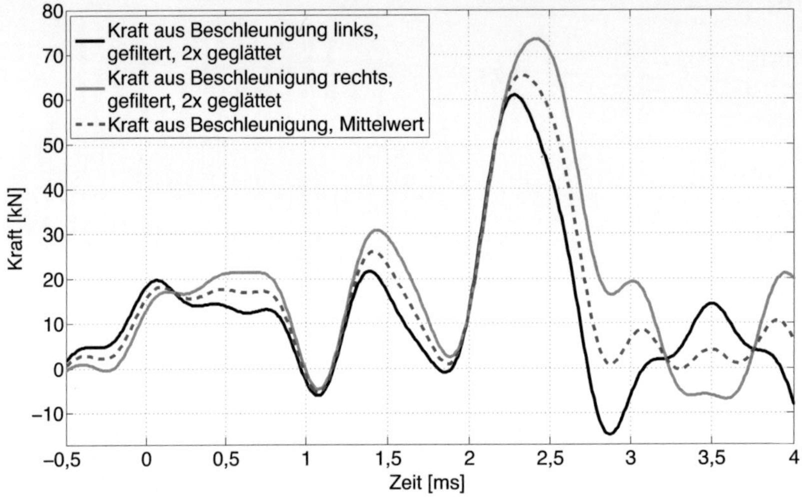

Abbildung 4.7: Aus Beschleunigungsdaten ermittelter Kraft-Zeit-Verlauf nach Bearbeitung der Daten

Abbildung 4.8 zeigt vergleichend den gemittelten Kraftverlauf aus den Beschleunigungsdaten sowie den bearbeiteten Kraftverlauf der Messplattform.

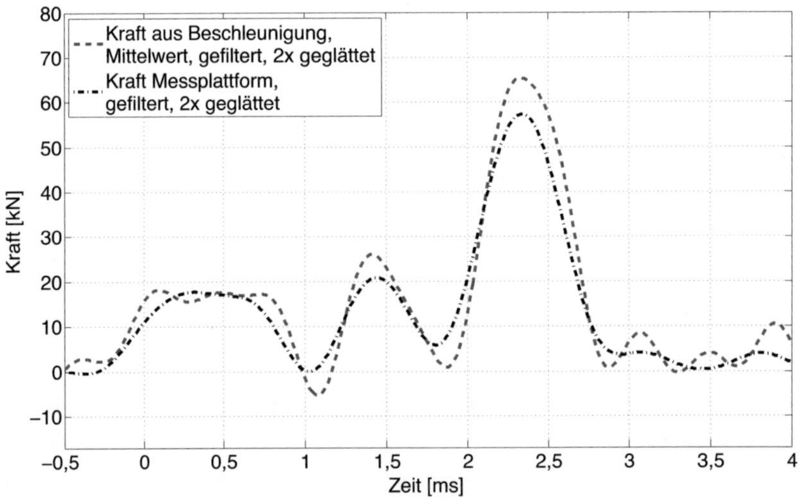

Abbildung 4.8: Vergleich der Kraftkurven aus Beschleunigung und Messplattform

Die beiden Kraftkurven stimmen im generellen Verlauf gut überein. Die Last-Funktion aus Beschleunigungsdaten weist lediglich an den Hoch- bzw. Tiefpunkten der Kurve jeweils leicht erhöhte bzw. erniedrigte Funktionswerte gegenüber der Kraftmessplattform auf. Die Auswertung der Beschleunigungssensoren kann somit als alternatives Messsystem zur Bestimmung der Aufprallkraft benutzt werden.

4.2.3 Auswertung der Beschleunigung am Portal

Die gemessene Beschleunigung des Aufprallkörpers kann durch eine Beschleunigung der Verbindungspunkte zwischen dem tragenden Portalrahmen und der Seilaufhängung des Körpers beeinflusst werden. Mögliche Portalbewegungen wurden daher mit Beschleunigungssensoren, die zwischen den Aufhängepunkten am Portalrahmen befestigt waren, erfasst. Durch den Aufprall des Projektils erfährt der Pendelkörper eine deutliche Auslenkung, welche das Portal anregt. Diese Bewegung des Stahlrahmens in der Schussachse setzt aber erst nach dem Ende des Aufpralls ein, so dass eine Beeinflussung der Beschleunigungsdaten am Aufprallkörper ausgeschlossen werden kann.

4.3 Auswertung der Geschwindigkeitsmessung durch Glasstäbe

Das beschleunigte Projektil durchbricht etwa 45 cm vor der Deckplatte der Messplattform den ersten von vier Glasstäben der Geschwindigkeitsmessung. Die folgenden Glasstäbe haben einen Abstand von 5 cm. Die zugehörigen Sprungsignale der Spannung sind in Abbildung 4.9 dargestellt. Die Spannung springt beim Durchbrechen des Glasstabes von 0 V auf 5 V. Für Glasstab vier hat sich nach Durchbrechen des Stabes nochmals eine leitende Verbindung eingestellt, weshalb das Spannungssignal kurzfristig absinkt.

Die Aufprallgeschwindigkeit wird nun als Mittelwert aller sechs möglichen Glasstab-Abstands-Kombinationen berechnet, da sich geringe Abweichungen des Aufbaus aufgrund der hohen Geschwindigkeiten und der geringen Einzelabstände deutlich auf die berechneten Einzelgeschwindigkeiten auswirken können. Im dargestellten Beispiel ergibt sich die Aufprallgeschwindigkeit zu 160 m/s. Zur Absicherung wird diese mittlere Geschwindigkeit nochmals mit der Geschwindigkeit, die aus dem ersten und letzten Signal ermittelt werden kann, verglichen, da diese aufgrund der größten Messlänge toleranter gegenüber den vorhandenen Messunsicherheiten ist. Eine Abweichung der Ist- von den Soll-Abständen kann beispielsweise durch eine ungleichmäßige Krümmung der Glasstäbe entstehen. Das Verfahren erwies sich als zuverlässige Messmethode zur Gewinnung der Aufprallgeschwindigkeit. Lediglich bei sehr hohen Projektilgeschwindigkeiten wurde das Projektil durch den Aufprall auf die Glasstäbe leicht verformt, so dass bei der Bestimmung der Geschwindigkeit ein erhöhter rechnerischer Abstand der Glasstäbe berücksichtigt werden musste. Die notwendigen Anpassungen können aus den Videodaten angenähert werden.

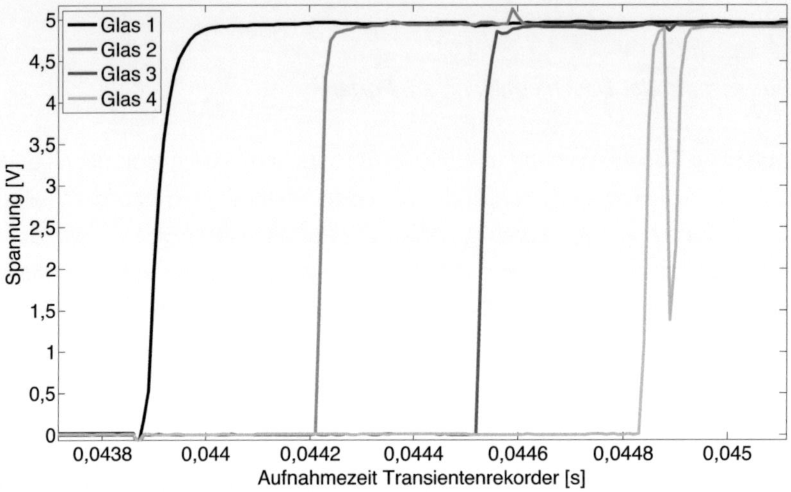

Abbildung 4.9: Sprungsignale beim Durchbrechen der einzelnen Stäbe der Glasstabschaltung

Eine alternative Messung der Geschwindigkeit mit einer Lichtschranke war aufgrund der langsamen Reaktionszeit der vorhandenen Lichtschranke nicht erfolgreich. Weiterhin birgt diese Art der Messung die Gefahr, dass die Lichtquelle durch die Luftdruckwelle des anfliegenden Projektils verschoben wird und das Lichtsignal aus dem Fokus des Sensors rückt und somit zu einer fehlerhaften Messung führt.

4.4 Auswertung der Hochgeschwindigkeitsaufnahmen

Die Bilddaten der Hochgeschwindigkeitskamera dienen einerseits zur Beurteilung der Qualität des Aufpralls und zur Identifikation möglicher Störungen, können aber zusätzlich zur Bestimmung des vom Projektil übertragenen Impulses und damit zur Ermittlung der Kraft-Zeit-Funktion eingesetzt werden.

4.4.1 Visuelle Beurteilung

Die Qualität des Projektilaufpralls kann durch die Aufnahmen der Hochgeschwindigkeitskamera beurteilt werden. Die Bilddaten ermöglichen eine Aussage über den Anflugwinkel des Projektils sowie über die Dauer des Aufpralls, begrenzt durch den ersten

Kontakt mit der Messplattform und das Rückprallen des Projektilrestes. Darüber hinaus kann der Versagensmechanismus bestimmt und Abweichungen von einem idealen Aufprall können erkannt werden. Solche Abweichungen sind beispielsweise das frühzeitige Versagen eines Projektilteils, das Wegknicken einzelner Teile, das Verrutschen der Teflonringe oder bereits bei der Beschleunigung des Projektils auftretende Verformungen.

Abbildung 4.10 zeigt die Einzelaufnahmen der Hochgeschwindigkeitskamera bei einer Aufzeichnungsrate von 4000 Bildern/Sekunde und einer Belichtungszeit von 250 µs. Das Projektil fliegt senkrecht auf die Oberfläche der Messplattform zu (Bilder 1-5). Die umherfliegenden weißen Partikel stammen von den zersplitterten Glasstäben der Geschwindigkeitsmessung. Mit dem Aufprall der Projektilspitze auf die Messplattform werden auch dort erste Absplitterungen sichtbar (Bild 6). Die Bewegungsunschärfe nimmt nun aufgrund der sich reduzierenden Geschwindigkeit immer weiter ab. Nach dem Aufprall des ersten Teflonringes versagt der dünne Zylinder frühzeitig ca. 6 cm hinter dem Teflonring an der Umspannstelle der Bearbeitung (Bild 9). Hierdurch verliert das vorangehende Zylinderstück deutlich an Geschwindigkeit und wird erst beim erneuten Kontakt mit dem bisher unverformten Zylinder deformiert. Durch dieses frühzeitige Versagen ändert sich der Aufprallwinkel geringfügig. Kurz nach dem Aufprall des zweiten Teflonringes (Bilder 15 + 16) und der Übergangsstelle zwischen beiden Projektilbauteilen setzt die abprallende Rückwärtsbewegung des Projektilrestes ein.

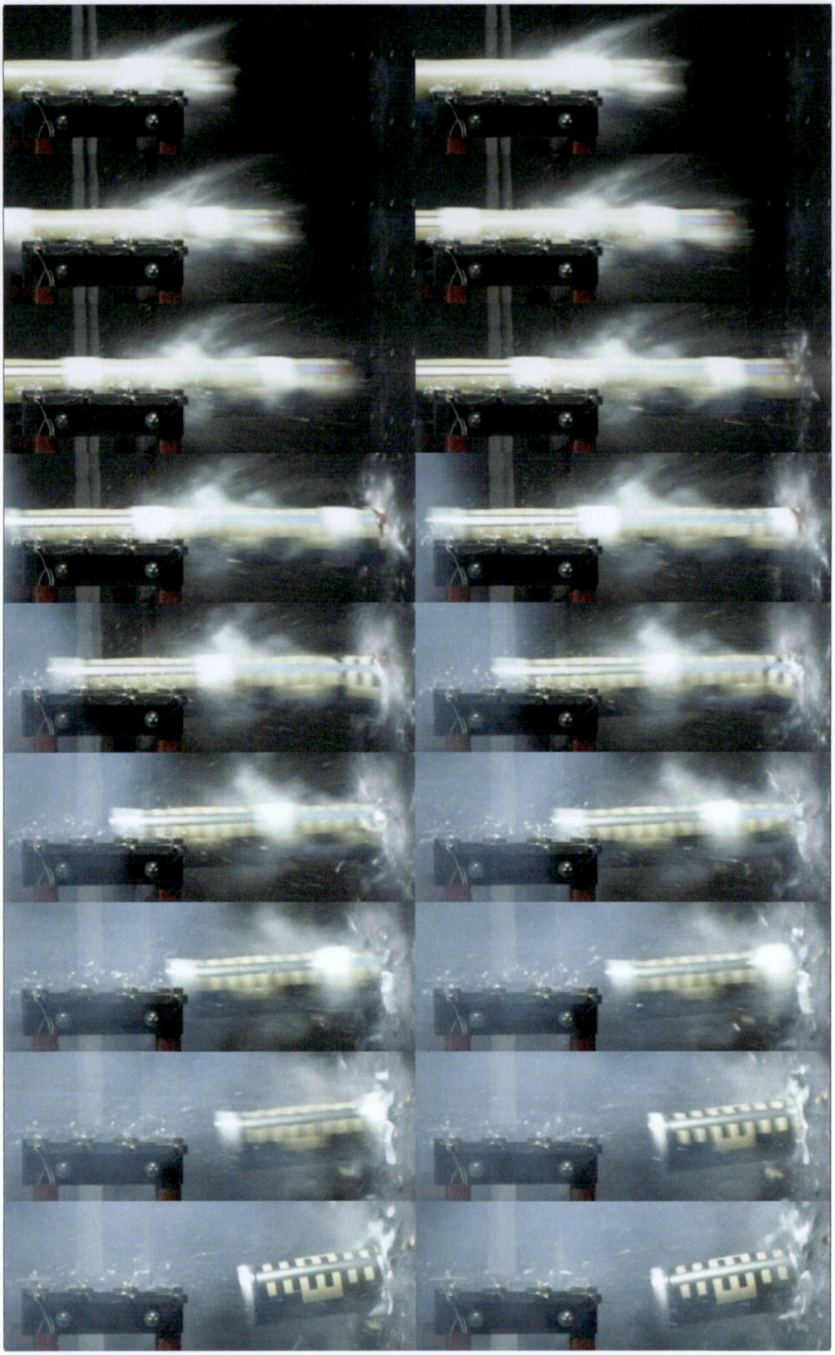

Abbildung 4.10: Einzelbilder der Videoaufzeichnung (4000 Bilder/Sekunde)

4.4.2 *Impulsauswertung*

Zusätzlich zur visuellen Beurteilung des Aufpralls können die Videodaten auch zur Erfassung des vom Projektil auf den Zielkörper übertragenen Impulses eingesetzt werden. Hierzu müssen zu jedem Zeitpunkt des Aufpralls die Restmasse und -geschwindigkeit der noch nicht aufgeprallten Projektilteile bestimmt werden, so dass der vorhandene Restimpuls und daraus der Impulsübertrag berechnet werden können. Die Vorgehensweise zur Bestimmung des Impulsübertrages ist in Abbildung 4.11 dargestellt.

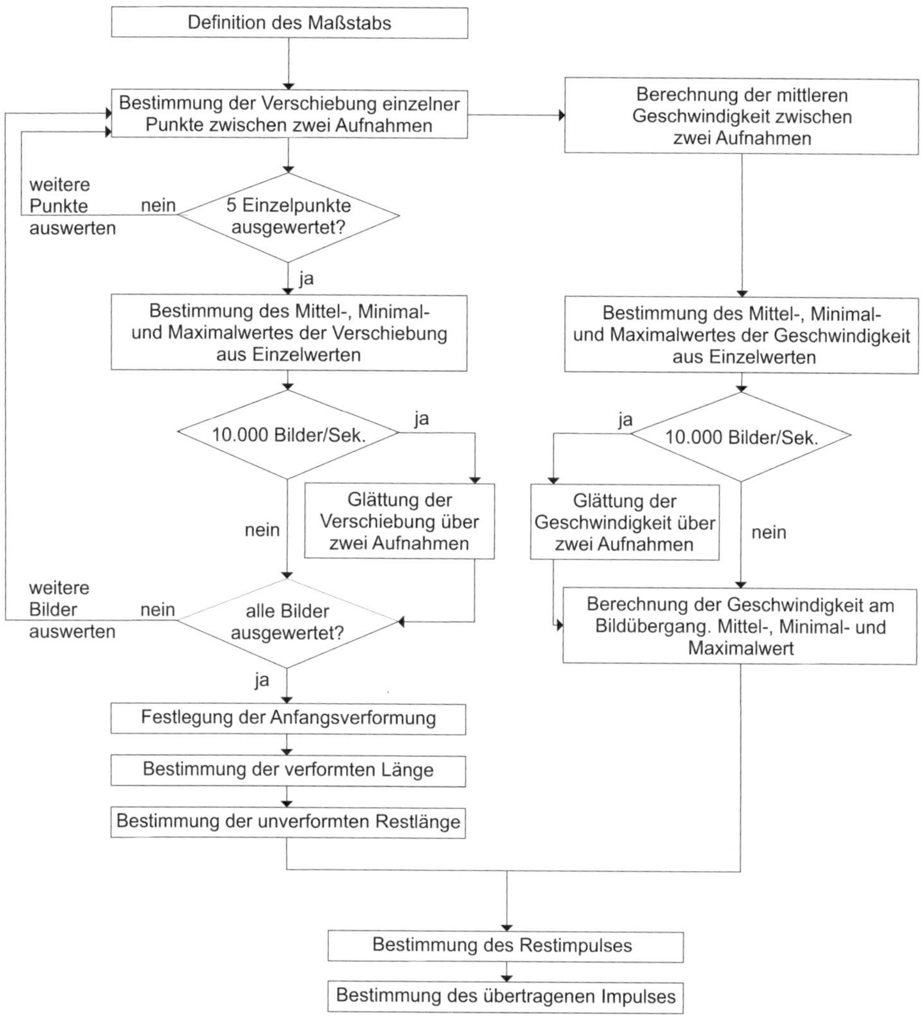

Abbildung 4.11: Ablaufplan der Videoauswertung zur Bestimmung des übertragenen Impulses

Zunächst muss den Einzelbildern ein Maßstab zugewiesen werden. Dieser variiert aufgrund der Schiefstellung der Kamera und des verwendeten Objektives entlang der Flugachse und ist darüber hinaus von der Entfernung zur Kamera abhängig. Der Maßstab wird auf Basis von Standbildern eines Messbandes, auf Höhe der Mittelachse und im Abstand der kamerazugewandten Oberfläche, definiert. Da kein automatisiertes Bildverarbeitungsprogramm zur Verfügung steht, erfolgt die Auswertung der Bildpunktposition manuell durch Vergleich der Einzelbilder der Kamera. Anhand der Positionsänderung der Bildpunkte erfolgt die Berechnung der Verschiebung und der zugehörigen Geschwindigkeit in einem Tabellenkalkulationsprogramm. Pro Zeitschritt werden fünf Bildpunktpaare ausgewertet. Aus den Einzelwerten werden der Mittelwert, sowie der Minimal- und Maximalwert der Verschiebung und der Geschwindigkeit berechnet. Bei einer Aufzeichnungsfrequenz von 10.000 Bildern/Sekunde werden zusätzlich noch die Glättungswerte über zwei Einzelbilder berechnet, da die ermittelten Verschiebungen und damit auch die Geschwindigkeiten innerhalb eines Zeitschrittes aufgrund der kürzeren Messbasis größeren Schwankungen unterliegen. Die ermittelte Verschiebung entspricht der Verschiebung des Projektils zum Zeitpunkt der Bildaufnahme, die aus dieser Verschiebung berechnete Geschwindigkeit beschreibt aber die mittlere Geschwindigkeit zwischen den betrachteten Einzelbildern und muss daher zur Gewinnung der Geschwindigkeit zum Zeitpunkt der Bildaufnahme jeweils an den Bildübergängen gemittelt werden. Diese Auswertung muss für alle aufprallrelevanten Einzelbilder durchgeführt werden.

Die Anfangsverformung des Projektils zu Beginn des Aufpralls wird auf Basis des Bildes, das den ersten Kontakt mit dem Zielkörper zeigt, festgelegt. Über die ermittelten Einzelverschiebungen kann anschließend für jeden Zeitschritt die verformte Länge des Projektils und basierend auf den Fertigungszeichnungen die Restmasse des noch unverformten Projektilteils berechnet werden. In Kombination mit der Geschwindigkeit wird dann der Restimpuls des Projektils in jedem Zeitschritt berechnet. Neben den Mittelwerten werden hier auch Kombinationen aus den jeweiligen Maximal- und Minimalwerten der Restmasse und der Geschwindigkeit berechnet. Auf Basis des Anfangsimpulses lässt sich dann der vom Projektil auf den Zielkörper übertragene Impuls berechnen.

Das Ergebnis dieser Impulsermittlung ist in Abbildung 4.12 als Mittelwertkurve mit dem ermittelten Streubereich dargestellt. Zusätzlich zeigt diese Abbildung den Impuls, der aus den Kraftdaten der Messplattform, als Rohdaten und als gefilterte und geglättete Daten, ermittelt werden kann. Die Impulskurven weisen einen ähnlichen Verlauf auf und erreichen denselben Endimpuls. Die Impulskurve, ermittelt aus der Videoanalyse, zeigt aber einen zeitlichen Versatz zur Messkurve auf. Dieser Zeitversatz wird darauf zurückgeführt, dass der Beginn des Aufpralls nicht exakt bestimmt werden kann. Die zeitliche Abweichung ist geringer als die Zeitdauer zwischen zwei Aufnahmen. Da der Zeitversatz zu Beginn und Ende der Impulsübertragung gleich groß ist, kann dieser in der weiteren Betrachtung vernachlässigt werden. Unter Berücksichtigung des Auflösungsvermögens der Videoauswertung ergibt sich eine sehr gute Übereinstimmung der Impulskurven.

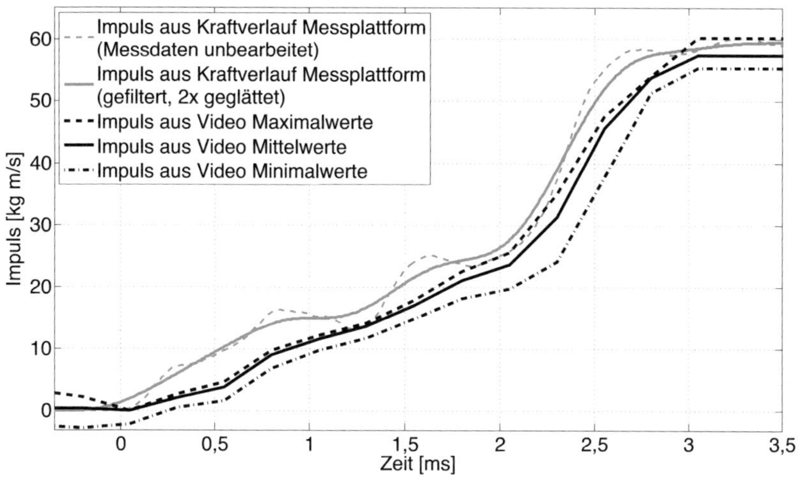

Abbildung 4.12: Aus Videodaten ermittelter Impuls

4.4.3 Kraft aus Impuls

Die im vorigen Abschnitt ermittelte Impulsfunktion lässt sich durch Differenzieren nach der Zeit in eine Kraft-Zeit-Funktion überführen. Unter Verwendung einer, wie in Abbildung 4.12 dargestellten, linearen Interpolation zwischen den einzelnen Impulswerten erhält man den in Abbildung 4.13 dargestellten treppenförmigen Verlauf der Kraft-Zeit-Funktion. Die anfänglich negativen Kraftwerte resultieren aus geringen Schwankungen der aus den Videodaten ermittelten Geschwindigkeit kurz vor dem Aufprall und sind zu vernachlässigen. Durch Interpolation der einzelnen Impulswerte unter Verwendung eines kubischen Splines lässt sich ein kontinuierlicher Kraftverlauf (siehe Abbildung 4.13) erzeugen, dessen Mittelwert über dem Zeitschritt dem Wert der Treppenfunktion entspricht. Vergleichend ist das gefilterte und geglättete Signal der Messplattform dargestellt. Auch hier zeigt sich der Zeitversatz, der durch eine Verschiebung des Signals um lediglich 0,1 ms angepasst werden kann. Die Kraft kann zu Beginn des Aufpralls durch das Signal der Videoanalyse besser aufgelöst werden. Hier ist der Aufprall des ersten Teflonringes eindeutig zu erkennen, während dieser durch die Glättung der Daten im Signal der Messplattform verschmiert wird. Im Bereich des aufprallenden dünnen Zylinders weisen beide Verläufe zunächst einen Abfall und anschließend einen Anstieg der Kraft auf, wobei die Amplituden für das Signal der Messplattform hier etwas höher sind. Das Lastniveau sowie die Kurvenverläufe für den Aufprall des hinteren, steiferen Zylinders stimmen in beiden Verläufen überein. Beide Auswertemethoden führen zu vergleichbaren Ergebnissen für den Verlauf der Aufprallkraft. Die Verwendung des Filterungs- und Glättungsansatzes zur Bestimmung der Last-Zeit-Funktion aus Messdaten kann somit durch die Last-Zeit-Funktion aus dem vollständig unabhängige Verfahren der Videoauswertung verifiziert werden.

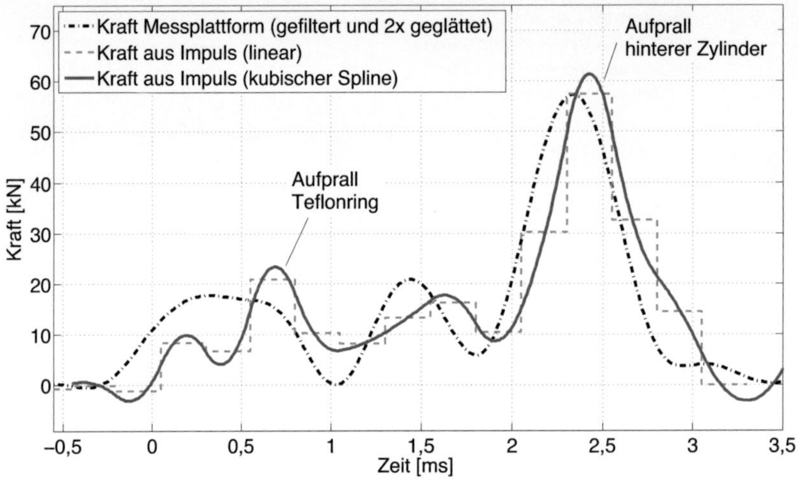

Abbildung 4.13: Kraftverlauf aus Impulsdaten der Videoauswertung

4.5 Auswertung der Verschiebungsmessung am Zielkörper

Der Gesamtimpuls, der vom Projektil auf den Zielkörper übertragen wird, kann auf Basis der nach dem Aufprall an der Rückseite des Betonkörpers gemessenen Horizontalverschiebung berechnet werden (siehe Gleichung 3.20) und bietet somit eine weitere Absicherung der Messergebnisse. Durch die Verwendung der Druckluftkanone zur Beschleunigung der Projektile wird die gemessene Gesamtverschiebung des Zielkörpers allerdings verfälscht. Die nachströmende Luft aus dem Beschleunigungsrohr führt zu einer, dem Aufprall nachgelagerten, Druckbeaufschlagung des Zielkörpers und daraus resultierend zu einer größeren Gesamtverschiebung.

Zunächst wurde mit zwei Drucksensoren im Bereich der Messplattform versucht, diese zusätzliche Druckbelastung zu quantifizieren. Die erfassten Drücke stimmten zu Beginn des Aufpralls gut überein, zeigten dann aber große Abweichungen zwischen den beiden Aufnehmern, die auf eine unterschiedliche Abschattung der Sensoren durch umherfliegende Bruchstücke zurückgeführt wird. Zusätzlich zur Druckbelastung stellte sich auch eine zeitweise Sogwirkung auf die Sensoren, vermutlich durch ein Umlenken der anströmenden Luftmasse, ein.

Da eine quantitative Auswertung der zusätzlichen Belastung unter Verwendung der Drucksensoren nicht möglich war, wurde diese durch einen Schussversuch ohne Verwendung eines Projektils bestimmt. Der Zielkörper wurde folglich nur durch den Druckstoß aus dem Beschleunigungsrohr belastet. Bei einem für die Beschleunigung eines leeren Projektils auf ca. 165 m/s notwendigen Druck von 18,2 bar ergab sich hierbei ein rein durch den Luftdruck übertragener Impuls von ca. 48 kgm/s. Dieser Wert kann als Näherungsgröße zur Korrektur der Gesamtverschiebung herangezogen werden. Es muss hierbei aber beachtet werden, dass die Beschleunigungsdrücke innerhalb der Versuchsreihe für die nicht gefüllten Projektile leicht variieren und sich bei Verwendung eines Projektils ein verändertes Strömungsverhalten der Luft ergibt.

Eine deutlich bessere Abschätzung des übertragenen Impulses lässt sich aus der Verschiebungsmessung an der Zielkörpervorderseite generieren. Abbildung 4.14 zeigt die gute Übereinstimmung der drei Signale der Wegaufnehmer.

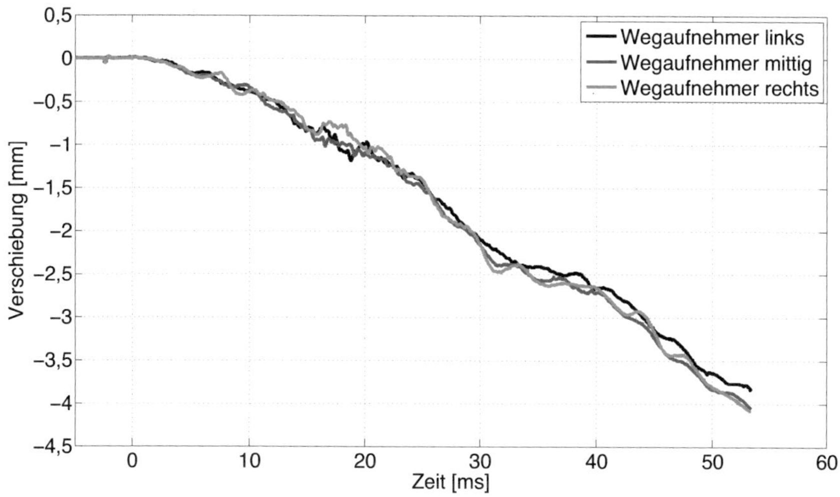

Abbildung 4.14: Verschiebung des Körpers

Die maximal angezeigte Verschiebung ist hierbei durch die Messlänge der Aufnehmer begrenzt und entspricht nicht der Gesamtverschiebung des Zielkörpers. Die Verschiebung des Körpers nimmt, abgesehen von den Oszillationen, die durch ein Schwingen der Aufnehmerplättchen oder das Verschieben der Messkugel des Sensors auf der Oberfläche ausgelöst werden, nach dem Aufprall (Zeitdauer ca. 3 ms) kontinuierlich zu. Die Geschwindigkeit dieser Bewegung, die durch die Steilheit der Kurve gegeben ist, nimmt durch den Einfluss der nachströmenden Druckluft mit fortschreitender Zeitdauer ebenfalls zu. Wird nun die Verschiebungskurve nach dem Einsetzen der Bewegung für einen kurzen Zeitbereich (ca. 10 ms) durch eine Gerade angenähert und deren Steigung bestimmt, erhält man einen Näherungswert für die aufgrund des Impulsübertrags vom Projektil zum Zielkörper erreichte Geschwindigkeit des Zielkörpers von 50,32 m/s. Mit der Masse des Zielkörpers (m = 1117 kg) lässt sich ein übertragener Impuls von 56,2 kgm/s berechnen. Dieser stimmt sehr gut mit dem Wert von 57,5 kgm/s überein, der über die Integration der gemessenen Aufprallkraft der Messplattform ermittelt wurde. Diese Auswertung des Impulses ist auch unter Verwendung der in Abbildung 3.6 gezeigten Stahlblende möglich.

4.6 Auswertung der Dehnungsmessung am Zielkörper

Über die Dehnmessstreifen, die im Bereich der Beschleunigungssensoren auf der Seitenfläche des Zielkörpers befestigt sind, kann die Ankunftszeit der Stoßwelle bestimmt werden. Das Stoßsignal erreicht die DMS mit einer Verzögerung von ca. 0,17 ms. Unter Berücksichtigung der unterschiedlichen Wellenlaufzeiten in der Messplattform (ca. 5100 m/s) und im Betonkörper (ca. 3800 m/s) stimmt dies mit dem zurückgelegten Weg überein.

Die aufgezeichneten Signale sind für den linken und rechten Aufnehmer in Abbildung 4.15 dargestellt und zeigen eine gute Übereinstimmung.

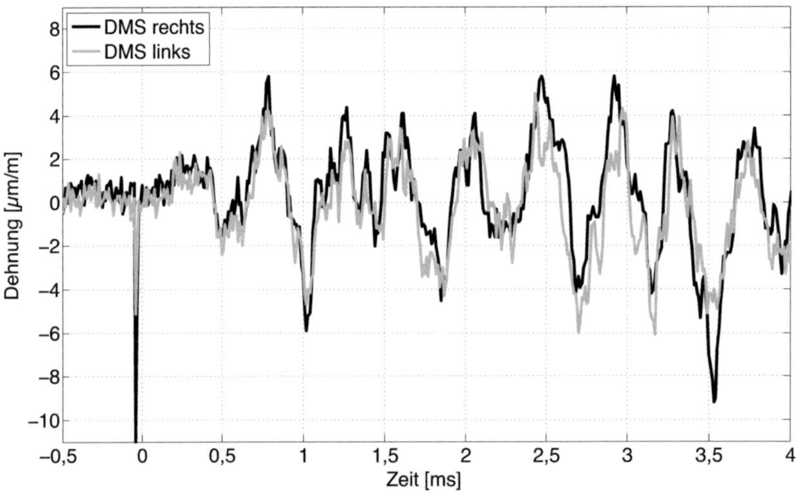

Abbildung 4.15: Ermittelter Dehnungs-Zeit-Verlauf aus Dehnmessstreifen an der Seitenfläche des Zielkörpers

Die während des Aufpralls erreichte maximale Dehnung liegt bei lediglich 6 μm/m und ist damit nur geringfügig höher als der Rauschanteil (ca. 1,5 μm/m) des Signals. Eine Auswertung der Aufprallkraft unter Verwendung des Hookeschen Gesetzes ist daher, aufgrund der großen Störungen, nicht möglich.

4.7 Fragmente

Die nach dem Versuch verbleibenden Fragmente werden aufgesammelt und entsprechend ihrer farblichen Markierung und der vorhandenen Wandstärke den einzelnen Projektilteilen zugewiesen und eingeordnet. Die Fragmente des dargestellten Versuchs K8 sind in Abbildung 4.16 gezeigt.

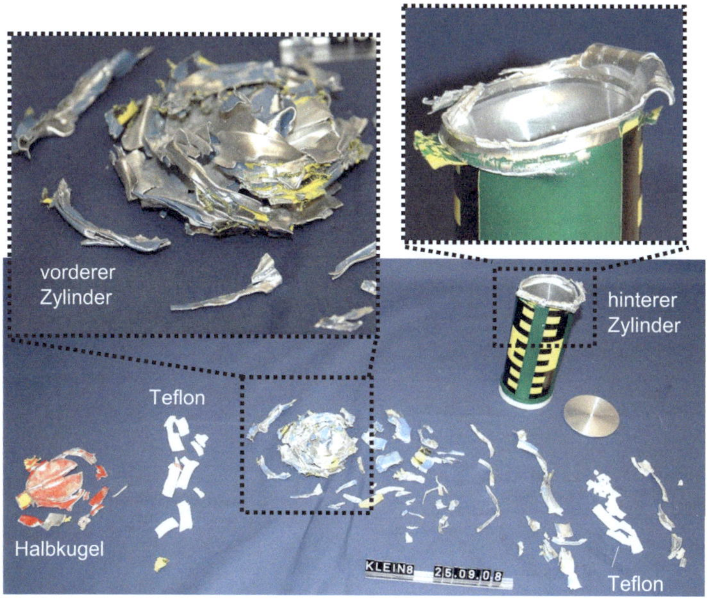

Abbildung 4.16: Fragmente nach dem Aufprall

Für die Halbkugel an der Spitze des Projektils ergibt sich nur im Übergangsbereich zum anschließenden dünnwandigen Zylinder eine Faltenbildung. Der überwiegende Teil der Halbkugel wird ins Innere des Projektils gestülpt und erfährt keine wesentliche Verformung. Der dünnwandige Zylinder erfährt eine deutliche asymmetrische Faltenbildung, wie sie für Zylinder mit dem vorliegenden Verhältnis von Wanddicke zu Durchmesser zu erwarten ist. Die Kantenlänge der Falten liegt vornehmlich im Bereich von 3 - 7 mm. Im vorliegenden Beispiel ergibt sich ein großes Reststück, das sich aus einzelnen gefalteten Elementen zusammensetzt, die ineinander verhakt sind. In einigen Versuchen ergab sich aufgrund des Versagens des Materials in der Verbindungsstelle der einzelnen Falten eine deutlich höhere Anzahl von Bruchstücken, die meist aus einer oder zwei Faltungen bestehen.

Die Verformungen im Bereich des steiferen hinteren Zylinders sind sehr gering. Lediglich an der Übergangsstelle zwischen den beiden Projektilteilen stellten sich eine deutliche Deformation und ein teilweises Versagen des Materials ein. Unterhalb der Steife deutet sich einseitig eine Faltung des Zylinders an, so dass die unverformte

Restlänge des Projektils ca. 16 - 17 cm beträgt. Die Form des verbleibenden Zylinders weist im vorderen Bereich eine Abweichung von der ursprünglichen Kreisgeometrie auf. Dies kann durch den Aufprall aber auch durch das Herabfallen des Zylinders nach dem Aufprallverursacht worden sein. Die beiden vorderen Teflonringe wurden durch den Aufprall leicht zusammengestaucht und zerbrachen dann jeweils in Einzelteile.

5 Versuchsergebnisse

Im Rahmen dieser Arbeit werden die Daten von 14 Aufprallversuchen, die unter Verwendung des kleinen Pendelkörpers durchgeführt wurden, ausgewertet. Die Mehrzahl der verwendeten Projektile besaßen dabei keine Tankfüllung auf. Zur Beurteilung des Einflusses bei Verwendung eines halbgefüllten Tanks stehen drei Versuche und für den vollgefüllten Tank zwei auswertbare Datensätze zur Verfügung. Im Folgenden sind für alle Versuche die ermittelten Last-Zeit-Funktionen dargestellt. Exemplarisch werden für einige Versuche die Einzelbilder der Videoaufzeichnung sowie die Fragmente nach dem Aufprall gezeigt. In diesem Kapitel nicht dargestellte Ergebnisse sind im Anhang C dokumentiert.

5.1 Versuche ohne Tankfüllung

Zur Auswertung der Last-Zeit-Funktion beim Aufprall von Projektilen ohne Tankfüllung stehen neun Versuche zur Verfügung (siehe Tabelle 5.1). Die Sollgeschwindigkeit lag für die meisten Versuche bei 165 m/s, lediglich für die Versuche K22 und K23 wurde eine höhere Aufprallgeschwindigkeit (190-200 m/s) angestrebt. In den Versuchen K5 und K24 wurde die Kraftmessplattform durch eine Stahlplatte ersetzt, so dass hier die Aufprallkräfte nur aus den Beschleunigungsdaten abgeleitet werden. Alle Experimente wurden mit der Hochgeschwindigkeitskamera, deren Aufzeichnungsfrequenz im Verlauf der Versuchsreihe von 4000 Bildern/Sekunde auf 10.000 Bildern/Sekunde erhöht wurde, aufgezeichnet. Für die Versuche K11 und K12 stand ein zusätzliches Kamerasystem mit einer Aufzeichnungsfrequenz von 12.000 Bildern/Sekunde zur Verfügung. Informationen über die Masse des Projektils, den verwendeten Beschleunigungsdruck, die erreichte Aufprallgeschwindigkeit, die Aufpralldauer sowie eine kurze Beschreibung des auftretenden Versagensmechanismus sind ebenfalls in Tabelle 5.1 gegeben.

Abbildung 5.1 gibt die gemessenen Kraftdaten der Messplattform für die Versuche mit einer Sollgeschwindigkeit von 165 m/s in Abhängigkeit der Zeit wieder. Die erreichten Aufprallgeschwindigkeiten sind in der Legende angegeben und liegen zwischen 160 und 170 m/s.

Tabelle 5.1: Versuche ohne Tankfüllung

Bezeichnung	Projektil	mit/ohne Messplattform	Beschl.-Druck [bar]	Projektil: Masse [g]	Projektil: Geschwindigkeit [m/s] Soll	Projektil: Geschwindigkeit [m/s] Ist	Projektil: Aufpralldauer [ms]	Zielkörper / auswertbare Daten: Kraftmessplattform	Zielkörper / auswertbare Daten: Beschleunigung links	Zielkörper / auswertbare Daten: Beschleunigung rechts	Videofrequenz [Bilder/Sek]	Kommentar
K1	K2	mit	17,57	328,0	165	160	(2,75) - 3,0	ja	nein	ja	4000	frühzeitiges Versagen an Umspannstelle, Abknicken des restlichen Zylinders nach unten
K2	K2	mit	18,25	335,0	165	169	3,0 - 3,25	ja	teilw.	ja	4000	erster Teflonring verrutscht, Projektil knickt an Übergangsstelle ab, schiefer Aufprall
K8	K2	mit	18,55	335,8	165	160	2,75 - 3,0	ja	ja	ja	4000	frühzeitiges Versagen an Umspannstelle, hinterer Zylinder trifft leicht verdreht auf
K11	K2	mit	18,77	329,1	165	170	3,0 - 3,25	ja	ja	ja	4000 12.000	vorderer Teil versagt am Übergang, wird über hinteren Zylinder geschoben
K12	K2	mit	18,61	332,1	165	170	2,75	ja	ja	ja	4000 12.000	frühzeitiges Versagen an Übergangsstelle, vorderer Teil knickt weg
K5	K2	ohne	18,53	334,1	165	178	3,0 - 3,25	---	ja	ja	4000	vorderer Teil versagt am Übergang, wird teilweise über hinteren Zylinder geschoben
K24	K4	ohne	18,96	315,9	165	162	2,8 - 2,9	---	teilw.	ja	10.000	frühzeitiges Versagen an Umspannstelle
K22	K4	mit	25,36	337,5	190	184-190	2,6 - 2,7	ja	ja	ja	10.000	Halbkugel durch Glasstäbe leicht eingedrückt
K23	K4	mit	29,88	337,4	200	214-222	2,5 - 2,6	ja	ja	ja	10.000	Halbkugel durch Glasstäbe eingedrückt, frühzeitiges Versagen an Umspannstelle

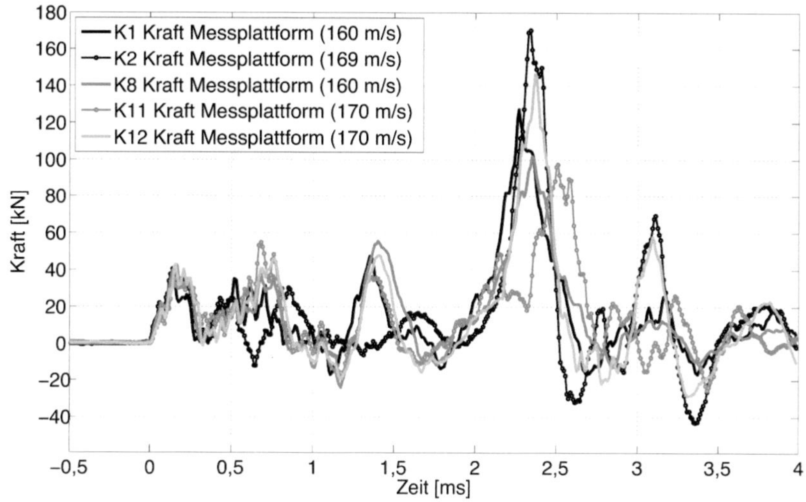

Abbildung 5.1: Daten der Messplattform, Projektil ohne Tankfüllung, unbearbeitet

Die fünf dargestellten Versuchskurven zeigen trotz eines jeweils leicht variierenden Versagensverhaltens durch teilweise frühzeitiges Versagen an der Umspannstelle bzw. am Übergang oder das Abknicken bzw. Übereinanderschieben (siehe auch Tabelle 5.1) einzelner Projektilteile eine sehr gute Übereinstimmung. Die Aufprallkraft steigt für alle Messkurven zunächst bis zum ersten lokalen Maximalwert (bei ~0,15 ms) an. Dieser Kraftanstieg geht einher mit dem Aufprall und dem Umstülpen der Halbkugel an der Spitze des Projektils. Nach einem Abfallen des Lastniveaus steigt dieses mit dem Aufprall des ersten Teflonringes bei ca. 0,75 ms wieder an.

Das abweichende Verhalten von Versuch K2 ergibt sich aus dem Versagen der Klebung des vorderen Teflonrings während der Beschleunigungsphase. Der erste Teflonring wurde bis zur Position des zweiten Telfonrings verschoben und prallte daher später auf. Im folgenden Verlauf sinkt das Kraftniveau für alle Verläufe wieder etwas ab. Dies ist einerseits darauf zurückzuführen, dass der eingetragene Massenstrom nach dem Aufprall des Teflonringes deutlich reduziert ist, weist aber auch auf ein nicht kontinuierliches Versagen des zylindrischen Projektilteils hin. In einigen Versuchen konnte ein frühzeitiges Versagen des vorderen Projektilteils im Bereich der Umspannstelle, an der sich aufgrund der Bearbeitung (siehe Abschnitt 3.4.3) eine geringere Wandstärke ergibt, beobachtet werden. Aber auch am Übergang zwischen dem vorderen und hinteren Projektilteil trat teilweise ein frühzeitiges Versagen auf, welches ebenfalls als Ursache der deutlichen Lastreduktion betrachtet wird.

Nach ca. 1,4 ms erreicht die Last für die meisten Verläufe erneut ein lokales Maximum. Für die Versuche, bei denen das Projektil an der Umspannstelle versagte, traf hier das „fehlerfreie" Restprojektil auf die Messplattform auf. Ein direktes Aufprallereignis kann aber nicht bei allen Versuchen eindeutig zugewiesen werden. Dieser Kraftpeak ist teilweise auch auf das Schwingen des Versuchsaufbaus zurückzuführen.

Mit dem Aufprall des Übergangs zum steifen hinteren Zylinder beginnt für alle Versuche nach ca. 2,1 ms der deutlichste Lastanstieg innerhalb des Kraftverlaufs. Die maximal erreichten Kräfte liegen hierbei zwischen 98 und 170 kN. Die höheren Kraftwerte treten mit Ausnahme des Versuchs K11 bei den Projektilen mit der höheren Aufprallgeschwindigkeit auf. Der abweichende Verlauf von Versuch K11 resultiert aus dem ungewöhnlichen Projektilversagen im Übergangsbereich. Ein großer Teil des vorderen Zylinders wurde durch den mittleren Teflonring hindurch über den steiferen Zylinder geschoben. Hierdurch verschob sich der Teflonring etwas nach vorne und traf vor dem Übergang zum steifen hinteren Zylinder auf.

Die Kraftverläufe erreichen für alle Versuche zum Ende des Aufpralls (Zeitpunkte zwischen 2,75 und 3,25 ms) Kraftwerte im Bereich der Null. Die nachgelagerten Schwingungen sind auf die Eigenschwingcharakteristik des Versuchsaufbaus zurückzuführen und sind nicht Teil der Aufprallkraft. Für die betrachtete Geschwindigkeit wurde das Projektil meist bis zur vorderen Steife des hinteren Projektilteils (hinter dem zweiten Teflonring) fragmentiert. Abbildung 5.2 zeigt die verbleibenden Reststücke der hinteren Projektilteile. Eine Darstellung aller Fragmente für die einzelnen Versuche kann der Dokumentation der Versuchsergebnisse im Anhang C entnommen werden.

K1 K2 K8 K11 K12

Abbildung 5.2: Reststücke des hinteren Projektilteils nach dem Aufprall

Die Last-Zeit-Verläufe nach der Bearbeitung der Daten entsprechend der in Abschnitt 4.1.2 dargestellten Vorgehensweise zeigt Abbildung 5.3. Der anfängliche Kraftanstieg wird durch die Glättung der Daten gegenüber den Rohdaten deutlich reduziert und erreicht einen Wert von ca. 17 kN. Das Aufprallen des ersten Teflonringes (nach ca. 0,75 ms) wird durch einen weiteren Anstieg der Kraft abgebildet. Eine exakte Erfassung der Aufprallkraft ist für den Teflonring nicht möglich, da das hochfrequente Kraftsignal durch die Bearbeitung der Daten aufgeweitet und geglättet wird. Für den nachfolgenden Aufprall des zylindrischen Projektilteils zeigt sich, wie bereits bei den Rohdaten beschrieben, ein oszillierendes Kraftsignal, das teilweise das Versagen des Projektils abbildet, das aber auch auf das Schwingungsverhalten des Messaufbaus zurückgeführt werden muss. Betrachtet man jeweils die Mittelwerte der Schwingungen, so liegt das Kraftniveau für den Aufprall des vorderen Zylinders (~0,9 ms bis ~1,8 ms) im dargestellten Geschwindigkeitsbereich zwischen 7 und 11 kN. Die maximalen Aufprallkräfte (zwischen 52 und 70 kN) werden beim Aufprall des Übergangsbereichs zwischen den beiden Projektilstücken erreicht (~2,2 ms bis 2,5 ms). Anschließend sinkt die Kraft kontinuierlich bis zum Erreichen des Nullniveaus ab (Zeitdauer des Aufpralls des Übergangsbereichs ca. 0,9 ms). Lediglich für die Versuche K2 und K12 steigt die Kraft, einhergehend mit einer teilweisen Verformung des hinteren Zylinders, nochmals geringfügig an. Verglichen zu den Rohdaten sind die bearbeiteten Last-Zeit-Verläufe zu Beginn und Ende des Aufpralls etwas aufgeweitet. Die Beurteilung der Daten wird hierdurch jedoch nicht beeinflusst.

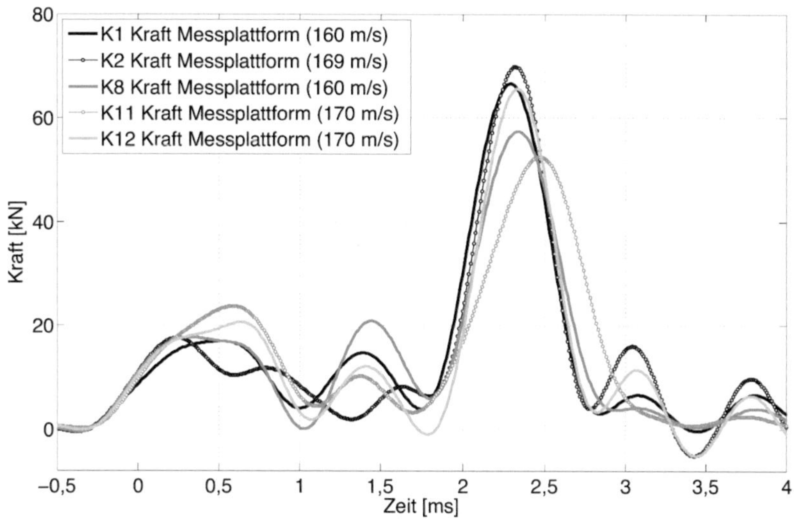

Abbildung 5.3: Last-Zeit-Funktionen aus bearbeiteten Daten der Messplattform für Projektile ohne Tankfüllung (jeweils gefiltert, 2x geglättet)

Die Aufprallkräfte, die auf Basis der Beschleunigungsdaten (siehe Abschnitt 4.2) ermittelt wurden, zeigt Abbildung 5.4. Es ist, soweit möglich, jeweils der Mittelwert aus den Daten der auf dem Zielkörper befestigten Sensoren dargestellt. Die Kraftverläufe für die Versuche K5 und K24, die ohne die Messplattform durchgeführt wurden, können nun ebenfalls verglichen werden. Die Daten der Beschleunigungssensoren weisen eine wesentlich höhere Streubreite auf als die Daten der Messplattform. Besonders im Bereich des aufprallenden Zylinderstückes sind die Oszillationen stärker ausgeprägt, und die auftretenden abhebenden Kräfte aufgrund der Schwingung des Zielkörpers können durch die Bearbeitung der Daten nicht immer vollständig eliminiert werden.

Unter Vernachlässigung von Versuch K12, der ein deutliches Überschwingverhalten aufweist, ergibt sich für den vorderen Zylinderbereich (~0,9 ms bis ~1,8 ms) eine mittlere Aufprallkraft zwischen 3 und 12 kN. Das niedere Kraftniveau stammt von Versuch K24, der bisher aufgrund der nicht verwendeten Messplattform nicht berücksichtigt wurde. Die maximalen Aufprallkräfte liegen zwischen 52 und 86 kN. Die über die Beschleunigung ermittelten Maximalwerte übersteigen in der Regel die aus der Kraftmessplattform ermittelten Werte und stellen die obere Grenze der Belastung dar. Eine Auswertung der Aufprallkraft ausschließlich basierend auf den Beschleunigungsdaten ist zwar möglich, aber aufgrund des Überschwingverhaltens mit größeren Unsicherheiten verbunden.

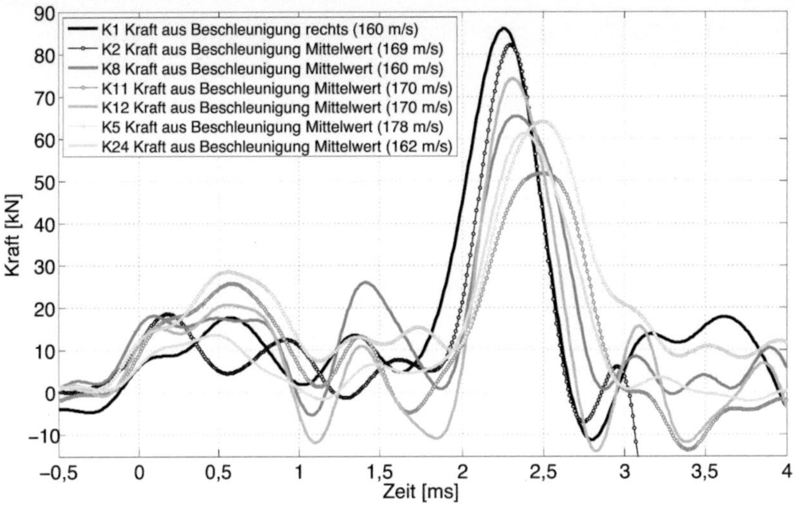

Abbildung 5.4: Last-Zeit-Funktionen aus bearbeiteten Daten der Beschleunigungssensoren für Projektile ohne Tankfüllung (jeweils gefiltert, 2x geglättet)

Zur Bestätigung der ermittelten Kraft-Zeit-Verläufe können, wie in Abschnitt 4.4 beschrieben, die Daten der Hochgeschwindigkeitskamera herangezogen werden. Anhand des Versuchs K12 wird nachfolgend der Einfluss der Aufzeichnungsfrequenz auf die berechenbare Last-Zeit-Funktion gezeigt. Die sehr scharfen Bilder des Aufpralls wurden mit einem zusätzlichen Kamerasystem, das nur für die Versuche K11 und K12 zur Verfügung stand, bei einer Frequenz von 12.000 Bildern/Sekunde mit einer Belichtungszeit von 7 µs aufgenommen und sind in Abbildung 5.5 dargestellt. Die Aufzeichnung des Aufpralls erfolgte von oben. Das Kamerasystem ermöglichte zusätzlich eine automatisierte Auswertung der Projektilgeschwindigkeit durch Korrelation der Einzelbilddaten. Dies erforderte eine schwarze Projektillackierung, die mit einem unregelmäßigen weißen Punktmuster versehen wurde. Die Einzelbilder der seitlichen Aufzeichnung des Aufpralls mit einer Frequenz von 4000 Bildern/Sekunde und einer Belichtungsdauer von 150 µs sind vergleichend in Abbildung 5.6 dargestellt.

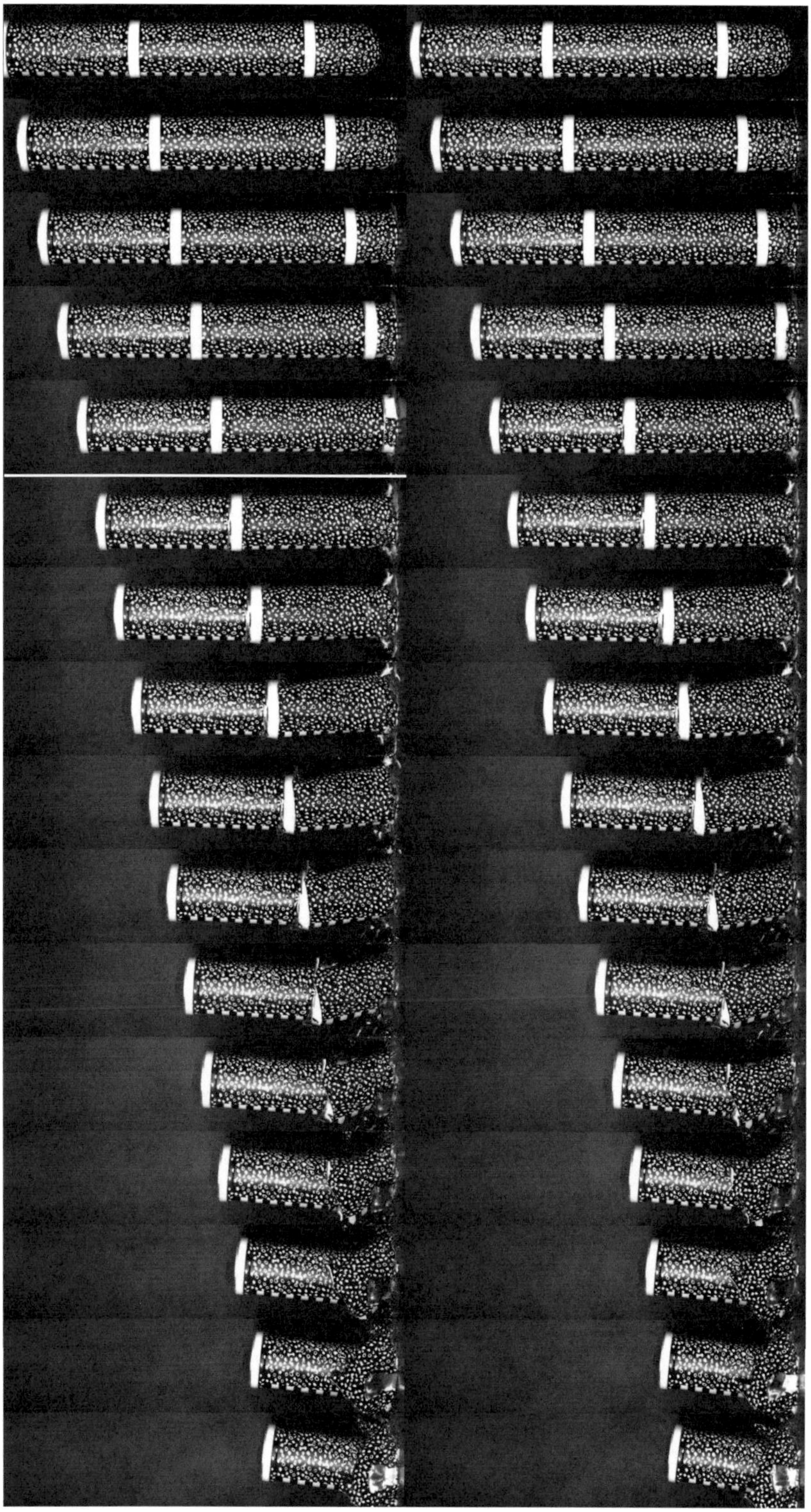

Abbildung 5.5: Einzelbilder Videokamera ICT Versuch K12, 12.000 Bilder/Sekunde

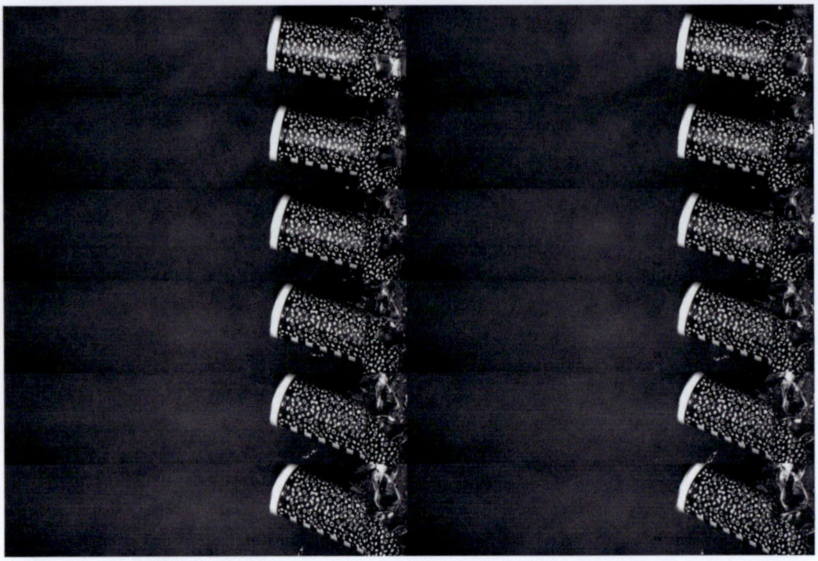

Abbildung 5.5: (Fortsetzung) Einzelbilder Videokamera ICT Versuch K12, 12.000 Bilder/Sekunde

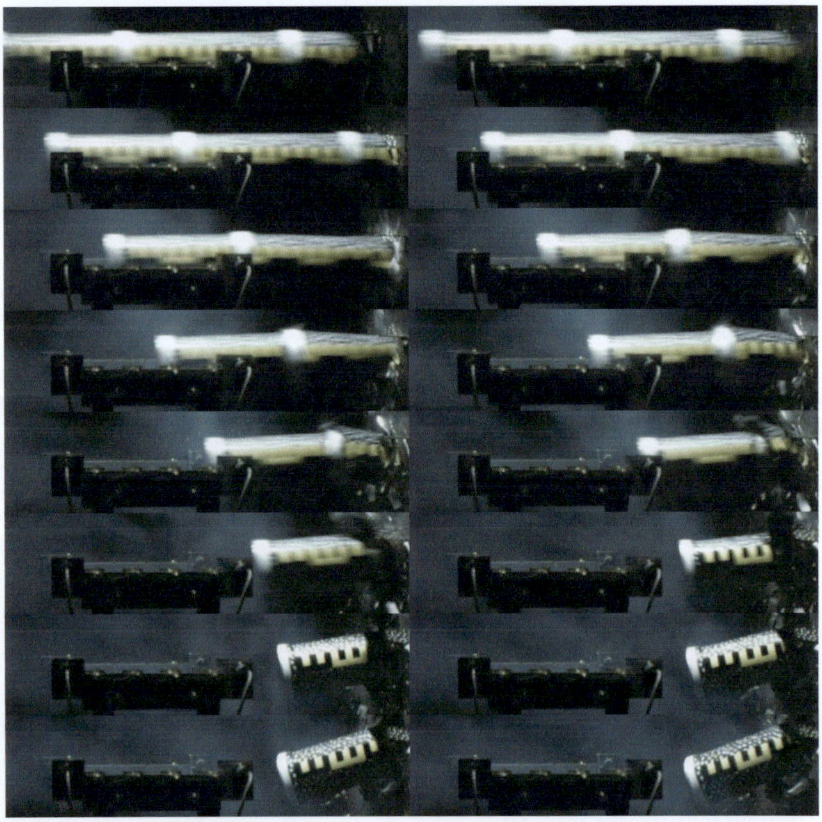

Abbildung 5.6: Einzelbilder Videokamera MPA Versuch K12, 4000 Bilder/Sekunde

Die Auswertung der zwei Videosysteme ermöglicht eine räumliche Beurteilung der Projektilbewegung, die auf Basis der alleinigen Bilddaten aus einem seitlichen Kamerasystem in der Regel nur abgeschätzt aber nicht quantitativ beurteilt werden kann. Des Weiteren kann auf Basis der hochfrequenten Aufnahmen das Versagensverhalten besser beurteilt werden.

Die Aufnahmen zeigen, dass das Projektil nach dem Aufprall auf den Zielkörper zunächst kontinuierlich verformt wird (Bilder: ICT 3 - 8, MPA 2 - 4). Nach dem Aufprall des ersten Teflonrings (Bilder ICT 9 + 10) wird eine gegenseitige Verschiebung der beiden Projektilteile am Übergang sichtbar (Bilder ICT ab 11). Dieses frühzeitige Versagen der Übergangsstelle führt zu einem Ausknicken in diesem Bereich (Bilder: ICT ab 13, MPA ab 5). Aufgrund des geneigten Aufpralls werden nicht alle Bereiche des dünneren Zylinders kontinuierlich gefaltet, sondern es verbleibt ein nahezu unverformtes Reststück an der Oberseite des Projektils (Bilder: ICT ab 22, MPA 9 + 10). Der steife Zylinder trifft aufgrund der Rotation ebenfalls unter einem Winkel auf die Messplattform auf (Bilder: ICT ab 30, MPA ab 12) und erfährt daher vor Einsetzen des elastischen Rückpralls eine asymmetrische Verformung.

Die auf Basis der Videodaten ermittelten Last-Zeit-Verläufe sind in Abbildung 5.7 vergleichend mit den Ergebnissen der Kraftmessplattform und den Beschleunigungsdaten dargestellt.

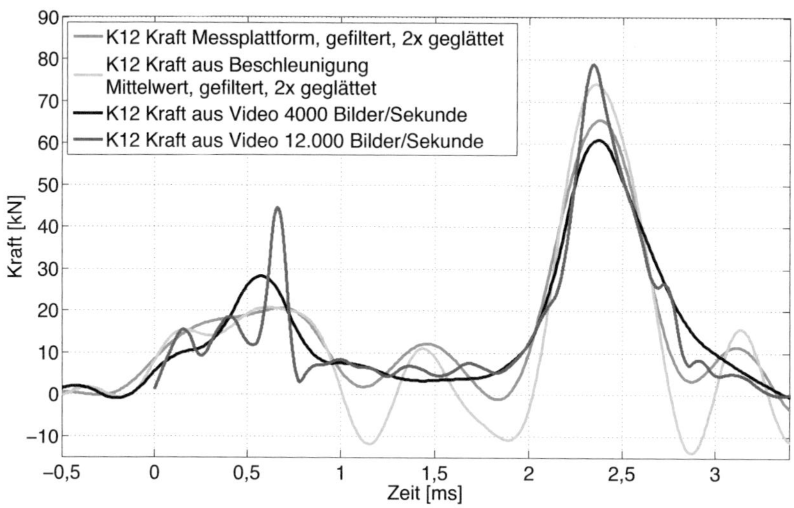

Abbildung 5.7: Vergleich der Last-Zeit-Funktionen, Versuch K12

Für den Bereich des ersten Kraftanstiegs zeigt sich eine gute Übereinstimmung zwischen den beiden Auswertungen der Hochgeschwindigkeitsaufnahmen. Für die Daten bei höherer Aufzeichnungsfrequenz ergibt sich ein leicht oszillierender Verlauf. Die

Kraftniveaus der Videodaten liegen etwas unterhalb der Messdaten. Im Bereich des aufprallenden Teflonrings (bei ca. 0,6 - 0,7 ms) kann die Aufprallkraft durch die Videodaten deutlich besser aufgelöst werden als durch die geglätteten Messdaten. Bei einer Aufzeichnungsfrequenz von 4000 Bildern/Sekunde wird der Aufprall des Teflonrings bereits gut aufgelöst. Da die Zeitdauer des Aufpralls aber weniger als 0,25 ms beträgt, wird der entstehende Kraftpeak geglättet. Die deutlich höhere Aufzeichnungsfrequenz von 12.000 Bildern/Sekunde ermöglicht hingegen die Abbildung eines zeitlich abgegrenzten Kraftpeaks.

Nach dem Aufprall des Teflonrings fällt das Kraftniveau ab. Dieser Abfall erfolgt für die hochfrequenten Daten wiederum schneller als für die bearbeiteten Daten. Für die Videodaten ergibt sich nun ein leicht abfallender nahezu horizontaler Kraftverlauf für den aufprallenden zylindrischen Projektilteil. Die Daten der Messplattform oszillieren um diesen Kraftverlauf. Diese Oszillation kann einerseits aus der Schwingung des Messaufbaus resultieren, sie lässt sich aber auch durch das nicht vollständige Versagen des zylindrischen Projektilteils erklären. Aufgrund des nicht faltenden Versagens wird ein größerer Teil des Projektils stark abgebremst und überträgt dadurch einen großen Impuls und damit eine große Kraft auf die Zielstruktur. Dieser Kraftübertrag kann durch die Impulsauswertung auf Basis der Videodaten nur bedingt abgebildet werden, da bei der Berechnung der Restmasse von einem kontinuierlichen Masseneintrag ausgegangen wird. Die aus Beschleunigungsdaten berechneten Kraftwerte weisen ein deutliches Überschwingverhalten auf und können für diesen Bereich des Aufpralls nicht zur Auswertung der Aufprallkraft verwendet werden.

Für den aufprallenden steifen hinteren Projektilteil stimmt der Kraftanstieg für alle vier Kraftkurven gut überein. Der größte Kraftpeak (79 kN) wird aus den hochfrequenten Videodaten ermittelt. Der niedrigste Wert ergibt sich aus den niederfrequenten Videodaten (61 kN). Die Daten weisen für den Höchstwert eine maximale Abweichung von 23 % auf. Der im Kraftverlauf der Messplattform enthaltene erneute leichte Kraftanstieg kurz vor Ende des Aufpralls wird durch die Videodaten in geglätteter Form gut angenähert.

Insgesamt ergibt sich unter Berücksichtigung der Eigenschaften der einzelnen Messsysteme eine sehr gute Übereinstimmung der ermittelten Kraft-Zeit-Verläufe. Der Vergleich der unterschiedlichen Auswerteverfahren und Methoden zeigt, dass die Aufprallkraft über die bearbeiteten Daten der Messplattform gut erfasst wird.

Die Versuchsergebnisse bei einer Sollgeschwindigkeit der Projektile von 165 m/s erlauben eine Beurteilung der Aufprallkraft für den Bereich des halbkugelförmigen und des anschließenden zylinderförmigen vorderen Projektilteils sowie den Übergangsbereich zum steiferen hinteren Zylinder. Die Festlegung eines Kraftniveaus für den hinteren (dickwandigeren) Zylinder ist auf Basis dieser Versuche nicht möglich, da der hintere Projektilteil beim Aufprall nahezu nicht verformt wurde. Daher wurden zwei weitere Versuche mit erhöhter Aufprallgeschwindigkeit durchgeführt. Bei diesen Versuchen zeigte sich, dass der halbkugelförmige Projektilteil bereits beim Durchbrechen der Glasstäbe deformiert wurde. Die Geschwindigkeit wurde daher unter Berücksichtigung der Deformationen auf Basis der Daten der Glasstabschaltung und anhand der Videoauswertung näherungsweise bestimmt. Für Versuch K22 ergibt sich eine Aufprallgeschwindigkeit im Bereich von 184 - 190 m/s und für Versuch K23 von 214 - 220 m/s. Für Versuch K22 stellte sich eine kontinuierliche Faltung des vorderen Projektilteils ein. Für den steifen Zylinder konnte auch bei erhöhter Geschwindigkeit keine deutliche Deformation erzielt werden (siehe Abbildung 5.8). Im Versuch K23 trat an der Umspannstelle im vorderen Projektilteil ein frühzeitiges Versagen auf, dennoch erfolgte der gesamte Aufprall nahezu horizontal. Der dickwandige Zylinder wurde beim Aufprall aufgeschält (siehe Abbildung 5.8). Der hintere Projektilteil wird somit nicht wie der dünnwandige Zylinder gefaltet, sondern versagt durch Aufreißen.

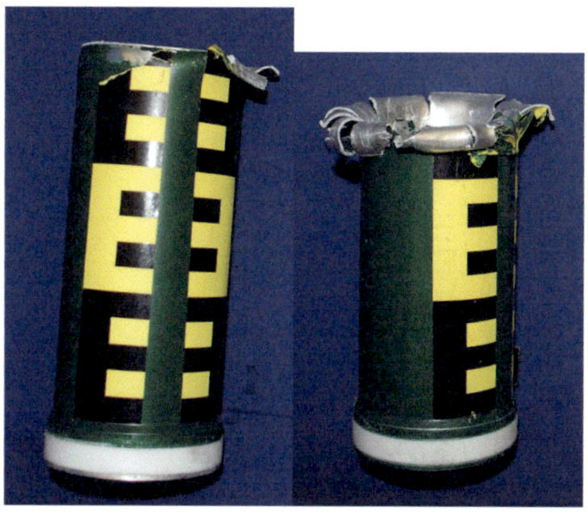

Abbildung 5.8: Reststücke Versuch K22 (links) und Versuch K23 (rechts)

Die Last-Zeit-Funktionen, die aus den Daten der Messplattform und der Beschleunigungssensoren sowie aus der Videoaufzeichnung bei einer Frequenz von 10.000 Bildern/Sekunde gewonnen werden können, sind für die beiden Versuche in den Abbildungen 5.9 und 5.10 dargestellt.

Der Aufprall im Versuch K22 erfolgte kontinuierlich ohne das Auftreten eines frühzeitigen Versagens, lediglich die Halbkugel wurde beim Durchdringen der Glasstäbe leicht deformiert. Die über verschiedene Methoden ermittelten Last-Zeit-Verläufe stimmen gut überein. Zu Beginn des Aufpralls ist für die Videodaten deutlich der Aufprall des vorderen Teflonrings zu erkennen. Für die bearbeiteten Daten aus der Messplattform und den Beschleunigungssensoren kann dieser nur verschmiert dargestellt werden. Das sich anschließende Kraftniveau stellt sich bei einem Mittelwert von 16 - 17 kN ein. Die maximalen Kräfte beim Aufprall des Übergangsbereichs zwischen den beiden Projektilteilen liegen zwischen 63 und 78 kN. Der Kraftanstieg erfolgt für die Videodaten gegenüber den bearbeiteten Daten leicht verzögert. Die Verläufe stimmen aber bis zum Erreichen des Nullniveaus nach ca. 2,7 ms gut überein.

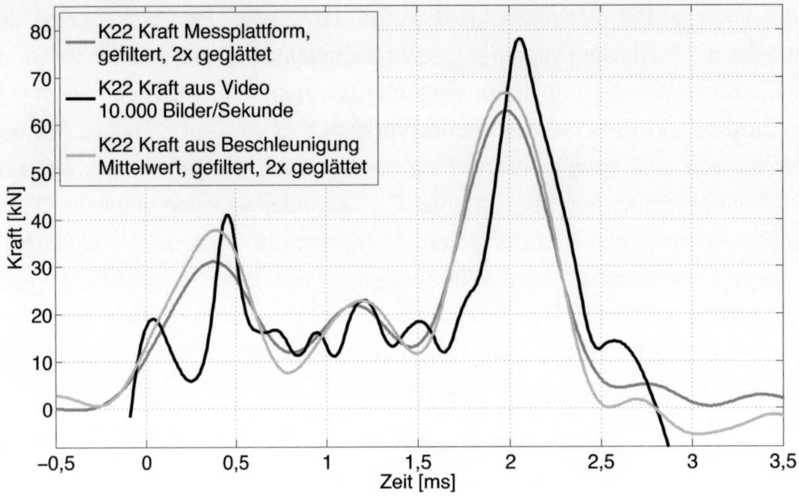

Abbildung 5.9: Last-Zeit-Funktionen, Versuch K22

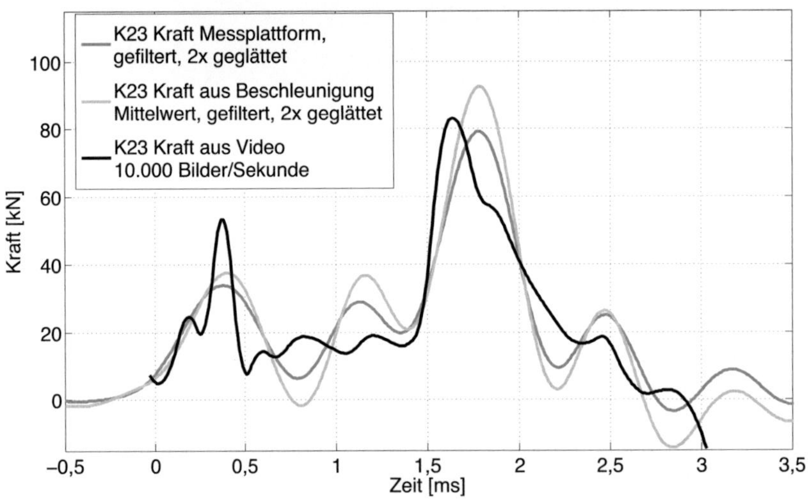

Abbildung 5.10: Last-Zeit-Funktionen, Versuch K23

Im Versuch K23 trifft der erste Teflonring aufgrund der deutlich höheren Geschwindigkeit bereits nach 0,3 - 0,4 ms auf den Zielkörper auf. Dies kann vom Kraftverlauf, generiert aus den Videodaten, sehr gut abgebildet werden (siehe Abbildung 5.10). Das Kraftniveau steigt aufgrund der höheren Aufprallgeschwindigkeit hierbei gegenüber Versuch K22 nochmals an. Die bearbeiteten Messdaten können wiederum nur einen geglätteten Verlauf abbilden. Das Projektil in Versuch K23 versagt frühzeitig an der Umspannstelle (im Abstand von ca.17 cm von der Projektilspitze). Das unbeschädigte Restprojektil trifft anschließend nach ca. 0,8 ms auf den Zielkörper auf und wird kontinuierlich bis zum Übergang der beiden Projektilteile gefaltet. Das mit dem frühzeitigen Versagen einhergehende Abfallen der Aufprallkraft wird von den Videodaten erfasst. Die eingetragene Kraft sinkt direkt nach dem Aufprall des Teflonrings auf ca. 8 kN ab und steigt dann auf ein konstantes Lastniveau von ca. 17 kN an. Diese Aufprallereignisse können von den bearbeiten Messdaten nicht abgebildet werden, da die Eigenschwingung des Zielkörpers diese kurzzeitigen Ereignisse überlagert. Dennoch kann aus den Messdaten (~0,6 ms bis ~1,4 ms) mit 18 - 19 kN ein vergleichbares mittleres Kraftniveau ermittelt werden.

Für den folgenden Aufprall des Übergangsbereichs steigt die Kraft aus den Videodaten etwas steiler an. Die auftretenden Lastniveaus sind aber ähnlich und liegen für alle drei Auswertemöglichkeiten zwischen 79 und 93 kN. Für den Kraftverlauf basierend auf den Videodaten sinkt die Last nach dem Aufprall des Übergangsbereichs kontinuierlich von ca. 60 kN auf ein Lastplateau im Bereich von 17 - 18 kN ab, das ab einer Aufpralldauer von ca. 2,3 ms erreicht wird. Die Aufprallgeschwindigkeit reduziert sich in dieser Zeit von ca. 100 m/s auf unter 20 m/s. Das Lastplateau wird im Mittel auch von den oszillierenden Messdaten erreicht. Eine Abschätzung der übertragenen Kräfte für den hinteren, steiferen Zylinder ist möglich. Der Aufprall des Projektils endet nach 2,5 - 2,6 ms.

5.2 Versuche mit halbgefülltem Tank

Zur Untersuchung des Einflusses einer Tankfüllung auf die Last-Zeit-Funktion wurden drei Versuche mit halbgefülltem Tank durchgeführt. Das bisher verwendete leere Projektil wurde dazu um die als Tank eingesetzte Getränkedose sowie deren Lagefixierungen in Form des Halterings und der Hartschaumplatte ergänzt. Die Versuchsparameter sind in Tabelle 5.2 angegeben. Die erreichten Aufprallgeschwindigkeiten liegen zwischen 150 und 159 m/s und unterschreiten die Sollgeschwindigkeit von 165 m/s. Die Bestimmung der Aufpralldauer anhand der Videodaten kann nur als Näherungswert betrachtet werden, da das zerstäubende Wasser die Beurteilung der Vorgänge in der Aufprallebene erheblich einschränkt.

Tabelle 5.2: Versuchsdaten für Aufprallversuche mit halbgefülltem Tank

Bezeichnung	Projektil	mit/ohne Messplattform	Beschl.-Druck [bar]	Projektil			
				Masse [g]	Geschwindigkeit [m/s]		Aufpralldauer [ms]
					Soll	Ist	
K13	K2 1/2	mit	29,17	519,0	165	150	3,0 - 3,25
K14	K3 1/2	mit	29,80	541,8	165	156	3,75
K15	K3 1/2	mit	30,74	531,7	165	159	3,2 - 3,3

Tabelle 5.2: (Fortsetzung) Versuchsdaten für Aufprallversuche mit halbgefülltem Tank

Bezeichnung	Zielkörper / auswertbare Daten			Video-frequenz [Bilder/Sek]	Kommentar
	Kraftmess-plattform	Beschleu-nigung links	Beschleu-nigung rechts		
K13	ja	ja	ja	4000	frühzeitiges Versagen an Übergangsstelle, vorderer Zylinder wird von hinten aufgeschlitzt, großes unverformtes Reststück
K14	ja	ja	ja	4000	frühzeitiges Versagen an Umspannstelle, hinterer Zylinder trifft leicht verdreht auf
K15	ja	ja	ja	10.000	frühzeitiges Versagen an Umspannstelle, verspäteter Aufprall der Dose vermutet

Exemplarisch sind im Folgenden die Einzelbilder der Videoaufzeichnung für Versuch K14 dargestellt. Die Aufzeichnungsfrequenz betrug dabei 4000 Bilder/Sekunde bei einer Belichtungsdauer von 100 µs. Die ersten Bilder zeigen das Projektil vor dem Aufprall auf die Messplattform. Der sichtbare Staub resultiert hierbei aus den zersplitternden Glasstäben. Das Projektil prallt zunächst horizontal auf die Zielstruktur auf und die Halbkugel und der vordere Zylinderbereich werden verformt (Bilder 3 - 4). Bereits beim Aufprall des vorderen Teflonrings (Bild 5) wird das frühzeitige Versagen des Projektils an der Umspannstelle der Bearbeitung sichtbar. Ein Teilstück des Projektils wird zunächst nicht verformt und verliert deutlich an Geschwindigkeit (Bild 6). Im Anschluss prallt das unverformte Reststück kontinuierlich faltend auf (Bilder 8 - 11). Hierbei tritt bereits eine geringe Rotation auf. Nach dem Aufprall des zweiten Teflonrings (Bilder 11 - 12) wird das aufplatzende Versagen des hinteren Zylinders erkennbar. Dieses tritt mit einer zeitlichen Verzögerung (Bild 14) auf. Die Zerstäubung der Tankfüllung wird zunächst hinter dem Projektil und dann im gesamten Aufprallbereich sichtbar (Bilder 14 - 20). Durch das Aufplatzen des Zylinders wird die Rotationsbewegung verstärkt und das Reststück dreht sich zunächst, bevor es zurückprallt.

Abbildung 5.11: Einzelbilder der Videoaufzeichnung von Versuch K14, 4000 Bilder/Sekunde

Die beim Aufprall entstandenen Fragmente zeigt Abbildung 5.12. Die Halbkugel der Projektilspitze wurde nahezu vollständig nach innen umgestülpt und weist nur wenige Faltungen auf. Der vordere dünnwandige Zylinder wurde trotz des frühzeitigen Versagens an der Umspannstelle fast vollständig gefaltet. Die auftretenden Falten sind hierbei vorwiegend asymmetrisch. Die eingebaute Getränkedose (Tank) wurde in mehrere größere Stücke zerrissen. Vom hinteren steifen Zylinder sind zwei kleine und ein sehr großes Bruchstück, das in etwa dem halben Umfang des Zylinders entspricht, ausgebrochen. Die Resthöhe des Zylinders beträgt ca. 9 cm. Die Bruchkante des Zylinders befindet sich somit, unter Berücksichtigung der Hartschaumfüllung, in etwa auf der Höhenlage der Mitte des Tanks. Der Haltering zur Sicherstellung der Position wurde nur leicht verformt.

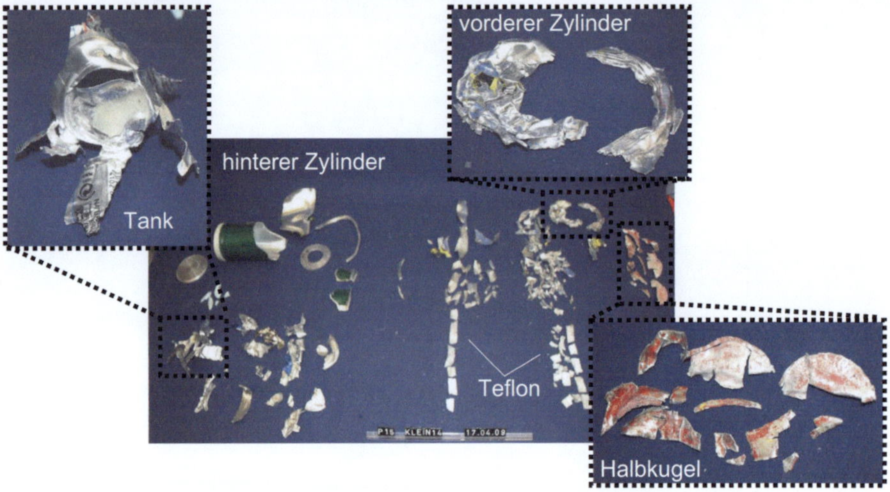

Abbildung 5.12: Fragmente aus dem Versuch K14

Die Rohdaten der Kraftmessplattform sind für alle drei Versuche in Abbildung 5.13 gegeben. Die Kraftverläufe zeigen zu Beginn ein übereinstimmendes Verhalten zu den Versuchen, die ohne Tank durchgeführt wurden. Die Kraft steigt zunächst mit dem Aufprall der Halbkugel an (bis ~0,2 ms) und sinkt dann vor dem erneuten Anstieg beim Aufprall des vorderen Teflonrings ab. Der nächste deutliche Kraftpeak stellt sich bei ca. 1,3 - 1,4 ms ein. Dieser kann für die Versuche K13 und K14 wiederum teilweise auf den Aufprall des fehlerfreien Restprojektils hinter der geschwächten Umspannstelle zurückgeführt werden, resultiert aber auch aus der Schwingungscharakteristik der Zielstruktur.

Beim Aufprall der Übergangsstelle zum steiferen Zylinder unterscheidet sich der Kraftverlauf von Versuch K15 deutlich von den beiden anderen Verläufen. Die Kraft steigt bei diesem Versuch zunächst (bei ~ 2,2 ms) auf das Kraftniveau beim Aufprall eines Projektils ohne Tankfüllung an, sinkt anschließend ab und steigt dann erneut auf ein ähnliches

Kraftniveau. Anschließend sinkt die Kraft kontinuierlich ab und geht in die dem Aufprall nachgelagerte Schwingung (ab ~ 3 ms) der Struktur über. Für die beiden anderen Versuche erfolgt der Kraftanstieg etwas verzögert und es stellt sich nur ein Kraftpeak ein. Die erreichten Maximalwerte liegen bei 178 und 194 kN. Der nachfolgende Kraftpeak kann auf Basis der eingeschränkten Videoauswertung für Versuch K14 dem Aufprall zugewiesen werden, während dieser für Versuch K13 bereits das Nachschwingverhalten darstellt.

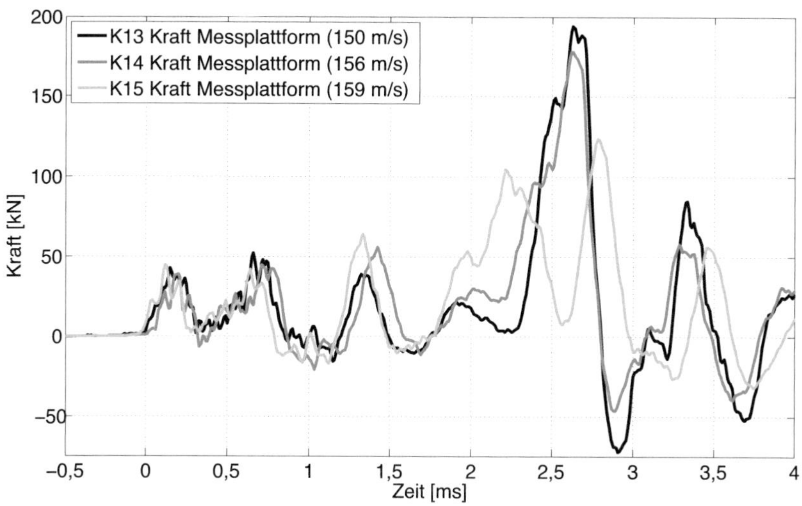

Abbildung 5.13: Daten der Messplattform, halbe Tankfüllung, unbearbeitet

Die gefilterten und geglätteten Daten der Messplattform (siehe Abbildung 5.14) zeigen die gute Übereinstimmung der drei Vergleichsversuche für den Aufprall der Halbkugel und des ersten Teflonrings. Danach zeigen die Versuche K14 und K15, die beide frühzeitig an der geschwächten Umspannstelle versagen, ähnliche Verläufe, die zunächst ein Absinken der Kraft mit einem anschließenden Anstieg bei Aufprall des Restprojektils aufweisen. Für Versuch K13 sinkt die Kraft zunächst nicht so stark ab, verbleibt aber auf diesem niederen Niveau mit einem Mittelwert von ca. 7 kN (~ 0,9 ms bis ~2,0 ms). Dies ist auf das Versagen der Übergangsstelle und das anschließende Auftrennen des vorderen Zylinders durch den nachschiebenden Zylinderteil zu erklären. Aufgrund dieses Versagens wird nur etwa die Hälfte des Zylinders beim Aufprall verformt, während die andere Hälfte als unverformtes Reststück verbleibt (siehe Darstellung der Fragmente im Anhang C).

Beim Aufprall der Übergangsstelle und des Tanks erreichen die Versuche K13 und K14 eine maximale Aufprallkraft von ca. 100 kN. Die zeitlichen Ausdehnungen der Peaks liegen zwischen 0,8 und 1 ms. Für den Versuch K15 ergibt sich nach der Bearbeitung der Daten ein ca. 1,2 ms andauerndes Kraftplateau bei ca. 60 kN. Dieses Kraftniveau entspricht den Werten beim Aufprall der Projektile ohne Füllung. Eine mögliche Erklärung ist, dass sich der Tank im steiferen Projektilteil durch die Beschleunigung nach hinten verschoben hat und daher nicht zeitgleich mit der Übergangsstelle, sondern zeitversetzt aufgeprallt ist. Der Kraftanstieg bei ca. 2 ms wäre damit dem aufprallenden Zylinder und das Anhalten des Niveaus (~ 2,3 ms bis ~ 2,9 ms) dem Einfluss des aufprallenden Wassers zuzuordnen.

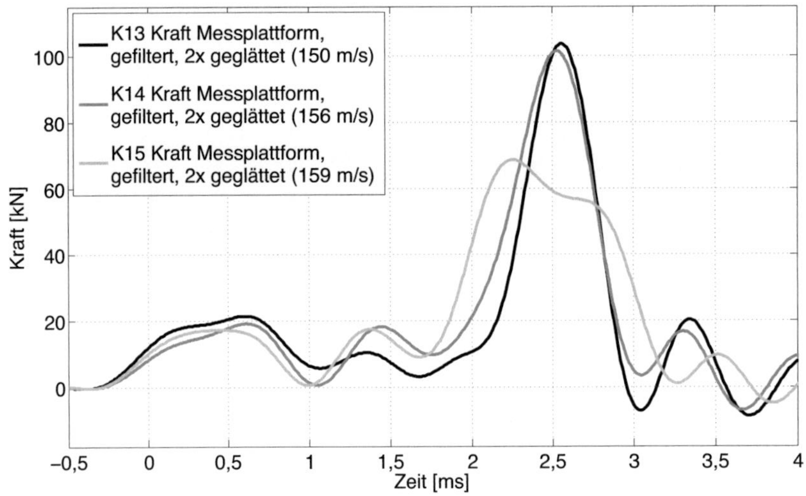

Abbildung 5.14: Last-Zeit-Funktionen aus bearbeiteten Daten der Messplattform für Projektile mit halber Tankfüllung, (jeweils gefiltert, 2x geglättet)

Die Last-Zeit-Verläufe, generiert aus den Daten der Messplattform, werden durch die Verläufe, die aus den Beschleunigungsdaten berechnet wurden (siehe Abbildung 5.15), bestätigt. Wie bei den Versuchen ohne Tankfüllung sind die ermittelten Kraftniveaus etwas höher. Aufgrund des Überschwingverhaltens der Aufnehmer können durch die Bearbeitung der Daten nicht alle negativen Kraftanteile aus den Signalen entfernt werden.

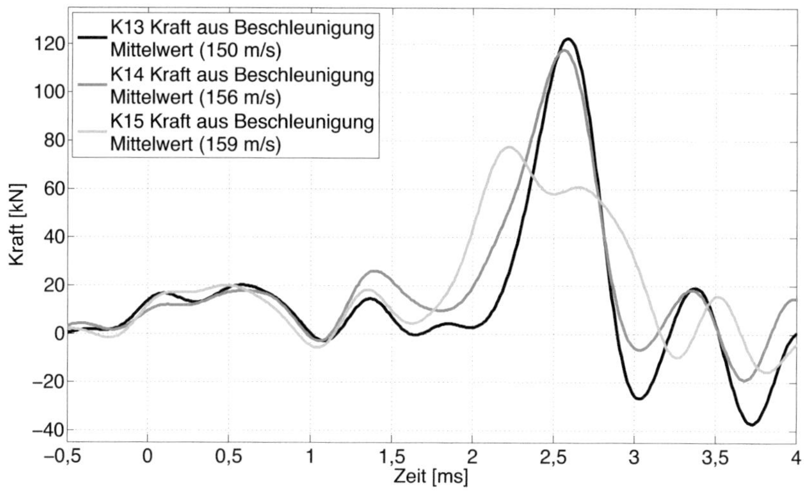

Abbildung 5.15: Last-Zeit-Funktionen aus bearbeiteten Daten der Beschleunigungssensoren für Projektile mit halber Tankfüllung, (jeweils gefiltert, 2x geglättet)

Die alternative Bestimmung der Last-Zeit-Funktion durch Auswertung von Einzelbildern der Videoaufzeichnung ist bei gefülltem Tank nicht möglich. Durch die Bewegung des Wassers im Tank kann der Impulsübertrag des Wassers nicht quantitativ bewertet werden, da keine Aussage über die Lage des Wassers und dessen Geschwindigkeitsänderung möglich ist. Weiterhin kann die Masse des zerstäubenden Wassers beim Aufprall auf die Zielstruktur nicht erfasst werden.

5.3 Versuche mit vollgefülltem Tank

Für die Versuche mit einem vollgefüllten Tank musste der abschließende Deckel des Projektils aufgrund der hohen Masse des Tanks mit dem hinteren Zylinder verschraubt werden (siehe Abschnitt 3.4.1). Die auf den Tank wirkenden Trägheitskräfte zu Beginn der Beschleunigungsphase führten ansonsten zu einem Versagen der Klebung und damit zu einer verzögerten Beschleunigung des Tanks. Die erforderlichen Beschleunigungsdrücke bewirkten, dass sich der vordere Teflonring bereits im Schussrohr von seiner Position löste und auf den zweiten Teflonring aufgeschoben wurde.

Tabelle 5.3 zeigt die Versuchsparameter für die Versuche K18 und K21. Bei der Erfassung der Beschleunigungsdaten wurde in Versuch K18 der Messbereich überschritten, so dass diese Daten nicht ausgewertet werden können. Für Versuch K21 wurde daher die Verstärkung des Signals entsprechend angepasst. Die gemessenen Beschleunigungswerte liegen allerdings deutlich über dem vom Hersteller angegebenen Messbereich der Sensoren, so dass auch diese nicht für eine eindeutige Aussage herangezogen werden können.

Tabelle 5.3: Versuche mit vollgefülltem Tank

Bezeichnung	Projektil	mit/ohne Messplattform	Beschl.-Druck [bar]	Projektil			
				Masse [g]	Geschwindigkeit [m/s]		Aufpralldauer [ms]
					Soll	Ist	
K18	K4 1/1	mit	43,30	694,9	165	161	3,7 - 3,9
K21	K4 1/1	mit	44,30	715,2	165	160	3,75 - 4,0

Tabelle 5.3: (Fortsetzung) Versuche mit vollgefülltem Tank

Bezeichnung	Zielkörper / auswertbare Daten			Videofrequenz [Bilder/Sek]	Kommentar
	Kraftmessplattform	Beschleunigung links	Beschleunigung rechts		
K18	ja	nein	nein	10.000	erster Teflonring verschoben, leicht schiefer Aufprall, frühzeitiges Versagen an der Umspannstelle, Abknicken an der Übergangsstelle
K21	ja	ja	teilw.	4000	frühzeitiges Versagen an der Umspannstelle

Die Abbildung 5.16 zeigt den Aufprall des vollgefüllten Projektils für Versuch K18. Die unlackierte Stelle des Projektils, an welcher sich ursprünglich der vordere Teflonring befand, ist gut zu erkennen. Das aufprallende Projektil ist bereits vor dem Aufprall leicht nach unten geneigt. Die Faltung des vorderen Projektilteils erfolgt bis zum Versagen der Umspannstelle zunächst kontinuierlich (Bilder 1 - 6). Der Bereich zwischen Fehlstelle und Zielstruktur prallt anschließend verkippt auf und wird nur teilweise gefaltet (Bilder 7 - 12). An der Übergangsstelle tritt ebenfalls ein Versagen auf, so dass auch das restliche dünnwandige Zylinderstück nicht senkrecht aufprallt und größere Bereiche nicht verformt werden (Bilder 13 - 19). Die beiden Teflonringe werden kurz vor ihrem Aufprall nochmals zusammengeschoben (Bilder 18 - 20). Anschließend wird das elefantenfußförmige Ausformen des dickwandigen Zylinders (ab Bild 22) im Übergangsbereich sichtbar, das mit der Ausbreitung der Wasserwolke einhergeht. Der Zylinder reißt darauf folgend auf. Das Ende des Aufpralls ist aufgrund des zerstäubenden Wassers nur näherungsweise zu bestimmen.

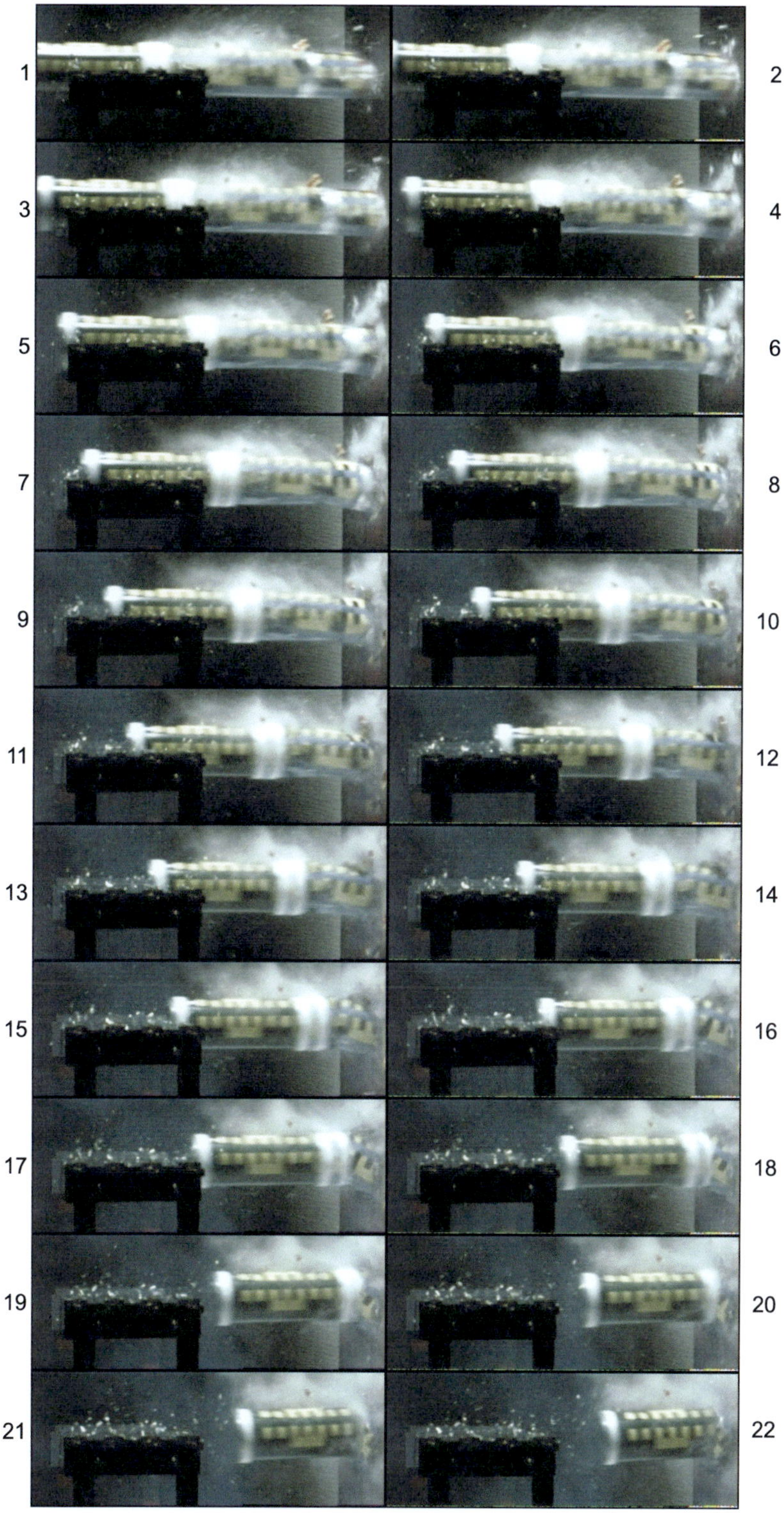

Abbildung 5.16: Einzelbilder der Videoaufzeichnung, Versuch K18, 10.000 Bilder/Sekunde

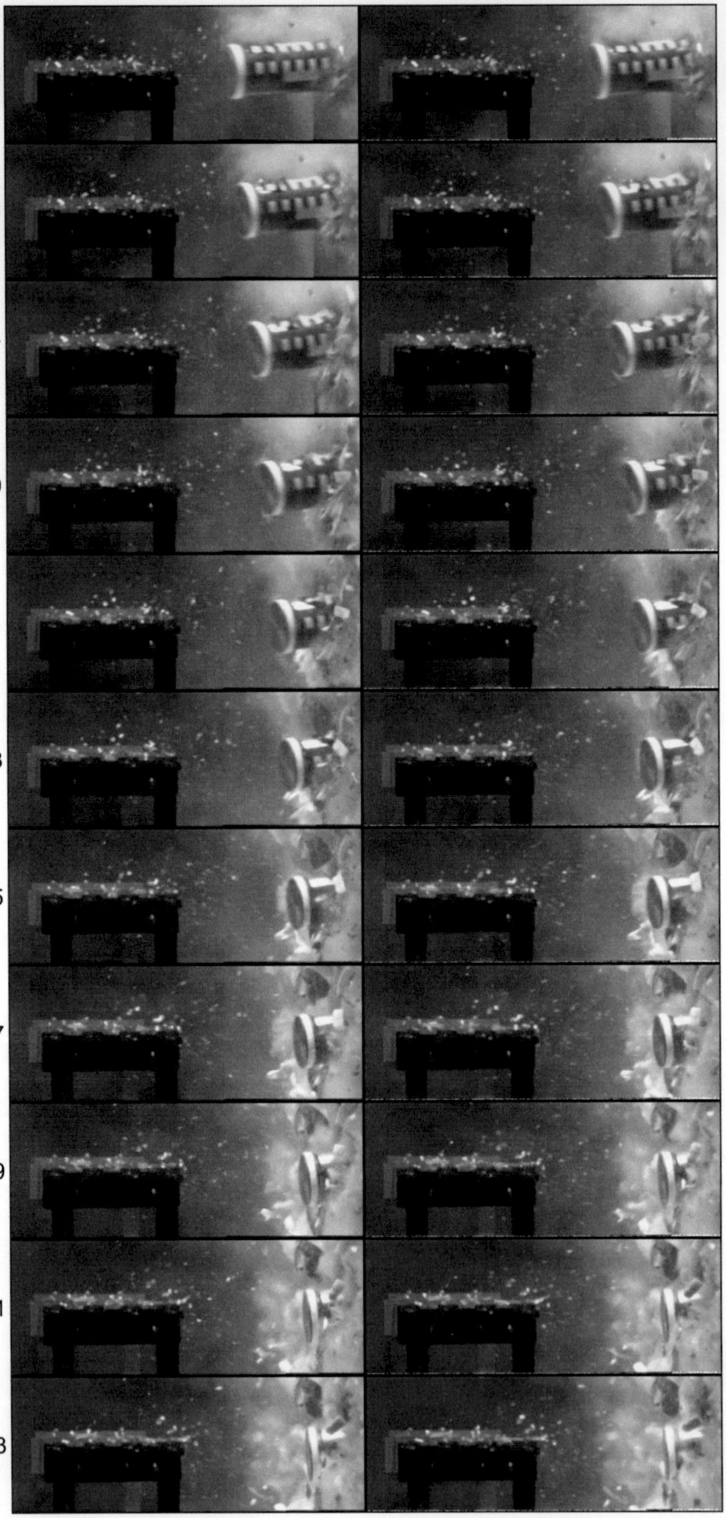

23 24
25 26
27 28
29 30
31 32
33 34
35 36
37 38
39 40
41 42
43 44

Abbildung 5.16: (Fortsetzung) Einzelbilder der Videoaufzeichnung, Versuch K18, 10.000 Bilder/Sekunde

Die Halbkugel weist das typische vollflächige Umstülpverhalten mit Faltungen im Übergangsbereich zum anschließenden vorderen Zylinder auf (siehe Fragmente in Abbildung 5.17). In diesem dünnwandigen Zylinderbereich liegen aufgrund des vorzeitigen Versagens viele nur in den Randbereichen verformte Bruchstücke vor. Eine Vielzahl von kleinen Einzelstücken weist mehrere Faltungen auf. Diese Faltungen sind zum Teil sehr stark kompaktiert. Es wird davon ausgegangen, dass die zunächst aufgetretenen Faltungen durch das später auftreffende steifere hintere Projektilteil nochmals verdichtet wurden. Die Getränkedose (Tank) wurde in relativ große Bruchstücke zerrissen, der Boden der Dose blieb hierbei als Ganzes erhalten. Aus dem steifen hinteren Zylinder sind im Übergangsbereich einige große Bruchstücke ausgebrochen, die teilweise einen stabförmigen Fortsatz aufweisen. Der verbleibende Restzylinder ist aufgeschält. Die einzelnen Streifen weisen hierbei unterschiedliche Breiten auf. Aufgrund des schiefen Aufpralls ist die Verformung des Restzylinders einseitig stärker ausgeprägt. Die minimale verbleibende Länge beträgt ca. 4 cm.

Abbildung 5.17: Fragmente nach dem Aufprall, Versuch K18

Abbildung 5.18 zeigt die von der Messplattform aufgezeichneten Daten für die Versuche K18 und K21. Zunächst steigt auch hier die Kraft aufgrund des Aufpralls der Halbkugel an. Aufgrund der Verschiebung der Teflonringe folgt dem auftretenden Lastabfall aber kein sofortiger Anstieg der Kraft, wie dies in den zuvor beschriebenen Versuchen der Fall war. Dem im Folgenden oszillierenden Kraftverlauf (~0,4 ms bis ~1,7 ms) können keine Aufprallereignisse zugeordnet werden. Mit dem Aufprall des ersten Teflonrings steigt die Kraft ab ca. 1,8 ms zu ihrem Maximum an. Dies geht mit dem Aufprall des Übergangsbereichs und des Tanks einher. Die fortschreitende Verformung des aufprallenden Zylinders und die aufprallende Wassermenge werden im Signal mit starken Oszillationen der Kraft erfasst. Das Ende des Aufpralls liegt für beide Versuche in etwa nach dem dritten Kraftpeak.

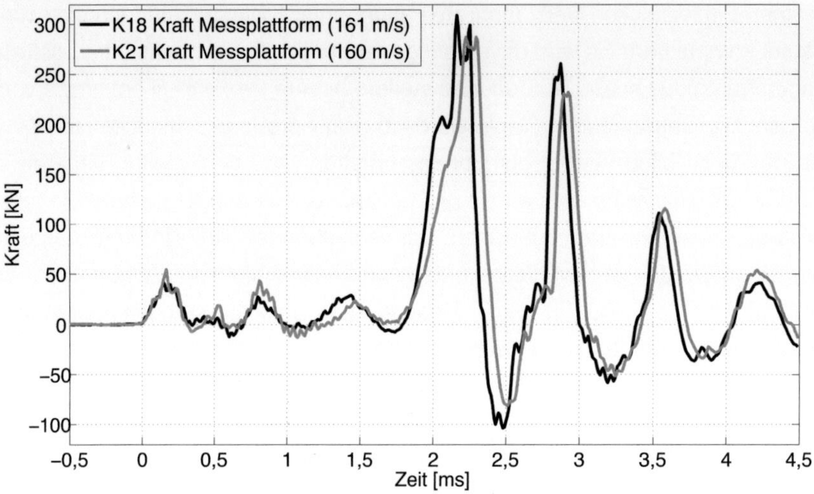

Abbildung 5.18: Daten der Messplattform, volle Tankfüllung, unbearbeitet

Neben den bearbeiteten Messdaten der Messplattform ist in Abbildung 5.19 für Versuch K21 auch die Kraft, die aus den Beschleunigungsdaten ermittelt wurde, abgebildet.

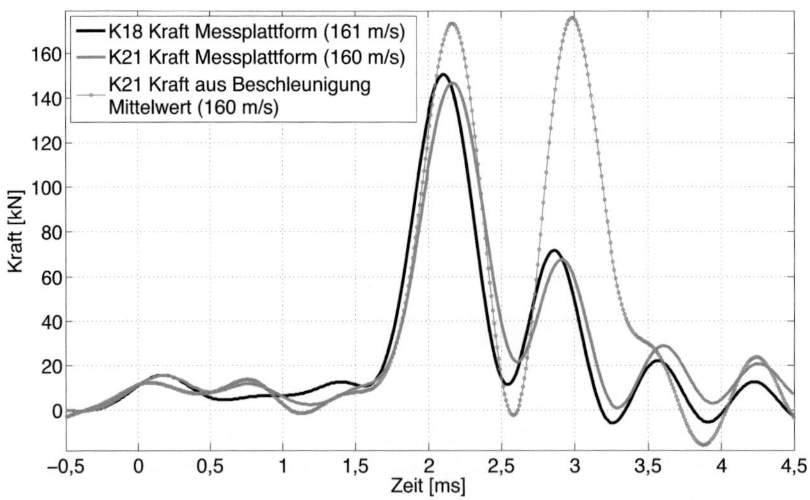

Abbildung 5.19: Last-Zeit-Funktionen aus bearbeiteten Daten für Projektile mit voller Tankfüllung, (jeweils gefiltert, 2x geglättet)

Die mittleren Aufprallkräfte, generiert aus den Daten der Messplattform, liegen für den dünnwandigen Zylinder für beide Versuche (~0,4 ms bis ~1,7 ms) im Bereich von 8 kN. Die Kräfte steigen mit dem Aufprall des steiferen Zylinders deutlich an und erreichen Maximalwerte von 147 und 150 kN. Der Kraftpeak aus Beschleunigungswerten liegt mit 173 kN wieder etwas höher. Durch die Bearbeitung der Daten wurden die wesentlichen negativen Kraftanteile aus den Rohdaten entfernt. Für den abfallenden Ast der Lastkurve ergibt sich aber immer noch ein stark oszillierendes Verhalten, das den tatsächlichen Krafteintrag, dessen wesentliche Charakteristik kontinuierlich fallend erwartet wird, nur näherungsweise abbilden kann. Für die Beschleunigungsdaten ergibt sich hier ein deutlich verändertes Verhalten, das zum einen aus den stark unterschiedlichen Kraftkurven für den linken und den rechten Sensor resultiert, aber auch auf die Belastung des Sensors außerhalb des zugelassenen Messbereichs zurückgeführt werden kann. Das Signal kann für diesen Bereich des Aufpralls nicht zur Auswertung herangezogen werden.

5.4 Vergleich der Versuche

Für die Versuche, die bei einer angestrebten Geschwindigkeit von 165 m/s bei Verwendung der Messplattform durchgeführt wurden, sind die ermittelten und bearbeiteten Last-Zeit-Funktionen der Messplattform in Abbildung 5.20 vergleichend dargestellt. Die Versuche ohne Tankfüllung, mit halber und mit voller Tankfüllung sind hierbei farblich abgegrenzt.

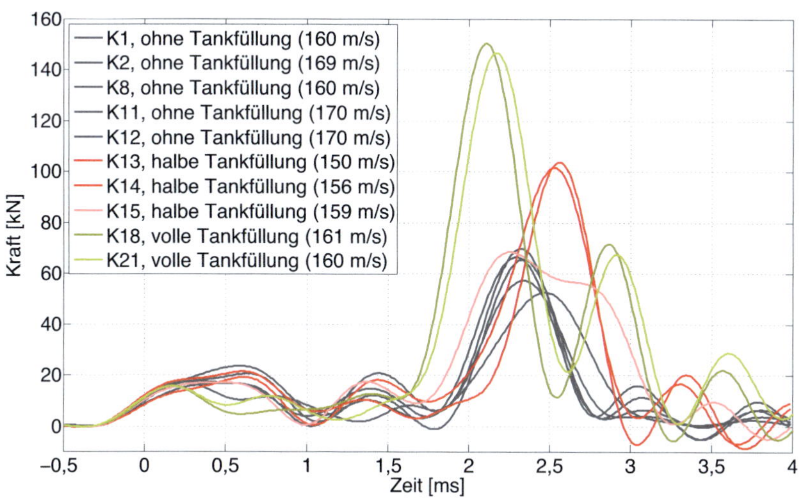

Abbildung 5.20: Vergleich der Versuche, ohne Tankfüllung (Grautöne), halbe Tankfüllung (Gelbtöne), volle Tankfüllung (Rottöne)

Zu Beginn des Aufpralls zeigt sich deutlich die gute Übereinstimmung der einzelnen Versuchsreihen. Lediglich die Versuche bei denen der Teflonring bei der Beschleunigung verschoben wurde, zeigen einen abweichenden Verlauf. Für den Bereich des aufprallenden Zylinderstücks des vorderen Projektilteils zeigt sich in fast allen Versuchen eine oszillierende Bewegung, die teilweise auf den Versagensmechanismus aber auch auf die Schwingungscharakteristik der Zielstruktur zurückgeführt wird.

Die mittleren Kraftniveaus stimmen für alle Versuche gut überein. Aufgrund der höheren Masse werden die Projektile mit vollem Tank durch den Aufprall des vorderen Projektilteils weniger stark abgebremst. Der Kraftanstieg am Übergang der beiden Projektilteile erfolgt daher früher als für die Versuche ohne Tank. Zusätzlich kann der Beginn des Kraftanstiegs für die Versuche mit vollem Tank durch den Aufprall des verschobenen ersten Teflonrings beeinflusst werden.

Für die Versuche mit halbgefülltem Tank beginnt der Kraftanstieg später als bei den Versuchen ohne Füllung. Dieses Verhalten kann auf die verringerte anfängliche Aufprallgeschwindigkeit der Projektile zurückgeführt werden. Die Wasserfüllung konzentriert sich aufgrund der hohen Beschleunigung des Projektils zunächst im hinteren Teil der Dose. Durch den Aufprall des vorderen Projektilteils wird die Wassermasse im Gegensatz zum restlichen Projektil jedoch nicht abgebremst, da sich das Wasser innerhalb der Dose unabhängig bewegen kann. Das Wasser stellt somit auch keine „schiebende" Masse wie im Fall des vollen Tanks dar. Erst wenn das Wasser die vordere Dosenwand erreicht, beeinflusst es den Aufprall. Dies geschieht unter Auswertung der Videodaten vermutlich erst, wenn der Übergangsbereich bereits aufgeprallt ist. Indiz für diese Theorie ist auch die Last-Zeit-Funktion von Versuch K15 bei dem ein Verschieben der Dose innerhalb des Projektils vermutet wird. Hier stimmt das Kraftniveau beim Aufprall des Übergangsbereichs mit dem der leeren Versuche überein, da auch die Anfangsgeschwindigkeit vergleichbar ist.

Durch die Verwendung einer halben Tankfüllung steigt die maximale Aufprallkraft von einem Lastniveau im Bereich von 52 - 70 kN auf ca. 100 kN an. Beim Aufprall des vollgefüllten Tanks erhöhen sich die maximalen Kraftwerte auf ca. 150 kN.

Die zugehörigen abfallenden Last-Zeit-Kurven werden durch die Messplattform als oszillierende Kräfte erfasst und können als Näherungswert bestimmt werden. Der Aufprall endet für die Versuche ohne Tankfüllung nach ca. 3 ms. Diese Gesamtaufpralldauer erhöht sich mit dem Grad der Tankfüllung und erreicht für den Aufprall des Projektils mit vollgefülltem Tank ca. 3,7 - 4 ms.

5.5 Zusammenfassung und Schlussfolgerungen

Die experimentellen Untersuchungen haben gezeigt, dass die Bestimmung der Last-Zeit-Funktion beim Aufprall deformierbarer Projektile mit dem vorgestellten Versuchsaufbau möglich ist. Es konnten reproduzierbare Ergebnisse für Projektile ohne und mit Tankfüllung erzielt werden.

Eine direkte Bestimmung der Last-Zeit-Funktion aus den Messdaten der Messplattform (Piezoelektrische Kraftmessung) ist nicht möglich, da die Eigenfrequenz der freien Messplattform (ca. 2500 Hz) im System mit dem Pendelkörper auf ca. 1500 Hz absinkt und das Aufprallsignal von Eigenschwingungen überlagert wird. Durch die vorgestellte Bearbeitung der Messdaten kann die eingetragene Last-Zeit-Funktion aber gut abgeschätzt werden. Hochfrequente Signalanteile, wie beispielsweise aus dem Aufprall der Teflonringe, können aufgrund der Filterung und Glättung der Daten nur verschmiert dargestellt werden. Die Einwirkungsdauer von ca. 0,1 ms ist zu kurz, um durch die bearbeiteten Daten aufgelöst zu werden. Dies zeigt sich auch beim Aufprall mit höheren Anfangsgeschwindigkeiten, da hier eine höhere Ereignisdichte vorliegt und damit der relevante Frequenzbereich des Signals erweitert wird. Bei der Auswertung der Versuche mit integriertem Tank konnten nicht alle Schwingungsanteile aus dem abfallenden Ast der Last-Zeit-Funktion eliminiert werden.

Die alternative Messmethode auf Basis des Newtonschen Ansatzes unter Verwendung der Beschleunigungsdaten kann erfolgreich angewandt werden. Die verbleibenden Schwingungsanteile im Signal weisen aber eine höhere Amplitude auf als die bearbeiteten Daten der Messplattform. Dies ist auf das Überschwingverhalten der Messaufnehmer zurückzuführen. Generell ist damit aber eine alternative Messmethode vorhanden, die auch Durchdringungs- bzw. Perforationsuntersuchungen erlauben würde. Hierbei ist die Veränderung der Gesamtmasse während des Versuchs möglichst gering zu halten.

Die Impulsauswertung auf Basis der Hochgeschwindigkeitsaufnahmen hat sich für die Projektile ohne Füllung als unabhängiges Messsystem bewährt. Mit einer Auflösung von 10.000 Bildern/Sekunde kann der Kraftverlauf sehr detailliert abgebildet werden. Auch der Aufprall der Teflonringe kann bei dieser hohen Frequenz aufgelöst werden. Beschränkungen hinsichtlich der Genauigkeit ergeben sich aufgrund von Rotationen während des Aufpralls und der Bewegungsunschärfe. Diese resultiert aus den notwendigen langen Belichtungszeiten, die trotz des Einsatzes der maximal zur Verfügung stehenden Beleuchtungsintensität, notwendig sind. Durch die zusätzlichen Kameraaufnahmen mit hoher Aufnahmefrequenz und kurzer Belichtungsdauer (Versuche K11 und K12) konnte das Potential dieser Auswertemöglichkeit bei deutlich reduzierten Belichtungszeiten sowie der Aufnahme des Aufpralls aus zwei Raumrichtungen aufgezeigt werden.

Die Bestimmung des Impulsübertrages und damit der Last-Zeit-Funktion für die experimentellen Untersuchungen mit integrierter Tankfüllung ist auf Basis der Hochgeschwindigkeitsaufnahmen nicht möglich, da keine Aussagen über den Aufenthaltsort und die Geschwindigkeit des Wassers getroffen werden können. Während für den vollgefüllten Tank eine Näherungslösung bis zum Aufprall des Übergangsbereichs denkbar wäre, ist dies für den halbgefüllten Tank aufgrund der nicht bekannten Schwappbewegungen innerhalb des Tanks nicht möglich. Die Ausbreitung des Wassers nach dem Aufprall stellt nicht nur eine Schwierigkeit bei der Erfassung von dessen Masse und Geschwindigkeit dar, sondern verhindert auch die Sicht auf die aufprallenden Projektilteile. Eine Möglichkeit zur Erfassung des Wassers durch eine Videoaufzeichnung liegt in der Anwendung der Röntgenblitz-Kinematographie [37]. Der beim Aufprall von Projektilen mit integrierter Tankfüllung übertragene Impuls, der für viele Bemessungsfragen wesentlich ist, kann aber aus den Daten der Messplattform und der Beschleunigungssensoren ermittelt werden.

Für die Bestimmung des übertragenen Impulses bietet der für die Aufprallversuche gewählte Pendelaufbau zusätzlich die Möglichkeit, den Impuls aus der Gesamtverschiebung des Pendelkörpers zu ermitteln. Da hierbei die additiven Impulsanteile aus der nachströmenden Luft der Beschleunigungskanone berücksichtigt werden müssen, empfiehlt sich eine Ermittlung des übertragenen Impulses auf Basis der Pendelkörpergeschwindigkeit kurz nach dem Aufprall.

Die durchgeführten Versuche bilden eine gute Datenbasis zur Validierung möglicher numerischer Simulationsergebnisse sowie von Berechnungsansätzen.

6 Entwicklung des numerischen Modells

Der Projektilaufprall stellt ein mehrfach nichtlineares Berechnungsproblem dar. Neben der Nichtlinearität der Bewegungsgleichung ist auch das Verformungsverhalten des eingesetzten Materials nichtlinear. Das verwendete Programm LS-DYNA [1] ist zur Berechnung hochdynamischer Aufprallvorgänge ausgelegt und verwendet zur Zeitintegration das zentrale Differenzenverfahren [2]. Dieser explizite Lösungsansatz wird in der einschlägigen Finite-Elemente-Literatur [15, 17, 42, 112] eingehend beschrieben und daher hier nicht näher erläutert. Der wesentliche Vorteil der expliziten Zeitintegration liegt in der Lösung des Gleichgewichts zum Zeitpunkt t. Die Knotenverschiebungen zum Folgezeitpunkt können daher direkt ohne langwierige Lösungsiterationen berechnet werden. Darüber hinaus ist keine rechenintensive Invertierung einer Steifigkeitsmatrix notwendig. Der Lösungsalgorithmus ist aber nur bei Unterschreitung der kritischen Zeitschrittweite, die auf Basis der COURANT-FRIEDRICHS-LEVY-Bedingung [25] bestimmt werden kann und im Wesentlichen von der Größe der Elemente und der Wellengeschwindigkeit im Material abhängig ist, stabil.

Die numerischen Berechnungen wurden auf dem Parallelrechner HP XC 6000 des Steinbuch Centre for Computing des Karlsruher Instituts für Technologie (KIT) unter Verwendung der LS-DYNA Version ls971d R4.2 mit doppelter Genauigkeit durchgeführt.

Im Folgenden werden die zur Simulation des Aufpralls verwendeten Materialmodelle vorgestellt und der Aufbau des numerischen Modells erläutert. Die anschließende Studie zeigt die Sensitivität des Modells. Die Nachrechnung der Versuchsergebnisse und ein Vergleich mit der analytischen Lösung von RIERA zur Berechnung der Last-Zeit-Funktion erfolgt in Kapitel 8.

6.1 Materialmodelle

Zur Modellierung der Aufprallversuche wurden die vorhandenen Materialien Aluminium, Teflon und Wasser mit standardmäßig in LS-DYNA implementierten Materialmodellen abgebildet. Die möglichen Freiparameter wurden an das vorhandene Material angepasst.

6.1.1 Aluminium

Zur numerischen Simulation des Verformungsverhaltens des verwendeten Aluminiums unter hochdynamischer Belastung wurde das Materialmodell nach JOHNSON und

COOK [45] (*MAT_015) gewählt. Dieses stellt eine thermo-viskoplastische Erweiterung der HUBER-VON-MISES-Plastizität mit assoziiertem Fließen dar und findet häufig Anwendung bei der Simulation von Crash- und Impaktvorgängen von metallischen Werkstoffen (beispielsweise TENG ET AL. [101, 102], ROHR ET AL. [80], SINGH ET AL. [92]). Die VON-MISES-Vergleichsspannung setzt sich nach JOHNSON und COOK, wie in Gleichung 6.1 dargestellt, aus einem statischen, einem dynamischen und einem thermischen Anteil zusammen.

$$\sigma_v = \left\{A + B \cdot \varepsilon_{pl}^n\right\}\left\{1 + C \cdot \ln \dot{\varepsilon}^*\right\}\left\{1 - T^{*m}\right\} \tag{6.1}$$

Die Parameter A, B und n ermöglichen die Beschreibung des Verformungsverhaltens des Materials in Abhängigkeit der plastischen Dehnung ε_{pl}. Die Charakterisierung des Materials erfolgt in der Regel durch quasi-statische Zugversuche mit geringer Bezugsdehnrate $\dot{\varepsilon}_0$. Die Berücksichtigung der Festigkeitssteigerung bei hohen Dehnraten erfolgt im zweiten Term von Gleichung 6.1 durch Anpassung des Parameters C. $\dot{\varepsilon}^*$ bezeichnet hierbei die dimensionslose plastische Dehnrate, die durch Normierung der plastischen Dehnrate $\dot{\varepsilon}_{pl}$ mit der Bezugsdehnrate $\dot{\varepsilon}_0$ berechnet wird. Der thermische Anteil wird über den Parameter m und die homologe Temperatur T^*(siehe Gleichung 6.2), die sich aus der aktuellen Temperatur T sowie der Raum (T_0)- und Schmelztemperatur (T_m) zusammensetzt, abgebildet.

$$T^* = \frac{T - T_0}{T_m - T_0} \tag{6.2}$$

Die Parameter A, B und n wurden durch eine Angleichung der mathematischen Kurve an die in Abschnitt 3.4.2 dargestellten Spannungs-Dehnungs-Beziehungen der Zugversuche bestimmt. Die gute Übereinstimmung zwischen den vier Versuchsergebnissen und der Simulation unter Verwendung der gewählten Materialparameter zeigt Abbildung 6.1.

Die Parameter C und m konnten nicht durch eigene Materialversuche ermittelt werden; daher wurde hier auf die von TENG ET AL. [102] verwendeten Werte zurückgegriffen. Der Parameter C wurde hierbei von LESUER [60] in Split-Hopkinson-Bar Versuchen an einem Aluminium A2024-T3 ermittelt, der Parameter m stimmt mit der Arbeit von JOHNSON und COOK [45] überein. Die gewählten Parameter sind in Tabelle 6.1 dargestellt.

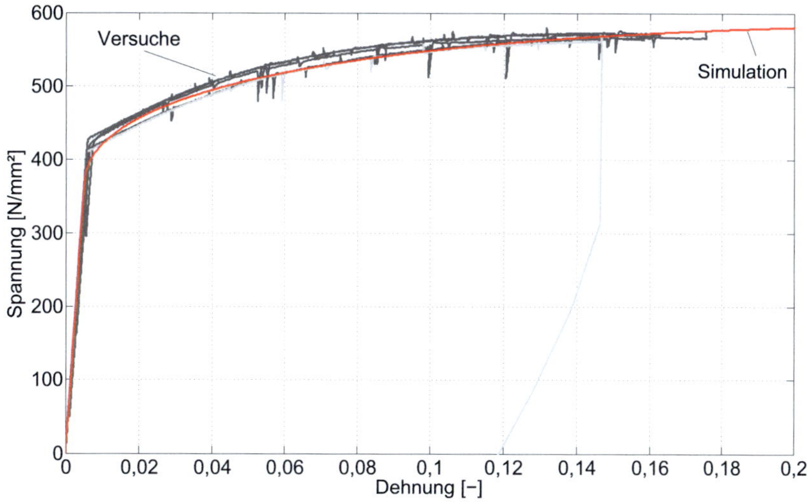

Abbildung 6.1: Vergleich Zugversuch und Simulation des Materialverhaltens

Tabelle 6.1: Materialparameter Aluminium

A	B	n	E-Modul	v	ρ
372,3 N/mm²	763,4 N/mm²	0,4925	74.124 N/mm²	0,3	2,77 E-3 g/mm³

Tabelle 6.1: (Fortsetzung) Materialparameter Aluminium

C	$\dot{\varepsilon}_0$	c_p	T_m	T_0	m
0,0083	2,5 E-7 1/ms	875 mm²/(ms²K)	775 K	293 K	1,0

Das Versagen des Materials tritt nach JOHNSON und COOK [46] dann ein, wenn die Schädigung des Materials den Wert 1,0 annimmt. Die Schädigung D ist hierbei wie folgt definiert:

$$D = \sum \frac{\triangle\varepsilon_{pl}}{\varepsilon_f} \tag{6.3}$$

$\triangle\varepsilon_{pl}$ beschreibt das Inkrement der plastischen Dehnung innerhalb eines Integrationsschrittes und ε_f beschreibt die plastische Bruchdehnung basierend auf der vorherrschenden Dehnrate, der Temperatur, dem Druck und der Vergleichsspannung entsprechend Gleichung 6.4.

$$\varepsilon_f = \{D_1 + D_2 \cdot \exp D_3\sigma^*\}\{1 + D_4 \cdot \ln \dot{\varepsilon}^*\}\{1 + D_5 \cdot T^*\} \tag{6.4}$$

D_1 bis D_5 sind hierbei Materialkonstanten. Der erste Term in Gleichung 6.4 beschreibt im Wesentlichen die Abnahme der Bruchdehnung mit zunehmendem hydrostatischem Zug. Der zweite Term berücksichtigt den Effekt der Dehnratenabhängigkeit und der letzte Term die Temperaturabhängigkeit. Der Parameter σ^* beschreibt entsprechend Gleichung 6.5 die Spannungsmehrachsigkeit, die als Quotient aus hydrostatischem Druck und VON-MISES-Vergleichsspannung definiert ist.

$$\sigma^* = \frac{1/3\,\{\sigma_1 + \sigma_2 + \sigma_3\}}{\sqrt{1/2\,\{(\sigma_1 - \sigma_2)^2 + (\sigma_2 - \sigma_3)^2 + (\sigma_3 - \sigma_1)^2\}}} \tag{6.5}$$

Die Bruchdehnung in Abhängigkeit der Spannungsmehrachsigkeit konnte für das vorliegende Material für zwei Werte der Spannungsmehrachsigkeit aus Zug- ($\sigma^* \simeq 0,33$) und Kerbzugversuchen ($\sigma^* \simeq 0,45$) ermittelt werden [83]. Für das Versagen unter Schubbelastung ($\sigma^* \simeq 0$) wurden die Werte an die Versagenskurve von TENG ET AL. [102] angenähert. Die gewählte Versagenskurve ist mit den Versuchsergebnissen in Abbildung 6.2 dargestellt, die zugehörigen Parameter liefert Tabelle 6.2. Die Materialparameter D_4 und D_5 sind TENG ET AL. [102] entnommen und stimmen mit den Angaben von LESUER [60] überein, der auf die Arbeiten von JOHNSON ET AL. [47] und LINDHOLM UND JOHNSON [61] verweist.

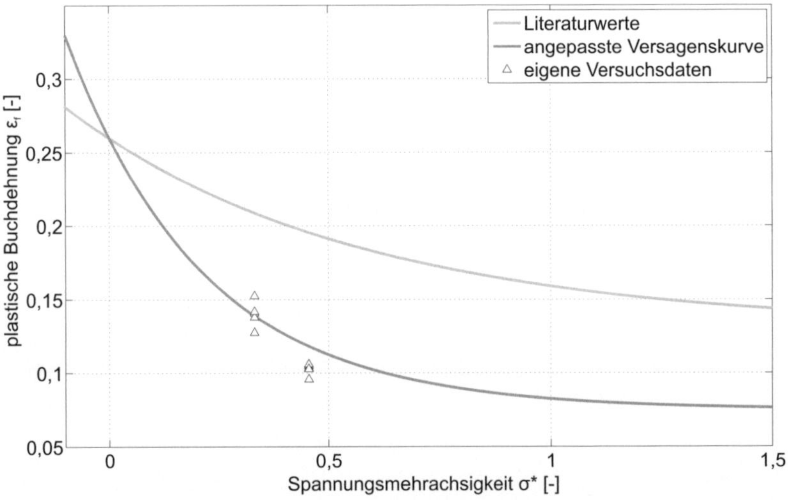

Abbildung 6.2: Zuordnung der plastischen Bruchdehnung ε_f zur Spannungsmehrachsigkeit σ^* aus Literatur- und Versuchwerten sowie durch die angepasste Versagenskurve

Tabelle 6.2: An Versuch angepasste Versagensparameter nach Gleichung 6.4 und Literaturwerte nach TENG ET AL. [102]

	D_1	D_2	D_3	D_4	D_5
angepasste Versagensparameter	0,0748	0,1854	3,189	0,011	0,0
Literaturwerte	0,13	0,13	1,5	0,011	0,0

Der Einfluss der Dehnrate wird von LS-DYNA bei Verwendung der plastischen Dehnrate als Bezugsgröße in der aktuellen Programmversion jedoch nicht berücksichtigt, so dass der Wert von D_4 Null entspricht. Der Einfluss auf das Ergebnis wird aber als sehr gering eingeschätzt.

6.1.2 Teflon

Zur Modellierung des Teflons wurde ein elastisch-plastisches Stoffgesetz mit kinematischer Verfestigung (*MAT_ELASTIC_PLASTIC_KINEMATIC [2]) gewählt. Dieses besitzt die Freiwerte Dichte, E-Modul, Querdehnzahl, Fließspannung und Tangentenmodul. Aus dem vorliegenden Werkstoffprüfzeugnis [34] gingen lediglich die Dichte (2,161 g/cm³), die Bruchspannung (25,2 N/mm²) sowie die Bruchdehnung (236 %) hervor. Für die weiteren Freiwerte wurden Abschätzungen anhand von Literaturwerten [32, 51, 68] getroffen. Für den E-Modul wurde ein mittlerer Wert von 600 N/mm² und für die Streckgrenze im Zugversuch 10 N/mm² angesetzt. Die Querdehnzahl wurde in Anlehnung an OLBRICH [69] zu 0,46 gewählt. Die vorhandenen Werte müssen zur Verwendung im Materialmodell auf die Basis wahrer Dehnungen und wahrer Spannungen umgerechnet werden. Es ergibt sich dann die in Abbildung 6.3 dargestellte Spannungs-Dehnungs-Beziehung. Die gewählten Parameter sind in Tabelle 6.3 zusammengefasst.

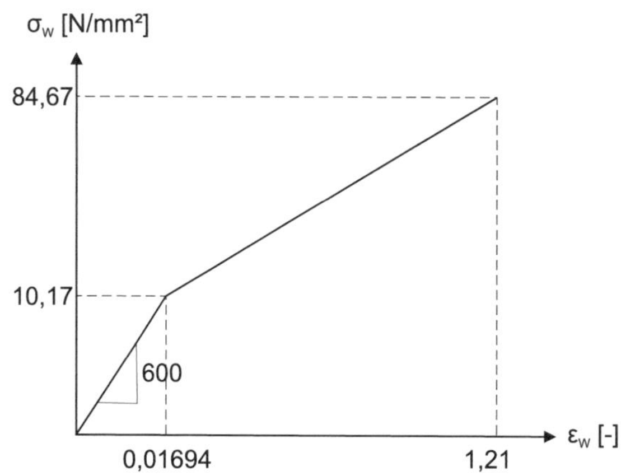

Abbildung 6.3: Spannungs-Dehnungs-Diagramm für Teflon

Tabelle 6.3: Materialdaten Teflon

ρ	E-Modul	ν	σ_y	E_{tan}	ε_u
2,161 E-3 g/mm³	600 N/mm²	0,46	10,165 N/mm²	62,45 N/mm²	1,067

6.1.3 Wasser

Bei der Modellierung der Wasserfüllung der Tanks wird von einem idealen Fluid ausgegangen. Es werden daher alle Schubspannungsanteile des Spannungstensors zu Null angenommen. Diese Annahme kann durch die Verwendung des Materialmodells *MAT_NULL, das keine deviatorischen Spannungsanteile besitzt, in LS-DYNA umgesetzt werden. Das Material erfordert die Definition der Dichte ρ, des Kavitationsdrucks PC und der dynamischen Viskosität μ. Die gewählten Werte sind in Tabelle 6.4 angegeben. Der Kavitationsdruck entspricht hierbei einer Wassersäule von 10 m. Der Wert der dynamischen Viskosität wurde für eine Temperatur von 20 °C gewählt.

Tabelle 6.4: Materialparameter Wasser

ρ	PC	μ
1,0 E-3 g/mm³	-0,1 N/mm²	1,002 E-6 Nms/mm²

Zur Beschreibung des Materialverhaltens muss dem Wasser zusätzlich eine Zustandsgleichung zugewiesen werden, die die Änderung des Drucks in Abhängigkeit der Volumenänderung abbildet. Es wurde hier eine polynomische Zustandsgleichung gewählt, die linear von E, dem Verhältnis der inneren Energie bezogen auf das Anfangsvolumen, abhängt:

$$p = C_0 + C_1 \cdot a + C_2 \cdot a^2 + C_3 \cdot a^3 + (C_4 + C_5 \cdot a + C_6 \cdot a^2) \cdot E \tag{6.6}$$

C_0 bis C_6 sind hierbei Konstanten. Der Faktor a ergibt sich mit dem relativen Volumen V, also dem Verhältnis von aktuellem Volumen zum Ausgangsvolumen, zu:

$$a = \frac{1}{V} - 1 \tag{6.7}$$

Zur Modellierung des Wassers können die Konstanten C_0 und C_2 - C_6 zu Null gesetzt werden, und der Wert von C_1 wird über den Kompressionsmodul des Wassers unter Berücksichtigung der Wellengeschwindigkeit v_s definiert

$$C_1 = \rho \cdot v_s^2 \tag{6.8}$$

und ergibt sich somit zu $C_1 = 2120$ N/mm².

6.2 Numerisches Modell

Projektil ohne Tankfüllung

Das Projektil wurde unter Anwendung des LAGRANGE-Ansatzes in dem in Abbildung 6.4 dargestellten Modell umgesetzt. Für das Projektil mit den Teflonringen wurden hierbei ausschließlich 4-Knoten-Schalenelemente verwendet. Diese sind voll-integriert, um das Auftreten von Hourglass-Effekten [17] auszuschließen. Die Integration über die Schalendicke erfolgt über fünf Gauß-Integrationspunkte.

Es wurden alle Einzelteile des Projektils abgebildet. Das Modell besteht somit aus dem vorderen Projektilteil, der eingepressten Steife im Übergangsbereich (Variante K2), dem hinteren steiferen Projektilteil und dem abschließenden Deckel sowie den drei Teflonringen. Um die in den Versuchen beobachtete asymmetrische Faltenbildung darstellen zu können, wurden die Einzelelemente in einem geometrischen Vollmodell und nicht in einem reduzierten Halb- oder Viertelmodell abgebildet. Die Zielstruktur wurde im numerischen Modell vereinfacht durch einen volumetrischen Aufprallkörper mit steifem Materialverhalten ersetzt, dem eine Stahloberfläche zugewiesen wurde.

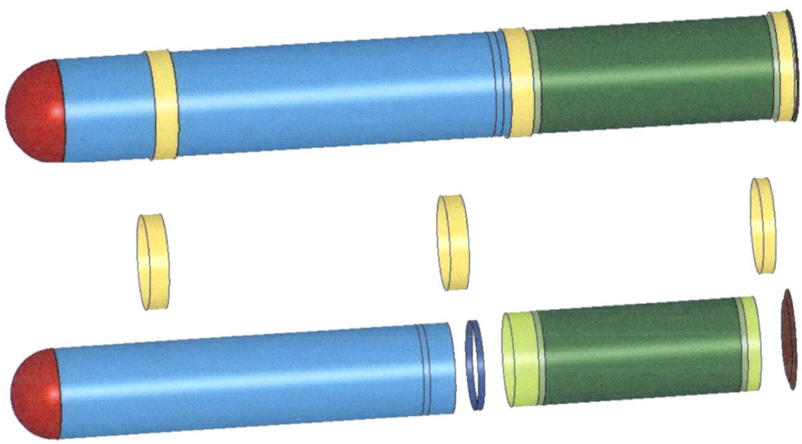

Abbildung 6.4: Numerisches Modell

Die einzelnen Schalenelemente können basierend auf der gewählten Kontaktformulierung *CONTACT_AUTOMATIC_SINGLE_SURFACE an beiden Oberflächen mit anderen Elementen interagieren. Kontakt entsteht, sobald einzelne Knoten die Oberfläche durchdringen würden. Diese Knoten werden über eine Rückstellfeder auf die Oberfläche zurückgeschoben. Die Steifigkeit des Kontakts wird hierbei über eine so genannte soft-constraint Formulierung ermittelt, deren Berechnung auf den Knotenmassen und der aktuellen Zeitschrittweite der numerischen Berechnung basiert. Treten die einzelnen Elemente in Kontakt, werden den verschiedenen Materialpaarungen die entsprechenden Reibkoeffizienten zugewiesen. Für die Paarung Aluminium-Aluminium wurde ein Wert von 1,05 [20] und für die Paarung Aluminium-Stahl 0,5 [26] angesetzt. Der Reibkoeffizienten von Aluminium bzw. Stahl mit Teflon wurden basierend auf dem Wert für Stahl [26] jeweils mit 0,05 definiert.

Die einzelnen Projektilteile sowie die Teflonringe werden über Kontaktdefinitionen mit integrierter Versagensspannung miteinander verbunden. Die Versagensspannung wurde hierbei entsprechend der Festigkeit des eingesetzten Klebstoffs zu 20 N/mm² gesetzt. Im Bereich des Übergangs zwischen dem vorderen und hinteren Projektilteil verhindert am realen Projektil die nach außen ausgebildete Steife ein Übereinanderschieben der beiden Teile. Da diese mechanische Abstützung aufgrund der gewählten Schalenelemente vom numerischen Modell nicht direkt abgebildet werden kann, werden an dieser Stelle feste Verbindungen zwischen dem vorderen und hinteren Projektilteil modelliert. Diese Verbindungen übertragen Druckkräfte, können beim Auftreten von starken Zug- und Scherkräften aber versagen, so dass sich die einzelnen Teile voneinander lösen können. Die Fixierung der eingepressten Steife am Ende des vorderen Projektilteils erfolgt in der Realität durch Formschluss und den Einsatz von Klebstoff (vgl. 3.4.1). Diese höheren Haltekräfte werden durch eine Erhöhung der Versagensspannung auf 50 N/mm² berücksichtigt. Der hintere Teflonring und der abschließende Deckel sind in der Modellierung fest mit dem Projektil verbunden.

Die in der Simulation erreichte Gesamtmasse stimmt aufgrund der Fertigungstoleranzen und der Lackierung des Projektils nicht exakt mit der im Versuch vorhandenen Masse überein. Die fehlende Masse (ca. 6 %) wird daher über eine steifigkeitslose Flächenlast der Aluminiumelemente ergänzt.

Die Beschleunigungsphase der Projektile wurde in der numerischen Simulation nicht abgebildet. Allen Projektilknoten wird eine konstante Anfangsgeschwindigkeit zugewiesen, die der Geschwindigkeit kurz vor dem Aufprall entspricht. Die Erfassung der Aufprallkraft erfolgt über die Bestimmung der Kontaktkräfte im Aufprallbereich.

Projektil mit Tankfüllung

Zur Simulation der Projektile mit Tankfüllung muss das Modell des leeren Projektils um die fehlenden Projektilteile ergänzt werden. Dies erfordert die Simulation des abstützenden Halterings, der ein Verrutschen des Tanks in den vorderen Zylinderbereich verhindert. Da eine Abstützung auf den verwendeten Schalenelementen nur aufwendig simuliert werden kann, wird der Haltering fest mit dem umgebenden Zylinder verbunden. Die Getränkedose, die in den Versuchen als Tank eingesetzt wurde, wird vereinfacht als zylindrisches Bauteil simuliert. Die Wandstärke beträgt hierbei 0,065 mm im Mantelbereich und 0,2 mm im Bereich des Deckels. Vereinfachend wurde für das Dosenmaterial das zur Simulation der Projektile verwendete Aluminium verwendet.

Für die Simulation des aufprallenden Wassers ist die für das Projektil verwendete Elementformulierung nach LAGRANGE nicht geeignet, da die extreme Verzerrung des Fluidnetzes zum Abbruch der Berechnung führen würde. Die Verwendung eines ortsfesten EULER-Netzes, bei dem das Fluid durch das Netz hindurch fließen kann, würde eine Diskretisierung des kompletten Raumes erfordern, den das Wasser während des Aufpralls einnehmen kann. Darüber hinaus ist auch die Gleichungslösung für EULER-Netze sehr zeitintensiv. Zur numerischen Abbildung des Wassers wird daher die ALE (engl. Arbitrary Lagrangian Eulerian) Methode gewählt, die die Vorteile der LAGRANGE- und der EULER-Modellierung miteinander verbindet. Das Netz verformt sich hierbei teilweise, wie bei der LAGRANGE-Formulierung, zusätzlich kann das Material aber auch durch das Netz hindurch fließen, wie bei der EULER-Formulierung. Die Ausgangsdiskretisierung entspricht einem LAGRANGE-Netz. Dieses kann verzerrt werden, solange es numerisch stabil bleibt. Dieses verzerrte Netz wird dann geglättet und in einem Advektionsschritt wird der Massetransport durch das Element, der Impulsübertrag und die neue Geschwindigkeit berechnet. Eine einfache grafische Darstellung dieser Vorgehensweise zeigt Abbildung 6.5. Detaillierte Beschreibungen zu den unterschiedlichen Elementformulierungen und deren Anwendung finden sich in [17, 18, 19, 106, 113].

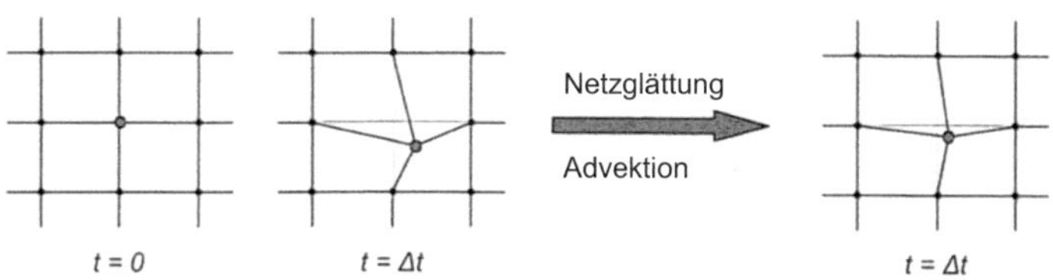

Abbildung 6.5: Vorgehensweise bei der ALE-Formulierung nach [106]

Das Wasser breitet sich beim Aufprall sehr stark aus. Es muss daher ein ausreichend großer Bereich um die ursprünglich als Wasser definierten Elemente ebenfalls über eine ALE-Formulierung definiert werden. Für das verwendete Modell wurde eine Außenhülle mit den Eigenschaften eines Vakuums gewählt. Die Modellierung erfolgt hierbei mit einer „Multi-Material-Zellen"-Aufteilung, so dass in beiden Ursprungsnetzen sowohl das Material Wasser als auch das Material Vakuum vorhanden sein kann und somit eine Simulation der Fließbewegung des Wassers möglich wird. Abbildung 6.6 deutet die notwendigen Elementdefinitionen an. Das ALE-Netz bewegt sich mit dem Schwerpunkt des modellierten Fluids mit, so dass anfänglich keine Verzerrung des Netzes stattfindet. Die Fluid-Struktur-Interaktion zwischen dem Wasser und dem Projektil sowie der Aufprallfläche erfolgt über die Definition von *CONSTRAINED_LAGRANGE_IN_SOLID Bedingungen.

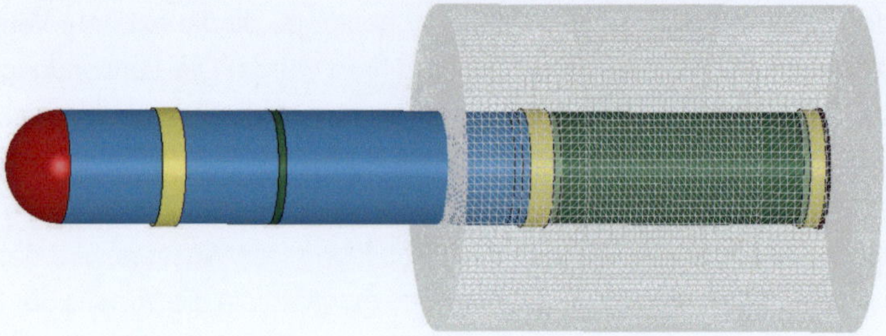

Abbildung 6.6: Modellierung mit Wasserfüllung

Für die Auswertung der Aufprallkraft kann nun nicht mehr die reine Kontaktkraft im Aufprallbereich verwendet werden, da diese den Anteil des aufprallenden Fluids nicht berücksichtigt. Die eingetragene Kraft kann aber über die Lagerreaktionen des steifen Aufprallkörpers bestimmt werden.

6.3 Sensitivitätsstudie

Das in Abschnitt 6.2 vorgestellte Modell ohne Tankfüllung wird zur Untersuchung der Modellsensitivität herangezogen. Es wird hierbei eine Aufprallgeschwindigkeit von 160 m/s angenommen. Die Sensitivitätsstudie erläutert den Einfluss der Elementgröße auf die Last-Zeit-Funktion sowie das Versagensverhalten. Weiterhin wird die Modellierung des Übergangs der beiden Projektilteile sowie der Einfluss der Reibung, der Versagensparameter und der Ausbildung der Zielstruktur variiert und eine Fehlstelle, wie sie in den Versuchen beobachtet wurde, modelliert. Ziel der Sensitivitätsstudie ist es aufzuzeigen, welcher Detaillierungsgrad für eine zuverlässige Abbildung der Versuche notwendig ist und welche Einflüsse in der Simulation der Versuche zu berücksichtigen sind bzw. vernachlässigt werden können.

6.3.1 Netzsensitivität

Die Netzsensitivität wurde an vier Modellen untersucht. Die Elementgrößen betrugen 0,5 mm, 1 mm, 2 mm und 5 mm. Die minimal gewählte Elementgröße ist hierbei durch den notwendigen Speicherbedarf und die maximale Elementgröße durch die kleinste Längenausdehnung der Projektilabschnitte (hier der Steife) begrenzt. Die Berechnungsdauer steigt mit der Feinheit des Netzes deutlich an (5 mm: 3 Std., 2 mm: 9 Std., 1 mm: 71 Std., 0,5 mm: 693 Std.).

Nach SUN ET AL. [98] müssen die Versagensparameter des JOHNSON-COOK-Materialmodells für das Aluminium an die Elementgröße angepasst werden. Die durchgeführten Zugversuche wurden daher unter Verwendung der zu untersuchenden Elementgrößen numerisch abgebildet. Die Abweichungen der plastischen Dehnungen beim Erreichen der Bruchverschiebung betrugen jedoch weniger als 1 % bezogen auf die Werte bei einer Elementgröße von 1 mm, die zur Bestimmung der in Tabelle 6.2 angegebenen Versagensparameter verwendet wurde. Auf eine Anpassung der Versagensparameter wurde daher verzichtet.

Abbildung 6.7 zeigt die Last-Zeit-Funktionen des Aufpralls bei Verwendung einer Elementgröße von 1 mm. Die berechnete Aufprallkraft steigt zunächst auf ca. 20 kN an und zeigt dann aufgrund der Faltenbildung deutliche Oszillationen. Die Faltenbildung im Bereich der Halbkugel, die nahezu zu einem Auslöschen der Aufprallkraft führt, ist in Abbildung 6.8 (a) zum Zeitpunkt 0,13 ms dargestellt. Im weiteren Verlauf des Aufpralls steigt die Kraft im Bereich von 0,6 - 0,7 ms aufgrund des Aufpralls des ersten Teflonrings deutlich an (siehe Abbildung 6.8 (b)). Die kontinuierliche Faltung des zylindrischen Bereichs resultiert in einem nahezu konstanten Lastniveau, das erst durch das Auftreten eines Beulversagens im hinteren Bereich des vorderen Projektilteils (ab 1,5 ms) deutlich reduziert wird. Diese Beulbildung ist in Abbildung 6.8 (c) dargestellt. Der deutliche Anstieg der Aufprallkraft ab einer Aufpralldauer von 2,3 ms geht mit dem Aufprall des Übergangs zwischen beiden Projektilbauteilen einher. Den Aufprall des bereits verformten Teflonrings bei 2,6 ms zeigt Abbildung 6.8 (d).

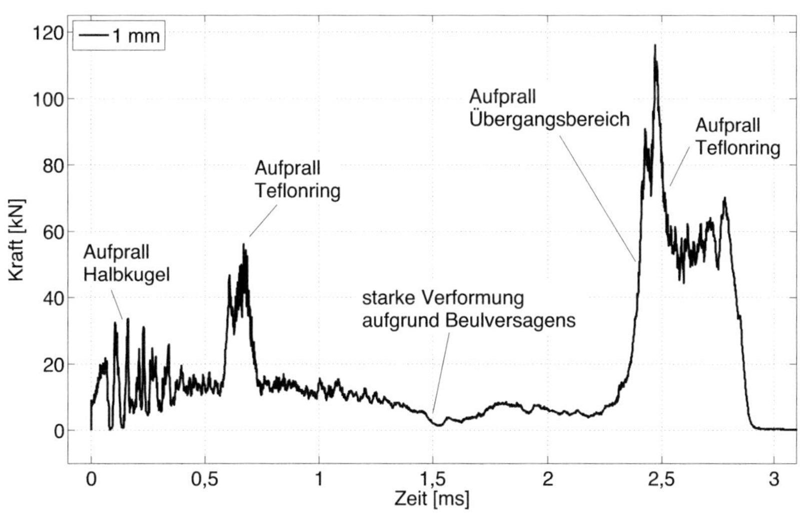

Abbildung 6.7: Numerisch ermittelte Last-Zeit-Funktion, Elementgröße 1 mm

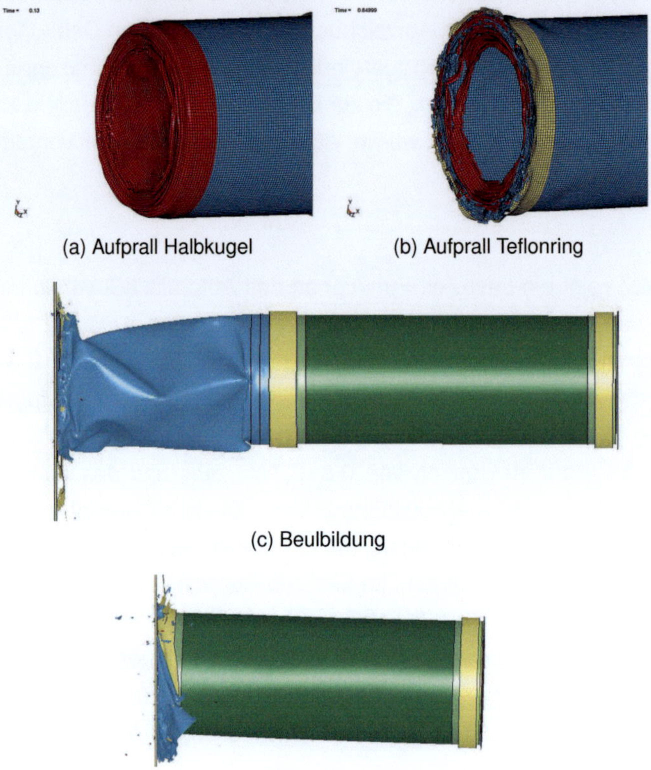

(a) Aufprall Halbkugel

(b) Aufprall Teflonring

(c) Beulbildung

(d) Aufprall zweiter Teflonring

Abbildung 6.8: Einzelaufnahmen der numerischen Berechnung

Abbildung 6.9 zeigt nun vergleichend die Aufprallkräfte, die unter Verwendung der gewählten Elementgrößen ermittelt wurden. Zu Beginn des Aufpralls stimmen die Kraftkurven für die Elementgrößen von 0,5 mm und 1 mm sehr gut überein. Die folgenden Oszillationen beim Aufprall des hinteren Teils der Halbkugel und des folgenden Zylinders weisen gleiche Amplituden bei einem geringen Zeitversatz auf. Die Kraftverläufe bei einer Diskretisierung von 2 mm bzw. 5 mm weisen deutlich höhere Kraftpeaks auf, da die Verformung des Projektils besonders bei einer Elementgröße von 5 mm vom Abstand der Elementkanten abhängt und sich keine kontinuierliche Verformung einstellt.

Dies wird durch die in Abbildung 6.10 dargestellten Verformungen zum Zeitpunkt t = 0,4 ms für alle drei Elementgrößen deutlich. Während sich die Verformungen für die Elementgrößen von 0,5 mm und 1 mm im Bereich der Aufprallplatte konzentrieren, weisen die Modelle mit einer Elementgröße von 2 mm bzw. 5 mm deutlich größere Verformungsbereiche auf, deren Geometrie von den Elementkanten bestimmt wird. Für die beiden kleinen Elementgrößen sind die auftretenden Faltungen asymmetrisch, während die beiden Modelle mit den größeren Elementen vornehmlich symmetrische Faltungen aufweisen.

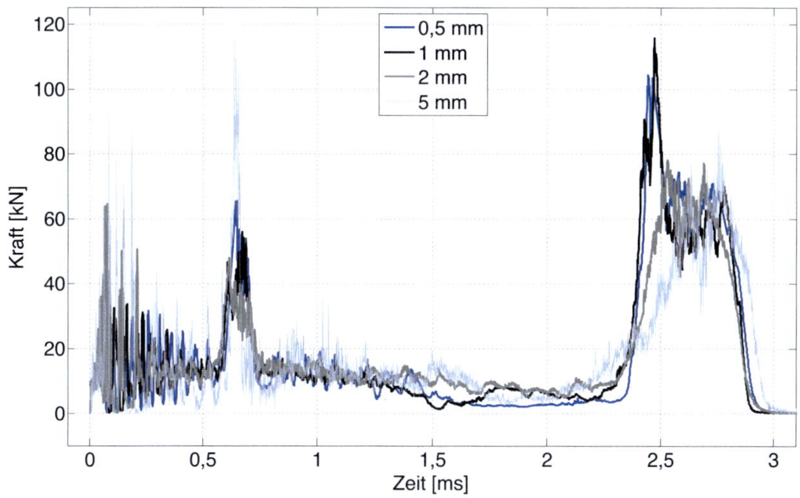

Abbildung 6.9: Numerisch ermittelte Last-Zeit-Funktionen, Vergleich der Elementgröße

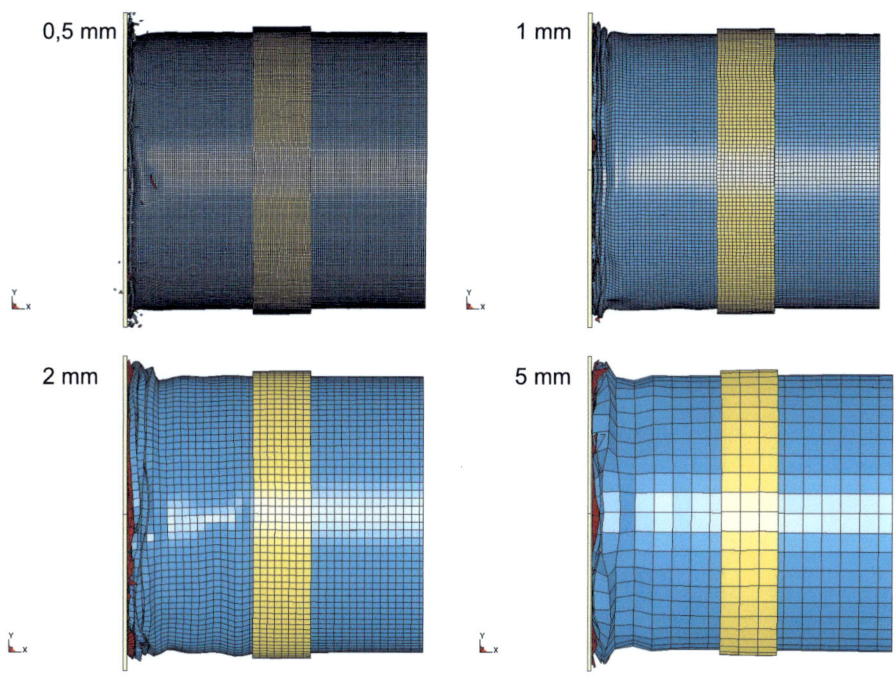

Abbildung 6.10: Verformungen zum Zeitpunkt t = 0,4 ms

Der Aufprall des Teflonrings führt für das 5 mm-Modell zu einem gegenüber den anderen Modellen deutlich erhöhten Lastpeak. Im folgenden Verlauf des Aufpralls stellt sich für alle Modelle ein ähnliches Lastniveau bei variierenden Oszillationsgraden ein. Die in Abbildung 6.8 (c) dargestellte Beulbildung für das 1 mm-Modell tritt für das 0,5 mm-Modell noch ausgeprägter auf, so dass der Lastabfall etwas höher ist. Für die 2 mm- und 5 mm-Modelle sind die Beulverformungen des Projektils nicht so stark ausgeprägt. Der Abfall im Kraftverlauf ist daher etwas geringer.

Aufgrund des größeren Verformungsbereichs der Modelle mit größeren Elementen bildet sich für diese ein vorgefalteter Bereich aus, der durch den Aufprall des hinteren, steiferen Projektilteils zunächst komprimiert werden muss, bevor dieser selbst die Aufprallfläche erreicht. Die Aufprallsituation zum Zeitpunkt t = 2,45 ms ist für alle untersuchten Elementgrößen in Abbildung 6.11 gegeben. Die Ausbildung dieser 'Knautschzone' führt im Kraftverlauf dazu, dass der Anstieg der Kraft mit einer Verzögerung gegenüber den Modellen mit geringer Elementgröße erfolgt und deutlich reduzierte Maximalwerte erreicht.

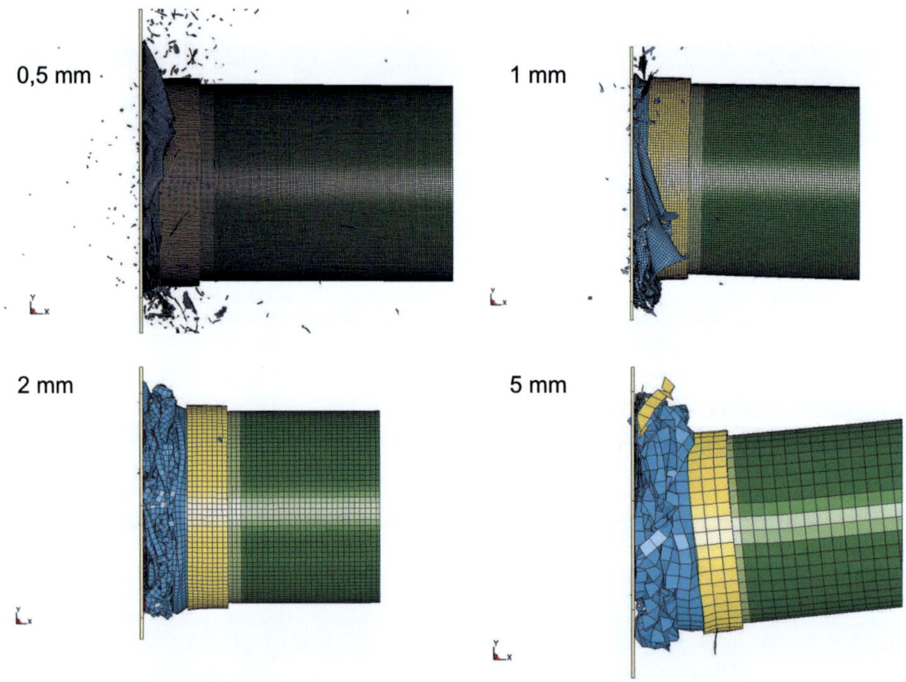

Abbildung 6.11: Verformungen zum Zeitpunkt t = 2,45 ms

Mit der vorangehenden Studie zum Einfluss der Elementgröße konnte gezeigt werden, dass die Modelle mit einer Elementgröße von 1 mm oder kleiner eine realitätsnahe Beschreibung des Aufpralls ermöglichen. Hier können die in den Versuchen ermittelten

Faltungslängen im Bereich von 3 - 7 mm durch eine ausreichende Anzahl an Elementen abgebildet werden. Mit der erhöhten Elementlänge von 2 mm können die Falten geringer Ausdehnung bereits nur noch näherungsweise geometrisch abgebildet werden, was zu einem veränderten Aufprallverhalten führt. Für die im Folgenden dargestellten numerischen Ergebnisse wurde daher eine Elementgröße von 1 mm gewählt. Dies ermöglicht eine gute Abbildung der Realität bei vertretbarer Rechenzeit (ca. 3 Tage). Für das Projektil ohne Tankfüllung ergibt sich damit eine Anzahl von ca. 62.000 Elementen.

6.3.2 Einfluss der Reibung

Abbildung 6.12 zeigt den Einfluss der Reibungsdefinition auf das Berechnungsergebnis. Vergleichend sind die Last-Zeit-Funktionen mit und ohne Berücksichtigung der Reibung beim Kontakt der einzelnen Elemente sowie die zugehörigen Geschwindigkeiten des Projektilhecks dargestellt.

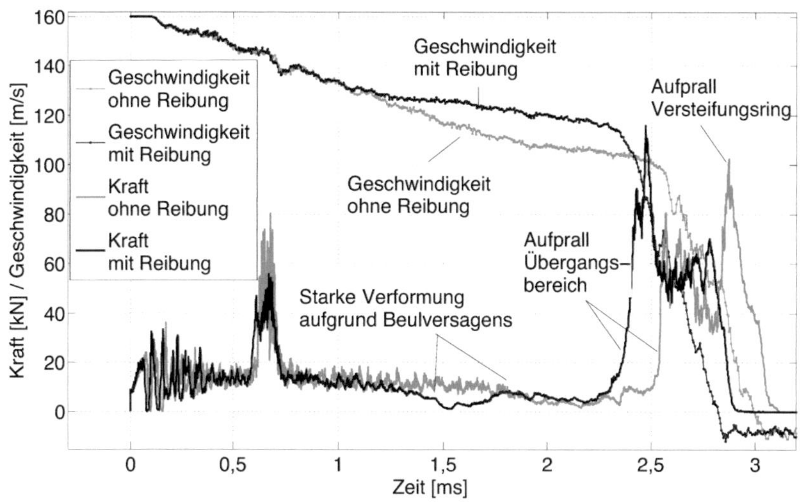

Abbildung 6.12: Last-Zeit- und Geschwindigkeitsverlauf beim Aufprall mit und ohne Reibung

Bis ca. 1,2 ms weisen die Verläufe keine deutlichen Abweichungen auf. Während bei der Berechnung mit Reibung, wie bereits in Abbildung 6.7 gezeigt, ab ca. 1,5 ms eine Reduktion der Aufprallkraft aufgrund eines großflächigen Beulversagens eintritt, prallt das Projektil ohne Berücksichtigung der Reibung weiterhin kontinuierlich auf. Erst ab einer Aufpralldauer von ca. 1,8 ms beeinflusst das ebenfalls auftretende Beulversagen das Kraftniveau. Das frühzeitige Beulversagen führt für die Berechnung mit Reibung zu einer geringeren Geschwindigkeitsreduktion, so dass der Beginn des Übergangsbereichs gegenüber der Berechnung ohne Berücksichtigung der Reibung etwa 0,15 ms früher auf die Zielfläche aufprallt und daher eine höhere Aufprallkraft aufweist.

Für die Berechnung mit Reibung fällt die Geschwindigkeit durch den Aufprall des mehrlagigen Übergangsbereichs mit dem Teflonring so stark ab, dass der 2,5 mm starke Versteifungsring des hinteren Projektilteils nicht mehr direkt auf die Zielstruktur auftrifft und kontinuierlich abgebremst wird. Ohne Berücksichtigung der Reibung besitzt das Restprojektil beim Aufprall des Versteifungsrings noch eine Restgeschwindigkeit von ca. 50 m/s. Das schlagartige Abbremsen des Rings resultiert dann im deutlich hervortretenden Kraftpeak nach 2,8 - 2,9 ms.

Der Einfluss der Reibung tritt im Verlauf der Aufprallkraft somit besonders beim Aufprall derjenigen Projektilbereiche hervor, bei denen mehrere Elementschichten miteinander in Kontakt treten. Die Reibung beeinflusst aber auch das Verformungsverhalten des Projektils. Bei Berücksichtigung der Reibung entstehen beim Aufprall kompakt gefaltete Bereiche, da die einzelnen Falten nicht aufeinander abgleiten (siehe auch Abbildung 6.8 (b)). Ohne Berücksichtigung der Reibung zerfällt eine Vielzahl der Faltungen in einzelne Bruchstücke, die dann teilweise in das Innere des aufprallenden Zylinders geschoben werden. Es entsteht somit eine unrealistische Fragmentgeometrie, die nur wenige, in mehreren Schichten gefaltete, zusammenhängende Bruchstücke aufweist. Für die Simulation der Aufprallversuche muss daher die Reibung berücksichtigt werden.

6.3.3 Modellierung der Übergänge und Kontaktflächen

Das in Abschnitt 6.2 vorgestellte Modell bildet alle Einzelteile des Projektils ab, welche über Klebeverbindungen miteinander verbunden sind. Vereinfacht kann das Projektil durch die Modellierung einer kontinuierlichen Schale, die in den Überlappungsbereichen die entsprechende Gesamtdicke aufweist, abgebildet werden. Die Teflonringe sind ebenfalls fest mit den Aluminiumelementen verbunden. Der Einfluss dieser Vereinfachung auf die Last-Zeit-Funktion ist in Abbildung 6.13 durch den Vergleich des kontinuierlichen Modells mit dem Modell mit explizit modellierten Übergängen dargestellt.

Beim Aufprall der Halbkugel und des folgenden zylindrischen Projektilbereichs ergibt sich kein signifikanter Unterschied in den beiden Lastniveaus. Der Aufprall des ersten Teflonrings erfolgt für das kontinuierliche Modell aufgrund einer leichten Beulbildung vor dem Teflonring minimal früher als für das Modell mit Kontaktformulierungen. Im weiteren Verlauf erfolgt der Aufprall zunächst kontinuierlich, bevor ein frühzeitiges Versagen des zylindrischen Projektilteils durch Beulbildung zu einer deutlichen Reduktion der Aufprallkraft führt. Der Wiederanstieg der Kraft beginnt für das kontinuierliche Modell etwas früher als für das Modell mit modellierten Übergängen. Dies ist einerseits auf die etwas geringere Geschwindigkeitsreduktion beim Aufprall des zylindrischen Projektilteils zurückzuführen, wird aber auch durch die steife Modellierung hervorgerufen.

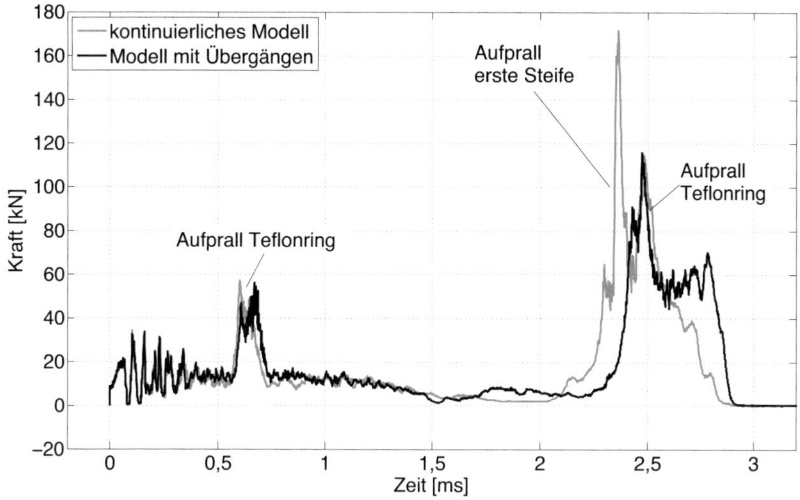

Abbildung 6.13: Last-Zeit-Funktionen für das kontinuierliche Modell und das Modell mit modellierten Übergängen

Im Modell mit modellierten Einzelteilen kann sich die eingepresste Steife vom umliegenden Zylinder lösen, beim kontinuierlichen Modell trifft diese 1,2 mm dicke Steife hingegen komplett und fest mit den nachfolgenden Elementen verbunden auf. Dies führt zum Erreichen des maximalen Kraftpeaks bei ca. 2,3 - 2,4 ms. Der anschließende Aufprall des zweiten Teflonrings mit dem kontinuierlich modellierten Übergangsbereich resultiert im zweiten Kraftpeak. Dies geht mit der deutlichen Abbremsung aller dahinter liegenden Projektilteile einher. Für die mehrlagige Modellierung stellt sich ein ähnlicher Kraftpeak im Übergangsbereich ein. Die Abbremsung der hinteren Projektilteile erfolgt aber verzögert zum Teflonring, so dass sich ein länger andauernder Krafteintrag ergibt.

Aufgrund des steifen Verhaltens des kontinuierlichen Modells im Bereich des Übergangs zwischen den beiden Projektilteilen und dem damit eingehenden Kraftpeak beim Aufprall der Steife wird für die Simulation der Aufprallversuche das Modell mit Übergängen verwendet.

6.3.4 Versagensparameter

Die in Tabelle 6.2 angegebenen Versagensparameter, die auf Basis von Materialversuchen an dem vorliegenden Aluminium abgeleitet wurden, unterscheiden sich von den in der Literatur verwendeten Werten. Abbildung 6.14 zeigt daher das Ergebnis einer Vergleichsrechnung mit den Versagensparametern nach Teng et al. [101].

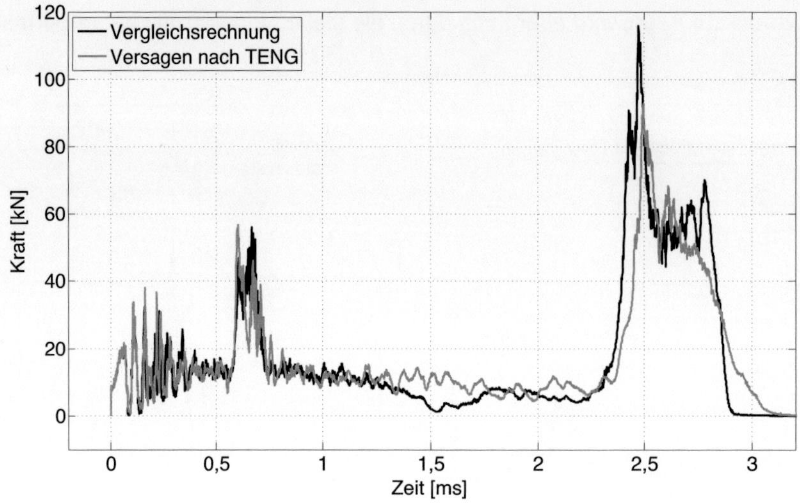

Abbildung 6.14: Last-Zeit-Funktionen mit unterschiedlichen Versagensparametern

Zu Beginn des Aufpralls stimmen die beiden Last-Zeit-Funktionen sehr gut überein. Das Beulversagen, das für die Vergleichsrechnung eintritt, kann für die Berechnung mit den Versagensparametern nach TENG ET AL. nicht beobachtet werden. Aufgrund der damit einhergehenden stärkeren Abbremsung des hinteren Projektilteils trifft dieser etwas verzögert gegenüber der Vergleichsrechnung auf. Dies führt zu einem geringeren maximalen Lastpeak und einer etwas geringeren Verformung im Übergangsbereich und damit zu einer schneller abfallenden Last. Durch die Variation der Versagensparameter verändert sich der Verlauf der eingetragenen Last aber nicht wesentlich. In der Simulation der Aufprallversuche werden die aus den eigenen Materialversuchen abgeleiteten Versagensparameter verwendet.

6.3.5 Modellierung des Aufprallkörpers

Die Simulation der Zielstruktur durch eine steife Platte stellt eine starke Vereinfachung der realen Struktur bestehend aus Messplattform bzw. Stahlplatte und Betonkörper dar. Abbildung 6.15 zeigt daher eine Vergleichsrechnung mit einem elastisch modellierten Betonzielkörper, dessen Größe dem realen Pendelkörper entspricht.

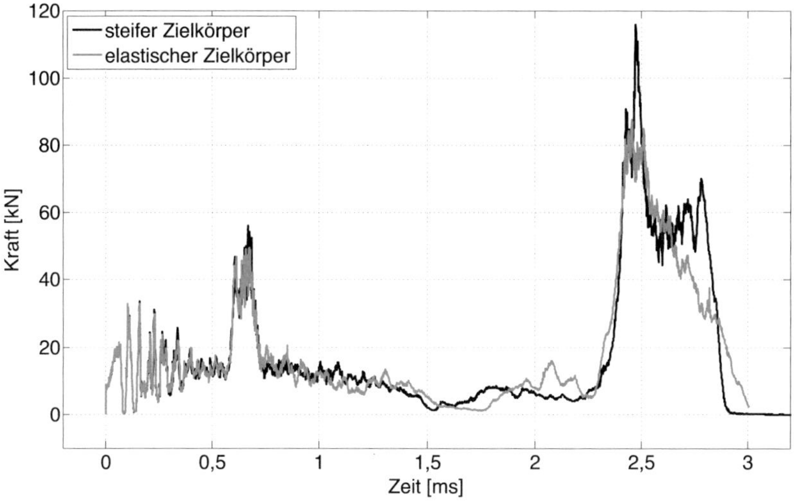

Abbildung 6.15: Last-Zeit-Funktionen beim Aufprall auf die steife Zielstruktur und den elastisch abgebildeten Zielkörper

Der Aufprall erfolgt auf eine ebenfalls elastisch modellierte Stahlplatte (Dicke = 24 mm entsprechend Aufprallversuche ohne Messplattform), die fest mit dem Betonkörper verbunden ist. Während des Aufpralls erfährt die Zielstruktur eine Verschiebung in Aufprallrichtung von weniger als 80 µm, so dass keine maßgebliche Entlastung des Aufpralls erfolgt. Dies zeigt sich auch in der guten Übereinstimmung der beiden Last-Zeit-Verläufe. Die Abweichungen ab ca. 1,5 ms sind auf Unterschiede in der Ausbildung des großflächigen Beulversagens, das in beiden Simulationen auftritt, zurückzuführen. Dieses führt auch zu einer stärkeren Rotation des hinteren Projektilteils bei der Simulation mit elastischer Zielstruktur. Folglich ergibt sich ein leicht verändertes Aufprallverhalten für den Übergangsbereich, das sich auch im abfallenden Ast der Last-Zeit-Funktion widerspiegelt. Für die unterschiedlichen Zielstrukturen können daher keine identischen Last-Zeit-Funktionen ermittelt werden. Die Abweichungen ab einer Aufpralldauer von 2,5 ms sind aber im Wesentlichen dem unterschiedlichen Beulverhalten zuzuordnen und resultieren nicht maßgeblich aus der elastischen Modellierung. Für die Simulation der Aufprallversuche wird die Zielstruktur vereinfacht als steife Platte abgebildet.

6.3.6 Fehlstelle

Die experimentellen Untersuchungen haben gezeigt, dass einige Projektile während des Aufpralls im Bereich des vorderen Zylinders frühzeitig versagt haben. Dieses Versagen ist auf eine Reduktion der Wandstärke des Projektils aufgrund des Fertigungsprozesses zurückzuführen (siehe Abschnitt 3.4.3). Diese Fehlstelle wurde in einem Abstand von 17 cm von der Projektilspitze simuliert. Neben der modellierten Wandstärke

(0,2 bzw. 0,25 mm anstelle von 0,3 mm) wurde auch die Einflussbreite der Fehlstelle (3 mm bzw. 5 mm) variiert. Abbildung 6.16 zeigt das frühzeitige Versagen der Fehlstelle in der Simulation bei einer Aufprallzeit von 0,8 ms.

Abbildung 6.16: Versagen an der Fehlstelle (t = 0,8 ms)

Die Last-Zeit-Funktionen der unterschiedlichen Parameterkombinationen zeigt Abbildung 6.17.

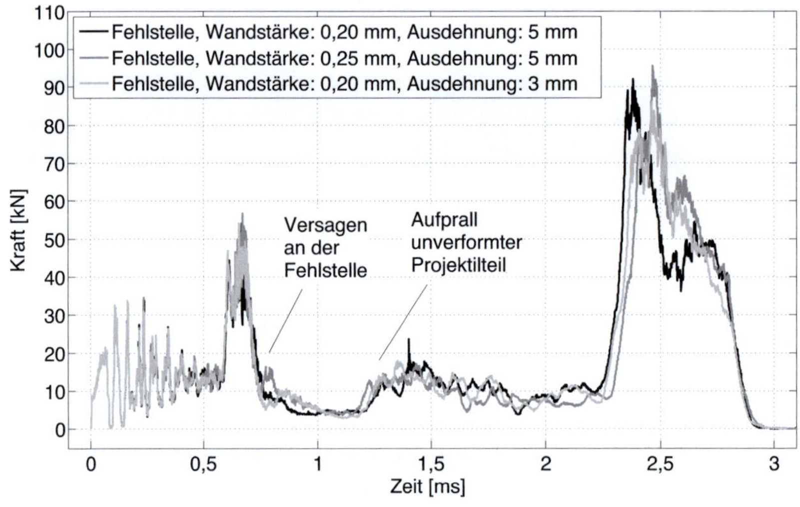

Abbildung 6.17: Last-Zeit-Funktionen bei Variation der Fehlstelle

Bis zum Aufprall des ersten Teflonrings ergeben sich keine deutlichen Unterschiede für die untersuchten Variationen. Nach dem Aufprall des Teflonrings sinkt die Aufprallkraft deutlich ab, da die Fehlstelle versagt. Das Projektilstück zwischen Aufprallfläche und Fehlstelle verliert an Geschwindigkeit und wird erst durch den nachfolgenden Zylinder zusammengeschoben. Nach ca. 1,2 ms trifft der unverformte Projektilteil hinter der Fehlstelle auf die Zielfläche auf und die Aufprallkraft steigt für alle drei Varianten wieder an. Im weiteren Verlauf wird das Projektil kontinuierlich gefaltet. Der Anstieg der Last beim Aufprall des Übergangsbereichs zwischen den beiden Projektilteilen beginnt aufgrund der leicht verschiedenen Restgeschwindigkeiten mit geringem zeitlichem Abstand für alle drei Parameterkombinationen bei ca. 2,2 ms. Die erreichten Lastniveaus und der Verlauf der wieder abfallenden Kraftkurven sind hierbei ähnlich. Variationen im Verlauf sind unter anderem auf die unterschiedliche Aufprallgeschwindigkeit und deren Änderung, leicht variierende Aufprallwinkel und den Einfluss unterschiedlich verformter Projektilteile aus dem vorderen Zylinderbereich zurückzuführen.

Es hat sich gezeigt, dass die geometrische Ausbildung der Fehlstelle in Rahmen der untersuchten Variationen nur einen geringen Einfluss auf die berechnete Last-Zeit-Funktion hat. Für die numerische Simulation der Aufprallversuche wird die Fehlstelle mit einer reduzierten Wandstärke von 0,2 mm und einer Ausdehnung von 5 mm modelliert.

6.3.7 Zusammenfassung

Aus der Sensitivitätsstudie ergibt sich eine sinnvolle Elementgröße von 1 mm, um das Aufprallverhalten realitätsnah in einer akzeptablen Rechenzeit abzubilden. Die Berücksichtigung der Reibung führt zu einer realistischen Simulation der verbleibenden Fragmente. Deutliche Unterschiede in der Aufprallkraft ergeben sich bei der vereinfachten Simulation des Projektils als kontinuierliches Modell gegenüber der Modellierung aller Einzelteile des Projektils. Die Variation der Versagensmodellierung des Materials bleibt im betrachteten Rahmen ebenso wie die Ausbildung der Zielstruktur als elastischen Körper ohne wesentlichen Einfluss. Die Berücksichtigung der Fehlstelle beeinflusst den Kraftverlauf aufgrund des frühzeitigen Versagens deutlich und muss daher berücksichtigt werden. Die Variationen in der Ausprägung der Fehlstelle führen jedoch nur zu geringen Abweichungen in den einzelnen Last-Zeit-Funktionen.

7 Untersuchungen mit dem Modell nach RIERA

In Abschnitt 2.2 wurden verschiedene Berechnungsmodelle zur Bestimmung der Aufprallkraft beim Anprall deformierbarer Körper vorgestellt. Das Berstlast-Modell nach Riera erweist sich hierbei als geeignetste Methode, um basierend auf gegebenen Geometriedaten und der anfänglichen Aufprallgeschwindigkeit effizient die Last-Zeit-Funktion beim Aufprall zu ermitteln. In diesem Abschnitt soll gezeigt werden, welchen Einfluss die Wahl der Berstlast (siehe auch Abschnitt 2.2.12) auf die mit dem Riera-Modell ermittelte Last-Zeit-Funktion beim Aufprall der experimentell untersuchten Projektile hat. Der Vergleich des analytischen Modells mit den Versuchsergebnissen und der numerischen Berechnung erfolgt in Kapitel 8.

Zur Bestimmung der Aufprallkraft wurde Gleichung 7.1 (siehe Gleichung 2.7 in Abschnitt 2.2) über einen Algorithmus in ein Tabellenkalkulationsprogramm implementiert. Die Berechnung erfordert die Definition der Massenbelegung μ sowie der Berstlast F_G entlang der Längsachse des Aufprallkörpers. Die Abbremsung des Aufprallkörpers kann mit Gleichung 7.2 (siehe auch Gleichung 2.6 in Abschnitt 2.2) über die Definition der Berstlast schrittweise bestimmt werden.

$$F(t) = F_G(x(t)) + \mu(x(t)) \cdot v^2(t) \tag{7.1}$$

$$F_G = m\frac{dv}{dt} \tag{7.2}$$

Neben der Last-Zeit-Funktion ergeben sich daher bei der Berechnung der Last-Zeit-Funktion auch die Geschwindigkeits- bzw. die Verformungs-Zeit-Funktionen des aufprallenden Projektils.

Die unterschiedlichen Berstlasten, entsprechend den in Abschnitt 2.2.12 vorgestellten Berechnungsansätzen, für den vorderen (t = 0,3 mm) und den hinteren (t = 1,2 mm) Teil des verwendeten Projektils sind in Tabelle 7.1 dargestellt. Die gewählten Materialparameter zur Bestimmung der Berstlast entsprechend dem verwendeten Aluminium sind unterhalb der Tabelle angegeben. Erfordert der Berstlastansatz den Mittelwert der Fließspannung σ_0, so wurde dieser vereinfachend mit der Fließspannung σ_y angenähert.

Die Berücksichtigung des Dehnrateneffektes erfordert die Definition der Materialparameter D und q zur Verwendung der COWPER-SYMONDS-Beziehung. Für Aluminiumlegierungen gibt JONES [49] allgemeine Werte an, die in der Berechnung berücksichtigt wurden. Die Dehnratenabhängigkeit ist aber stark von der Legierung abhängig und die angegebenen Werte überschätzen den Einfluss im Vergleich zum Ansatz nach

JOHNSON-COOK für das vorliegende Material deutlich. Die berücksichtigte Anfangsgeschwindigkeit beträgt 160 m/s.

Wie bereits in Abschnitt 2.2.12 erläutert ergeben sich die höchsten Berstlasten bei Berücksichtigung eines Fließ- oder Beulversagens. Diese werden deutlich reduziert, wenn das Falten des Aufprallkörpers berücksichtigt wird, wobei asymmetrisches Falten in höheren Berstlasten resultiert als symmetrisches Falten.

Tabelle 7.1: Berstlast

		Berstlast [kN]	
Versagen	Gleichung	t = 0,3 mm	t = 1,2 mm
Bruch	2.22	37,41	147,71
Fließen	2.23	27,98	110,49
Beulen	2.25	25,37	405,90
Fließen/Beulen	2.27	13,31	86,85
Faltung symmetrisch	2.29	3,55	28,24
Faltung symmetrisch, effektive Faltungslänge	2.30	4,24	35,14
Faltung symmetrisch, effektive Faltungslänge, Dehnrateneffekt allgemeine Aluminiumlegierung	2.31	6,98	58,00
Faltung symmetrisch, S-förmige Falte	2.32	4,64	36,85
Faltung asymmetrisch	2.35	4,28	42,94
Faltung asymmetrisch, effektive Faltungslänge	2.36	5,86	58,82
Faltung asymmetrisch, effektive Faltungslänge, Dehnrateneffekt allgemeine Aluminiumlegierung	2.37	10,05	101,01
Faltung asymmetrisch, Anzahl der ausgebildeten Seitenflächen, n=3/4/5	2.38	3,39/3,59/3,91	29,48/33,24/38,52
Faltung asymmetrisch, effektive Faltungslänge, Anzahl der ausgebildeten Seitenflächen n=3/4/5	2.39	4,65/4,92/5,35	40,37/45,53/52,77
Faltung asymmetrisch, effektive Faltungslänge, Dehnrateneffekt allgemeine Aluminiumlegierung, Anzahl der ausgebildeten Seitenflächen n=3/4/5	2.40	6,63/7,57/8,79	60,97/74,83/93,21

t = 0,3 bzw. 1,2 mm, R = 34,85 bzw. 34,4 mm, E = 74.124 N/mm², v = 0,3, σ_u = 569,5 N/mm², σ_y = 426 N/mm², D_{Alu} = 6500 1/s, q_{Alu} = 4, v_0 = 160 m/s

Die Berechnung des Verlaufs der Aufprallkraft nach RIERA wurde für verschiedene Berstlastansätze bei einer Aufprallgeschwindigkeit von 160 m/s durchgeführt. Im Übergangsbereich zwischen dem vorderen und hinteren Projektilteil wurde eine konstante, aufsummierte Wandstärke angenommen. Die Teflonringe wurden lediglich mit ihrer Masse, jedoch ohne die Zuweisung einer Berstlast, berücksichtigt. Basierend auf dem plastischen Ansatz des RIERA-Modells entspricht der übertragene Gesamtimpuls beim Aufprall unabhängig von der Berstlast immer dem Anfangsimpuls. Ein elastisches Rückfedern der unverformten Projektilteile wird nicht berücksichtigt.

Abbildung 7.1 zeigt die Kraftverläufe sowie die Verläufe der Projektildeformation unter

Berücksichtigung des Versagens durch Bruch, Fließen, Beulen und der Kombination aus Fließen und Beulen. Das Aufprallverhalten wird stark durch die Größe der Berstlast bestimmt. Je höher die Berstlast, desto höher ist die Abbremsung des Projektils und desto geringer sind die Aufpralldauern und Deformationslängen.

Bei Berücksichtigung eines Bruchversagens ergibt sich für das RIERA-Modell eine Aufpralldauer von weniger als 1,5 ms. Das Projektil wird dabei über eine Länge von 11,6 cm deformiert.

Für das kombinierte Versagen aus Fließen und Beulen beträgt die Aufpralldauer 3,4 ms bei einer Deformationslänge von 28,4 cm. Mit zunehmender Aufprallgeschwindigkeit beim Erreichen des Teflonringes steigt dessen Anteil an der Aufprallkraft.

Für alle in Abbildung 7.1 betrachteten Fälle wird das Projektil nur im vorderen Bereich deformiert und die Deformationsfront erreicht die Übergangsstelle (im Projektil bei 32 cm, siehe auch Abbildung 3.15) nicht.

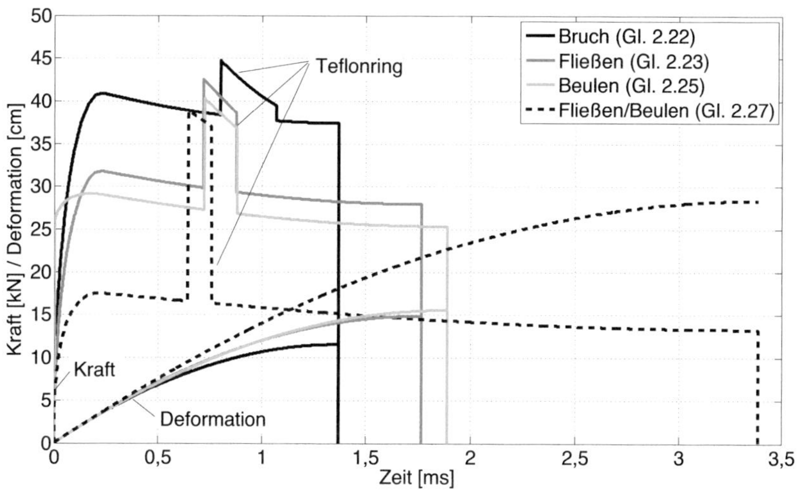

Abbildung 7.1: Aufprallkräfte und zugehörige Deformationen nach RIERA: Versagen durch Bruch, Fließen, Beulen, Fließen/Beulen

Die Kraftverläufe unter Annahme eines Versagens durch symmetrisches Falten sind in Abbildung 7.2 dargestellt. Die Berstlasten für den vorderen Projektilbereich sind deutlich geringer als bei den vorhergehenden Annahmen. Der Aufprall des Teflonrings hebt sich für alle Berstlastansätze deutlich vom Aufprall des reinen Aluminiumbereichs ab. Der Wiederanstieg der Kraft ab ca. 2,2 ms geht mit dem Aufprall des Übergangsbereichs zwischen dem vorderen und den hinteren Zylinder einher. Der Kraftanstieg beginnt bei Berücksichtigung des Dehnrateneffekts zeitlich verzögert, da das Projektil durch die deutlich erhöhte Berstlast stärker abgebremst wird und der Übergangsbereich somit später auf die Zielstruktur auftrifft. Die verbleibende Geschwindigkeit ist nicht ausreichend, um das Projektil über den zweiten Teflonring hinaus zu deformieren, so dass die Last-Zeit-Funktion mit einem Kraftplateau auf hohem Niveau endet.

Für die weiterhin dargestellten Last-Zeit-Funktionen wird der komplette Übergangsbereich sowie ein geringer Teil des hinteren, steiferen Zylinders verformt, was sich im deutlichen Abfall der Last nach dem Maximalwert und dem sich anschließenden Kraftniveau widerspiegelt. Bei Berücksichtigung der effektiven Faltungslänge sowie einer S-förmigen Gestalt der Falte verändert sich die Ausbildung der Maximalwerte gegenüber dem symmetrischen Ansatz.

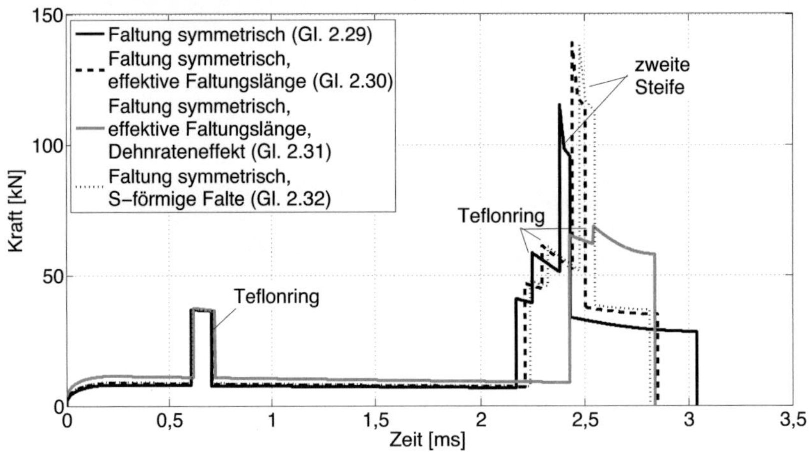

Abbildung 7.2: Aufprallkraft nach RIERA, Versagen durch symmetrisches Falten

Abbildung 7.3 zeigt die Aufprallkraft bei Berücksichtigung des asymmetrischen Faltens. Berstlastansätze, die von der Anzahl n der entstehenden Seitenflächen abhängen, wurden nicht berücksichtigt, da n nicht vorab bestimmbar ist. Die gegenüber dem symmetrischen Falten leicht erhöhten Berstlasten führen dazu, dass die Deformationsfront kurz nach der zweiten Steife des Übergangsbereichs zwischen den beiden Projektilteilen zum Stillstand kommt. Bei Berücksichtigung der effektiven Faltungslänge endet der Aufprall im Bereich der hinteren Steife. Wie bereits beim symmetrischen Falten beobachtet, führt die Berücksichtigung der Dehnrate zu einer stärkeren Abbremsung des Projektils, so dass dieses nur bis zur ersten Steife deformiert wird.

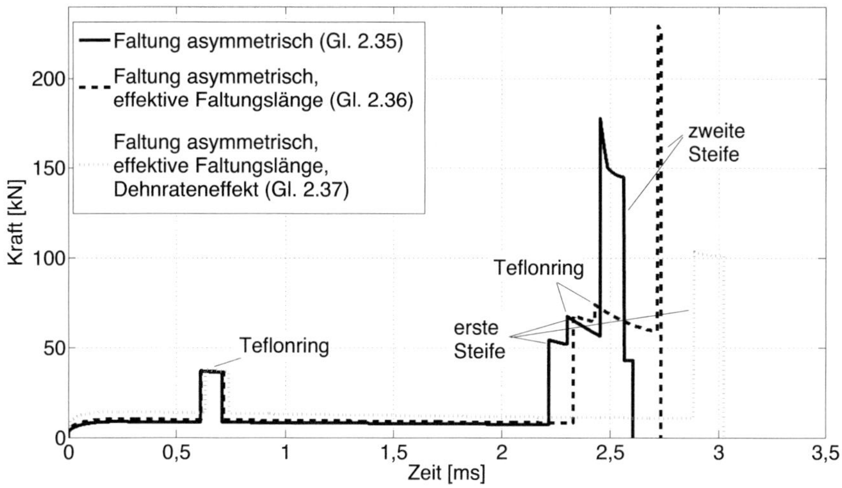

Abbildung 7.3: Aufprallkraft nach RIERA, Versagen durch asymmetrisches Falten

Die Abbildungen 7.1 bis 7.3 zeigen, dass die ermittelten Last-Zeit-Funktionen für die untersuchte Projektilgeometrie stark vom gewählten Ansatz der Berstlast abhängen. Dies resultiert aus der Projektilgeometrie, da außer der strukturellen Masse, die direkt mit der Berstlast verknüpft ist, keine weiteren Massenanteile vorhanden sind. Zur Bestimmung der Aufprallkraft muss die Wahl der Berstlast daher an die gegebenen Randbedingungen angepasst werden.

Aus den Abbildungen 7.2 und 7.3 wird ersichtlich, dass die Aufprallcharakteristik der durchgeführten Versuche durch die Berücksichtigung des Faltungsversagens prinzipiell abgebildet werden kann. Für das untersuchte Projektil muss der Ansatz der Berstlast aber aufgrund der variierenden Wandstärken des Projektils abschnittsweise gewählt werden.

Das vorliegende Radius-Wandstärkenverhältnis führt für den vorderen Projektilbereich zu einem asymmetrischen Falten beim Aufprall des Projektils. Zur Bestimmung der Aufprallkraft wird in diesem Bereich der Ansatz nach ABRAMOWICZ und JONES [11] (Gleichung 2.36) mit Berücksichtigung der effektiven Faltungslänge gewählt. Der Einfluss der Dehnrate wird vernachlässigt, da für das verwendete Aluminium keine Materialparameter zur Verfügung stehen und die Verwendung der von JONES [49] für Aluminium vorgeschlagenen allgemeinen Parameter den Dehnrateneffekt deutlich überschätzen. Für den hinteren Projektilbereich wird aufgrund der höheren Wandstärke die Berstlast für symmetrisches Falten angesetzt. Die Berechnung erfolgt ebenfalls unter Berücksichtigung der effektiven Faltungslänge und Vernachlässigung des Dehnrateneffektes nach JONES [49] (Gleichung 2.30). Die Aufprallkraft, die sich nach Anpassung der Berstlast an die vorhandene Geometrie einstellt, ist in Abbildung 7.4 dargestellt.

Der Verlauf bildet den Aufprall des vorderen, dünnwandigen Zylinders, der Teflonringe sowie des Übergangsbereichs ab. Die Deformationsfront kommt im Bereich der Steife des hinteren Projektilteils zum Stillstand. Der direkte Vergleich der Aufprallkraft nach dem RIERA-Modell mit den Versuchsergebnissen erfolgt im Anschluss in Kapitel 8.

In den experimentellen Untersuchungen konnte ein frühzeitiges Versagen des Projektils im Bereich der Umspannstelle der Bearbeitung beobachtet werden, welches die Aufprallkraft beeinflusst. Dieses Versagen kann im RIERA-Modell nur vereinfacht angenähert werden. Hierzu wird die Berstlast im Bereich hinter dem ersten Teflonring kontinuierlich auf die Hälfte des Ausgangswertes reduziert (Fehlstelle) und im Bereich der Umspannstelle wieder erhöht. Der hierdurch veränderte Verlauf der Aufprallkraft ist ebenfalls in Abbildung 7.4 dargestellt. Durch die Berücksichtigung der Fehlstelle ergibt sich im Bereich von ~0,9 ms bis ~1,1 ms eine reduzierte Aufprallkraft. Die hieraus resultierende erhöhte Geschwindigkeit beim Aufprall des Übergangsbereiches führt zu einer geringeren Aufpralldauer für die Steife des hinteren Zylinders und einer berechneten Deformation des nachfolgenden zylindrischen Bereichs um ca. 0,5 cm.

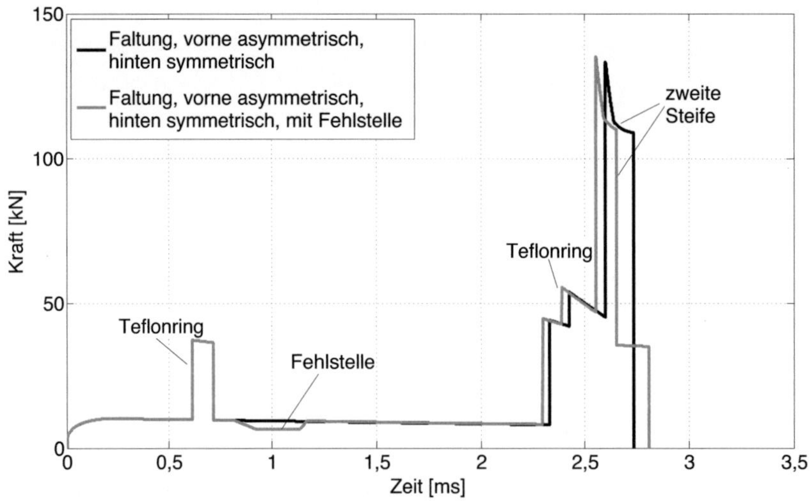

Abbildung 7.4: Aufprallkraft nach RIERA, Anpassung der Berstlast an die vorliegende Projektilgeometrie: Versagen durch asymmetrisches Falten im vorderen und symmetrisches Falten im hinteren Projektilbereich, Berücksichtigung der Fehlstelle

Eine Berücksichtigung der teilweise in den experimentellen Untersuchungen verwendeten wassergefüllten Tanks im hinteren Zylinder kann im RIERA-Modell durch die Erhöhung der Massenverteilung über die Länge des vollgefüllten Tankes angenähert werden. Abbildung 7.5 zeigt die zugehörige Last-Zeit-Funktion. Hierbei wurde bereits das in den experimentellen Untersuchungen aufgetretene Verschieben des ersten Teflonrings während der Beschleunigungsphase berücksichtigt.

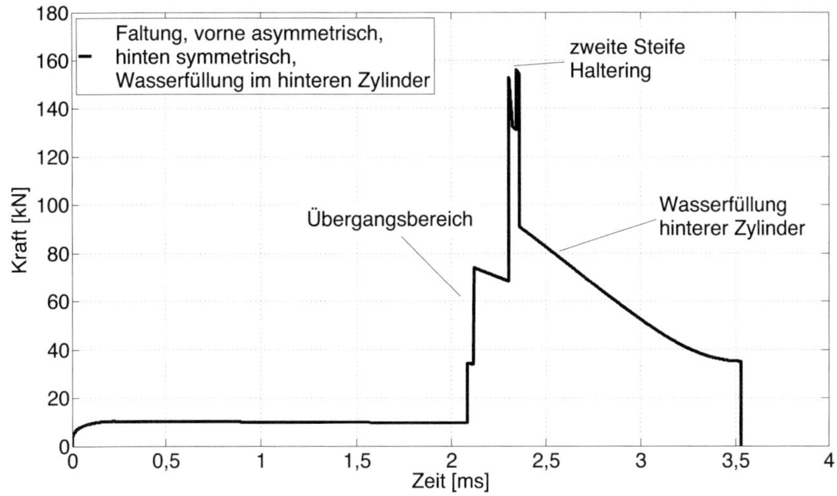

Abbildung 7.5: Aufprallkraft nach Riera bei zusätzlicher Berücksichtigung einer Wasserfüllung im hinteren Zylinder

Aufgrund der deutlich höheren Masse wird das Projektil beim Aufprall des vorderen Zylinders weniger abgebremst als die zuvor betrachteten Projektile ohne Tankfüllung, so dass der Übergangsbereich bereits nach ca. 2,1 ms auftrifft. Nach dem Maximalwert beim Aufprall der zweiten Steife und des im Projektil verwendeten Halterings zur Lagesicherung des Tankes wird der Einfluss der aufprallenden Wasserfüllung deutlich. Die Aufprallkraft sinkt bis zum Ende des Aufpralls von ~90 kN auf ~35 kN ab. Dabei wird die Wasserfüllung zusammen mit der umliegenden Zylinderstruktur kontinuierlich, basierend auf der Berstlast des Zylinders, abgebremst, da der Zylinder und das Wasser im Modell-Ansatz fest miteinander verknüpft sind.

Eine Modellierung des Projektilaufpralls mit halbgefülltem Tank ist aufgrund der zunächst unabhängigen Bewegung des Wassers innerhalb des Tanks und der auftretenden Schwappeffekte nicht möglich.

8 Vergleich der Ergebnisse

In den vorangehenden Kapiteln wurden die experimentellen Ergebnisse, die numerischen Berechnungen des Aufpralls und die Anwendung des Modells von RIERA zur Berechnung der Aufprallkraft getrennt dargestellt. Die Ergebnisse dieser drei Varianten zur Bestimmung der Last-Zeit-Funktion beim Aufprall deformierbarer Projektile werden im Folgenden anhand von vier Versuchen exemplarisch verglichen. Die ausgewählten Versuche repräsentieren jeweils eine untersuchte Parameterkombination. Es werden daher der Aufprall von leeren Projektilen mit unterschiedlichen Aufprallgeschwindigkeiten sowie der Aufprall von Projektilen mit wassergefüllten Tanks (halb- und vollgefüllt) dargestellt. Die Auswahl der dargestellten Versuche erfolgte hierbei aufgrund des Auftretens eines „kontinuierlichen" Versagens während des Aufpralls, der erreichten Istgeschwindigkeit bzw. der Auswertbarkeit der vorhandenen Messdaten. Der Verlauf des Aufpralls wird ebenso wie die verbleibenden Reststücke für den Versuch und die numerische Simulation verglichen. Abschließend werden die mit allen drei Varianten ermittelten Last-Zeit-Funktionen einander gegenübergestellt.

8.1 Projektile ohne Tankfüllung

8.1.1 Versuch K8 (v = 160 m/s)

In Versuch K8 wurde der Aufprall eines Projektils ohne Tankfüllung mit der Geometrie K2 untersucht (siehe auch Abschnitt 5.1). Während des Aufpralls versagte das Projektil an der Umspannstelle der Bearbeitung. Im numerischen Modell wird daher eine Fehlstelle mit einer reduzierten Wandstärke von 0,2 mm und einer Ausdehnung von 5 mm berücksichtigt. Für die Berechnung mit dem RIERA-Modell wird die in Kapitel 7 erläuterte, abschnittsweise Definition der Berstlast gewählt. Die Aufprallkraft wird mit und ohne Berücksichtigung der Fehlstelle ermittelt. Die anfängliche Aufprallgeschwindigkeit beträgt 160 m/s.

Einen Vergleich einzelner Zeitpunkte des Aufpralls aus Versuch und numerischer Simulation zeigt Abbildung 8.1. Für die ersten drei Zeitpunkte (a - c) ergibt sich eine gute Übereinstimmung zwischen realem Aufprall und numerischer Abbildung. Der Aufprall des Teflonrings und das Versagen der Umspannstelle sowie die anschließende Verformung des Zylinders können gut abgebildet werden. Beim Aufprall des Bereichs um den zweiten Teflonring stellt sich ein zeitlicher Versatz zwischen der numerischen Lösung und dem Versuch ein. Das Versagen des zylindrischen Bereichs vor dem Teflonring erfolgte im Versuch schneller als in der numerischen Berechnung. Daher kann im Versuch bei einer Aufpralldauer von 2,295 ms (d) bereits das Aufprallen des Teflonrings beobachtet werden, während dieser in der numerischen Simulation die Zielfläche noch nicht erreicht hat. Im folgenden Zeitschritt (e) trifft der Teflonring aber auch in der numerischen Simulation auf die Zielfläche auf. Die Verkippung des hinteren Projektilteils, die im Versuch beobachtet werden kann, stellt sich in der numerischen Simulation etwas geringer ausgeprägt in der Bildebene ein. Das reale Verhalten kann gut durch das verwendete Modell angenähert werden.

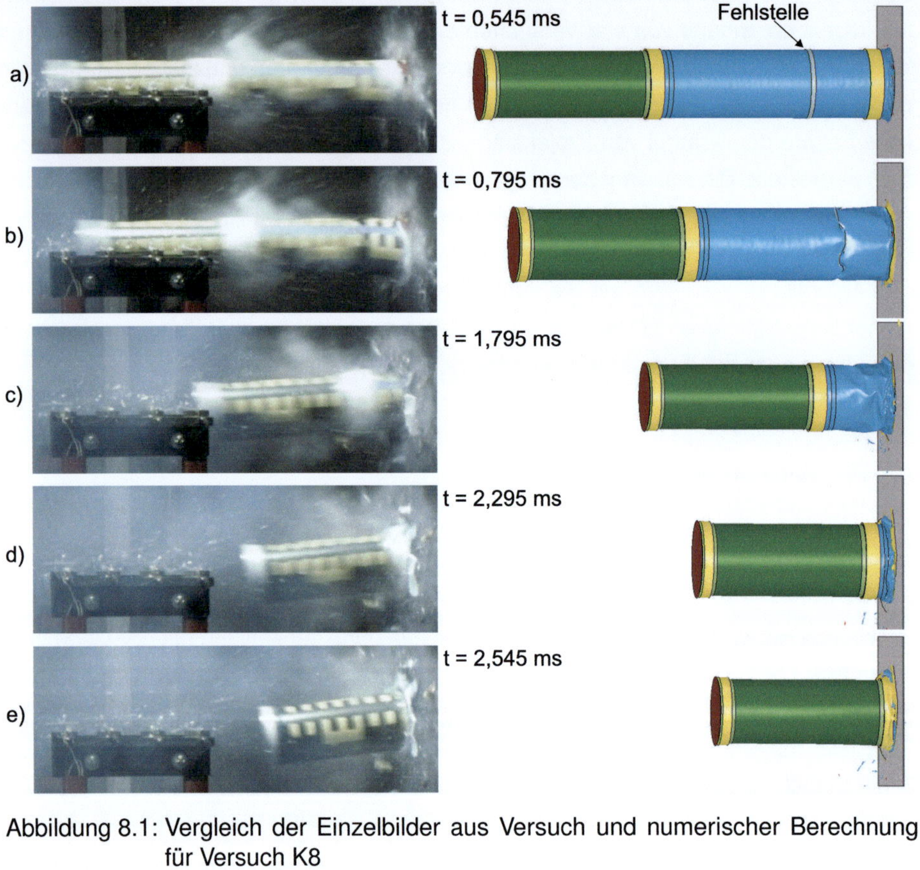

Abbildung 8.1: Vergleich der Einzelbilder aus Versuch und numerischer Berechnung für Versuch K8

Die gute Übereinstimmung zwischen Versuch und numerischer Abbildung zeigt sich auch im Vergleich der verbleibenden Reststücke in Abbildung 8.2. Der größte Teil der Halbkugel wurde beim Aufprall ins Innere des nachfolgenden Zylinders gestülpt und nur in den Randbereichen gefaltet. Dieses Verhalten stellt sich auch in der numerischen Lösung ein. Der zylindrische Teil weist in beiden Fällen eine asymmetrische Faltung mit einer, aufgrund der Fehlstelle, variierenden Faltenlänge auf. Die Restlängen des hinteren Projektilteils stimmen ebenfalls gut überein. Die im Versuch einseitig stärker auftretenden Verformungen im Bereich der Steife werden auf den schiefen Aufprall des Projektils zurückgeführt.

Abbildung 8.2: Vergleich der Reststücke aus Versuch und numerischer Berechnung für Versuch K8

Die ermittelten Last-Zeit-Funktionen sind für die numerische Lösung vergleichend mit den Versuchsergebnissen in Abbildung 8.3 und vergleichend mit der analytischen Lösung nach RIERA in Abbildung 8.4 dargestellt.

In der numerischen Lösung stellt sich zunächst eine ansteigende Kraft im Bereich der aufprallenden Halbkugel und des nachfolgenden Zylinders ein, deren mittleres Lastniveau zwischen den bearbeiteten Messdaten und dem aus Video-Daten ermittelten Last-Zeit-Verlauf liegt. Die starken Oszillationen im Verlauf resultieren aus der Faltenbildung. Der Aufprall des ersten Teflonrings kann durch die numerische Berechnung zeitlich klar abgegrenzt dargestellt werden, während die Videoauswertung aufgrund der beschränkten Aufzeichnungsfrequenz diesen nur geglättet abbilden kann. Ein deutlicher Kraftanstieg bei den bearbeiteten Messdaten kann bei diesem Versuch nicht beobachtet werden. Die nachfolgende Reduktion der Aufprallkraft aufgrund des frühzeitigen Versagens des Zylinders erreicht für die numerische Lösung ähnliche Werte wie die Videoauswertung. Trotz der größeren Schwingungsamplituden der Messdaten ergibt sich für die Daten der Messplattform eine ausreichend gute Übereinstimmung. Für den Aufprall des Übergangsbereichs mit dem zweiten Teflonring zeigt sich der bereits erläuterte Zeitversatz zwischen Versuch und numerischer Berechnung deutlich im versetzten Anstieg der Last (2 - 2,5 ms). Die maximale Aufprallkraft aus der numerischen Lösung übersteigt hierbei die maximalen Messwerte um ca. 20 kN. Für den abfallenden Ast der Kraftkurve ergibt sich bei Berücksichtigung des Zeitversatzes eine gute mittlere Übereinstimmung mit den Versuchsergebnissen. Durch die numerische Simulation können somit nicht nur die auftretenden Verformungen des Versuchs, sondern auch die ermittelte Last-Zeit-Funktion abgebildet werden.

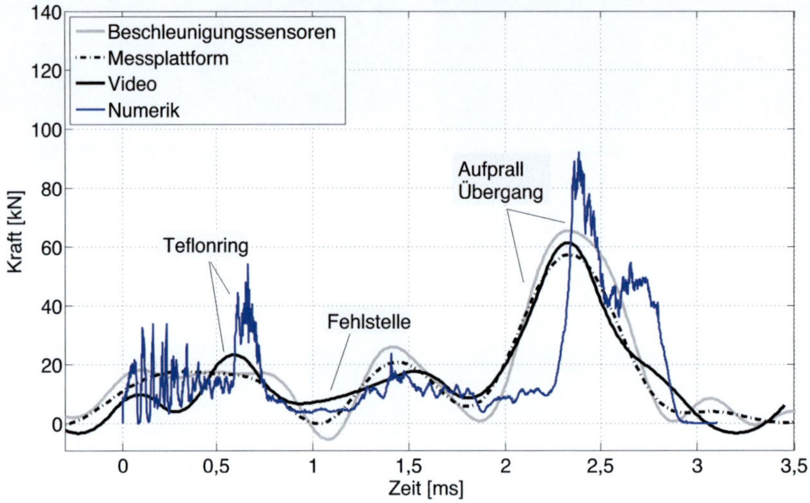

Abbildung 8.3: Vergleich der Last-Zeit-Funktionen aus Versuch K8 und Numerik

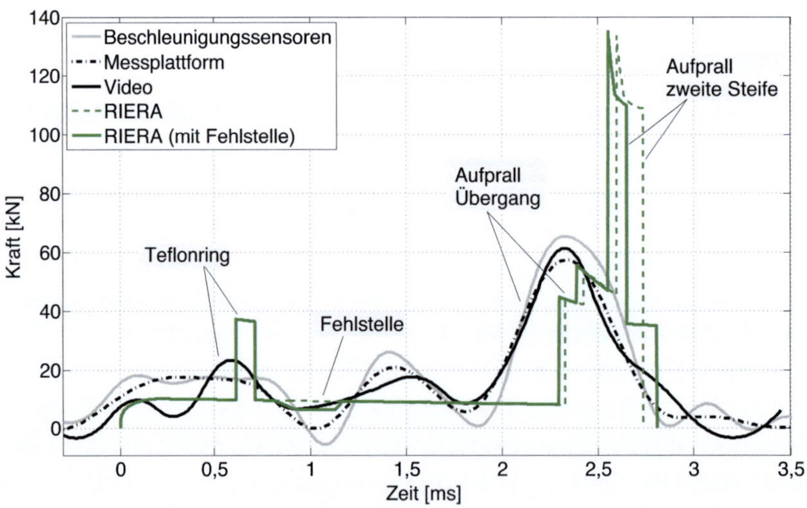

Abbildung 8.4: Vergleich der Last-Zeit-Funktionen aus Versuch K8 und RIERA-Modell

Die Last-Zeit-Funktionen basierend auf dem RIERA-Modell (siehe Abbildung 8.4) weisen im Bereich des Aufpralls der Halbkugel und dem folgenden Zylinderbereich ebenfalls ein Kraftniveau auf, das zwischen den bearbeiteten Messdaten und der Kraft aus der Videoauswertung liegt. Aufgrund der Annahme einer mittleren Berstlast ergeben sich im Last-Zeit-Verlauf keine Oszillationen aufgrund der Faltenbildung. Der Aufprall des ersten Teflonrings hebt sich deutlich vom Aufprall des reinen Aluminiumbereiches ab und stimmt gut mit den in der numerischen Simulation bestimmten Kraftwerten überein. Der Abfall der Aufprallkraft aufgrund des frühzeitigen Versagens im Versuch kann bei Berücksichtigung der Fehlstelle im RIERA-Modell angenähert werden. Das verringerte Kraftniveau liegt im Bereich der aus der Videoauswertung ermittelten Kraft. Die erhöhte Kraft beim Wiederaufprall des unverformten Restprojektils kann durch das RIERA-Modell prinzipbedingt nicht abgebildet werden. Der Aufprall des Übergangsbereichs zwischen den beiden Projektilteilen erfolgt, wie auch bei der numerischen Simulation, etwas zeitversetzt zum Experiment. Die Kraftniveaus beim Aufprall des Übergangs und des zweiten Teflonrings stimmen gut mit den Versuchsergebnissen überein. Der Aufprall der zweiten Steife führt zu einem deutlichen Kraftpeak, der aus der erhöhten Berstlast für die höhere Wandstärke der Steife resultiert. Dieser Kraftpeak tritt weder im Versuch noch in der numerischen Abbildung so ausgeprägt auf, da sich hier die Projektilbereiche hinter der Steife verformen können und damit eine Glättung der Aufprallkraft eintritt. Mit der Reduktion der Geschwindigkeit zu Null sinkt auch die Aufprallkraft aufgrund des angesetzten rein plastischen Versagens auf Null ab.

Die gute Übereinstimmung aus Versuch, Numerik und RIERA-Modell zeigt sich auch im Vergleich der in Abbildung 8.5 dargestellten Frequenzspektren, die durch eine Fast-Fourier-Analyse aus den ermittelten Last-Zeit-Funktionen generiert wurden.

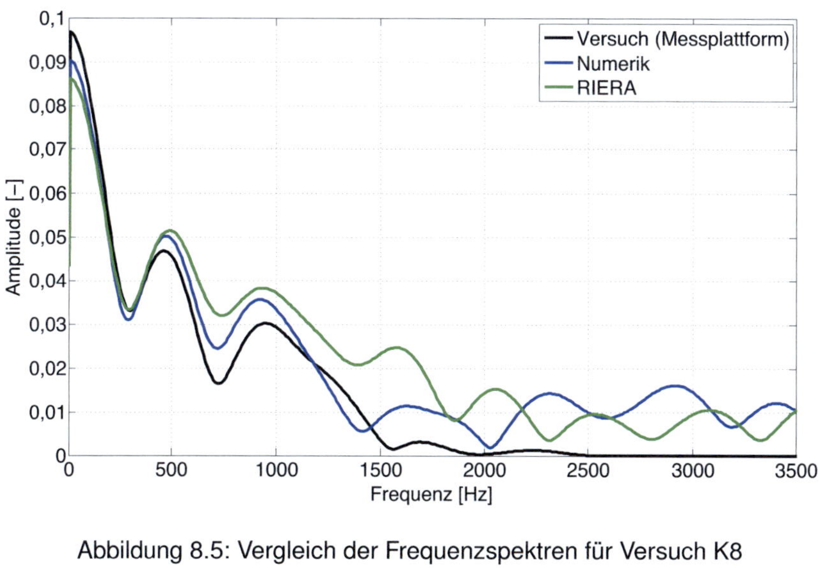

Abbildung 8.5: Vergleich der Frequenzspektren für Versuch K8

Im Bereich der tiefen Frequenzen bis ca. 600 Hz stimmen die Spektren weitestgehend überein. Für höhere Frequenzen weisen sie ein ähnliches Verhalten aber variierende Amplituden auf. Für den Versuch wird ab ca. 1500 Hz der Einfluss der Filterung und Glättung der Messdaten in der deutlichen Reduktion der Amplitude sichtbar. Sowohl die numerische Lösung als auch das RIERA-Modell weisen in diesem Frequenzbereich höhere Anteile auf. Hierdurch ist es möglich, die deutlich steileren Lastübergänge in beiden Verläufen sowie den abschnittsweise nahezu horizontalen Verlauf für die Modellrechnung nach RIERA darzustellen.

8.1.2 Versuch K23 (v = 215 m/s)

In Versuch K23 wurde der Aufprall eines Projektils ohne Tankfüllung mit einer Aufprallgeschwindigkeit von 215 m/s untersucht. Das Projektil entsprach der Geometrievariante K4. Dies wird im numerischen Modell berücksichtigt. Die Modellierung des ersten Versteifungsringes erfolgt kontinuierlich und die Wandstärken der Elemente im Übergangsbereich zwischen den beiden Projektilteilen werden angepasst. Eine Anpassung der Eingabedaten für das RIERA-Modell ist nicht erforderlich, da dieses im Übergangsbereich bereits die Gesamtwandstärke berücksichtigt.

Im Versuch wurde die Halbkugel an der Projektilspitze bereits beim Passieren der Glasstabschaltung eingedrückt. Diese Vorverformung wird sowohl in der numerischen Simulation als auch im RIERA-Modell vernachlässigt. Der geringe Einfluss der Vorverformung kann im Vergleich der Ergebnisse durch eine Korrektur des Aufprallbeginns der numerischen und analytischen Berechnung berücksichtigt werden.

Vergleichende Einzelaufnahmen des Aufpralls aus Versuch und Numerik zeigt Abbildung 8.6. Die numerische Zeit t* ist hierbei um 0,14 ms korrigiert. Der kontinuierliche Aufprall des Projektils wird gut von der numerischen Simulation abgebildet. Neben den Aufprallzeitpunkten charakteristischer Elemente wie den Teflonringen (b + d) stimmt auch das Versagen der Fehlstelle (b + c) mit dem Versuch überein. Lediglich am Ende des Aufpralls (e) weist der Versuch eine deutlich höhere Rotation des hinteren Projektilteils und damit einhergehend eine längere Aufpralldauer auf. Dennoch stimmt die Restlänge des hinteren Projektilteils aus dem Versuch gut mit der numerischen Berechnung überein (siehe Abbildung 8.7). Das im Versuch aufgetretene Aufschälen des Zylinders kann durch die Simulation nur ansatzweise abgebildet werden.

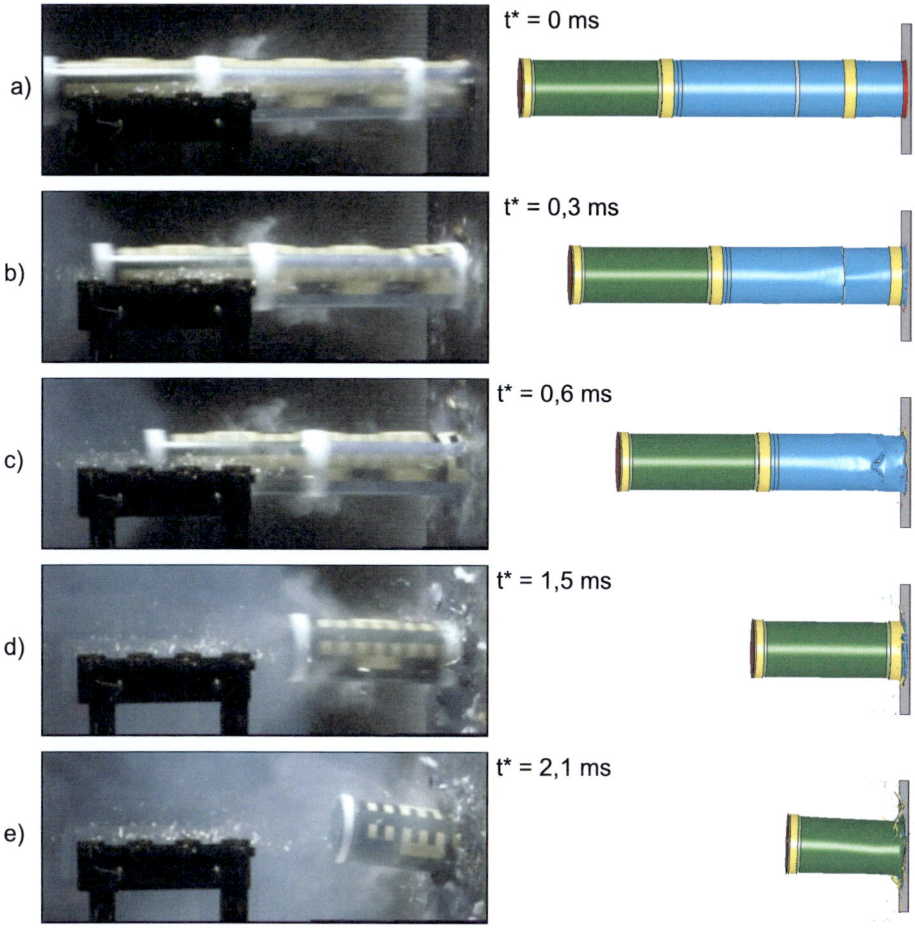

Abbildung 8.6: Vergleich der Einzelbilder aus Versuch und numerischer Berechnung für Versuch K23

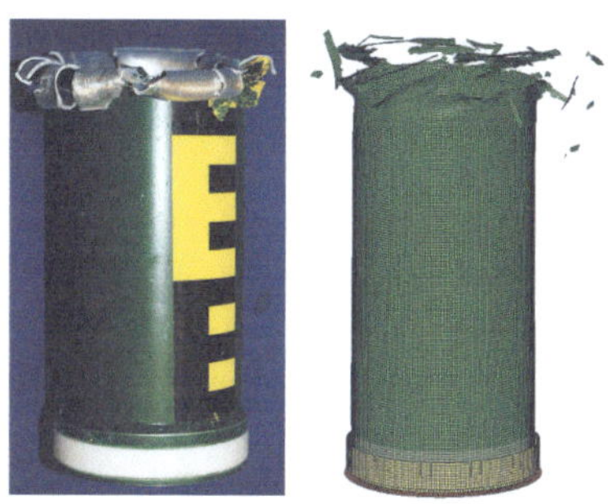

Abbildung 8.7: Vergleich der Reststücke des hinteren Zylinders aus Versuch und numerischer Berechnung für Versuch K23

Ein Vergleich der im Versuch ermittelten Last-Zeit-Funktionen mit der numerischen

Berechnung ist in Abbildung 8.8 dargestellt. Den Vergleich für das RIERA-Modell zeigt Abbildung 8.9. Die berechneten Werte sind jeweils um den zeitlichen Korrekturwert versetzt dargestellt.

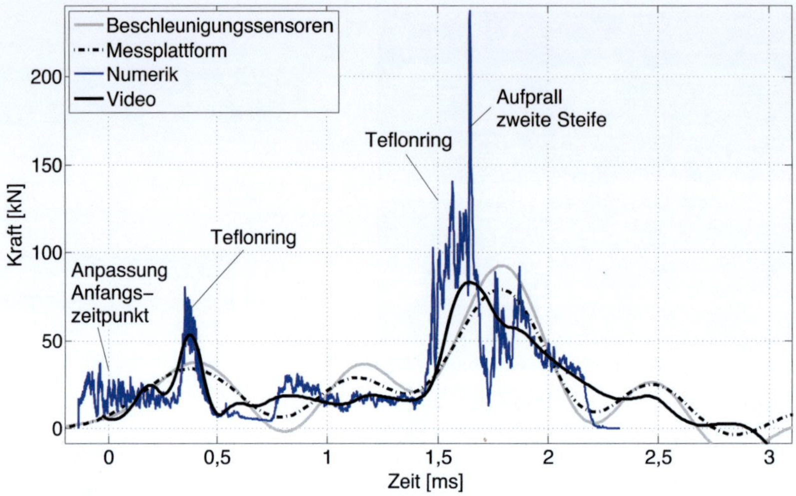

Abbildung 8.8: Vergleich der Last-Zeit-Funktionen aus Versuch K23 und Numerik

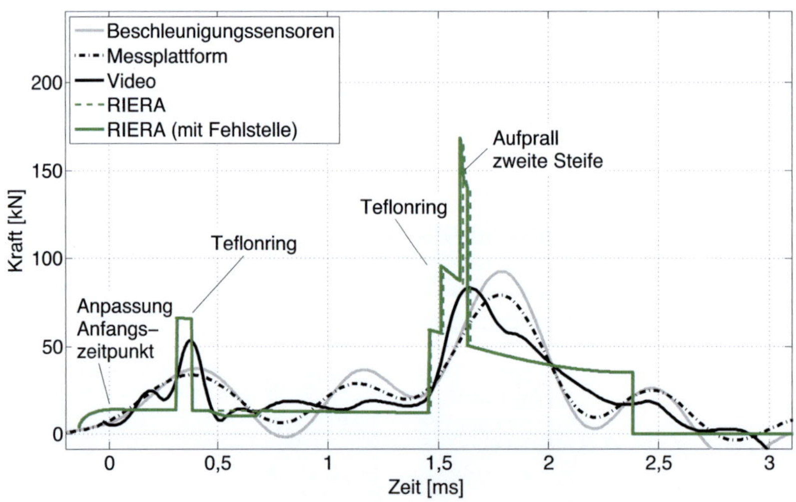

Abbildung 8.9: Vergleich der Last-Zeit-Funktionen aus Versuch K23 und RIERA-Modell

Der Verlauf der Aufprallkraft stimmt für die numerische Lösung und die Videoauswertung für den Aufprall des ersten Teflonrings sehr gut überein (siehe Abbildung 8.8).

Durch die hohe Aufzeichnungsfrequenz von 10.000 Bildern/Sekunde kann der Aufprall in der Videoanalyse gut aufgelöst werden. Die Messdaten können aufgrund der notwendigen Bearbeitung nur einen geglätteten Verlauf abbilden. Das anschließende Abfallen der Last ist in der numerischen Lösung stärker ausgeprägt als in den Versuchsdaten. Nach dem Wiederanstieg der Last beim Aufprall des noch unverformten Projektilteils hinter der Fehlstelle weisen Videoanalyse und Numerik übereinstimmende Lastniveaus auf. Die Messdaten zeigen hier eine deutliche Schwingungsüberlagerung. Beim Aufprall des Übergangsbereichs eilt die numerische Lösung dem steilen Kraftanstieg der Videoauswertung etwas voraus. Der höchste Lastpeak der numerischen Berechnung bei einer Aufpralldauer von 1,6 ms resultiert aus der ruckartigen Abbremsung des zweiten, 2,5 mm starken Versteifungsringes und den dahinter liegenden Projektilteilen. Dieses Aufprallereignis kann von den Messdaten aufgrund der hohen Ereignisfrequenz nicht zeitlich aufgelöst erfasst werden und ist daher „verschmiert" in den Messdaten enthalten. Für die maximalen Kraftwerte ergibt sich beim Vergleich zwischen Numerik und Versuchsergebnissen unter Vernachlässigung des Peakwertes und einer Mittelung der numerischen Ergebnisse eine Abweichung im Bereich von 15 - 35 kN. Für den abfallenden Ast stimmt die numerische Lösung wiederum mit der Videoanalyse überein. Die Simulation weist hier lediglich eine Oszillation der Kraft aufgrund der Faltenbildung auf. Im Versuch ergibt sich aus der Rotation des restlichen Projektilstücks ein längerer Krafteintrag, der von der Simulation nicht abgebildet werden kann, da das numerische Modell nur unter einem geringen Winkel auf die Zielstruktur auftrifft und schneller abgebremst wird.

Für das RIERA-Modell werden die im Versuch ermittelten Aufprallkräfte im Bereich des vorderen Zylinders leicht unterschätzt (siehe Abbildung 8.9). Die berechneten Werte liegen etwas unter den Werten aus der Videoauswertung sowie den mittleren Kraftwerten der Messplattform, stellen aber dennoch eine gute Näherung dar. Im Übergangsbereich der beiden Projektilteile kann der Anstieg der Kraft sehr gut abgebildet werden, tritt verglichen mit den Versuchsergebnissen aber zeitlich etwas früher ein. Dies kann auf die geringere Reduktion der Geschwindigkeit (siehe auch Abbildung 8.10) beim Aufprall des vorderen Projektilteils zurückgeführt werden.

Ähnlich zur numerischen Lösung ergibt sich für das RIERA-Modell der maximale Kraftpeak beim Aufprall der zweiten Steife. Der nachfolgende Kraftverlauf unterschätzt die im Versuch ermittelten Werte zunächst deutlich, verbleibt aber länger auf einem hohen Kraftniveau. Dieser anhaltende Eintrag der Kraft führt zu einer um ca. 3 cm höheren Deformationslänge des hinteren Projektilabschnittes. Das RIERA-Modell berücksichtigt in diesem Bereich die Berstlast auf Basis des symmetrischen Faltens. Das auftretende Versagensbild zeigt aber ein Aufschälen des Zylinders. Die zum Aufschälen notwendige mittlere Kraft kann für große Deformationslängen berechnet werden [73, 41]. Versuchsergebnisse zeigen aber eine bis zu dreifache Überhöhung dieses Kraftniveaus im Initialisierungsbereich. Da die Deformationslänge infolge Aufschälens sehr gering ist, wird dieser Bereich maßgebend und eine Abschätzung der Kraft ist nicht möglich.

Die aus dem Versagen durch Aufschälen resultierende Unterschätzung der tatsächlichen Berstlast zeigt sich auch in der Reduktion der Geschwindigkeit beim Aufprall des hinteren Projektilteils. Im Versuch und in der numerischen Berechnung sinkt die Geschwindigkeit schneller ab als in der analytischen Berechnung mit dem RIERA-Modell. Der Aufprall des Projektils kann somit bis zum Erreichen der Steife gut durch das RIERA-Modell abgebildet werden. Der für den hinteren Projektilteil ermittelte Kraftverlauf stellt trotz des abweichenden Versagensverhaltens eine Näherung des tatsächlichen Verlaufs dar.

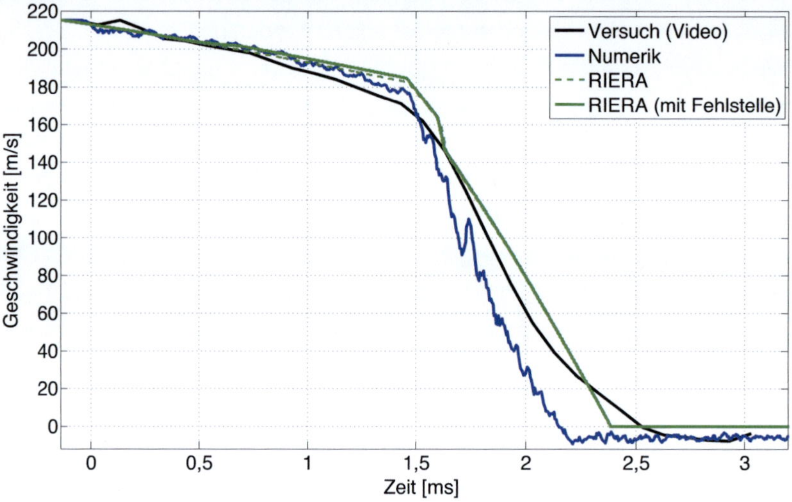

Abbildung 8.10: Vergleich der Geschwindigkeitsverläufe für Versuch K23

8.2 Projektil mit vollgefülltem Tank

Für die Projektile mit vollgefülltem Tank erfolgt der Vergleich von Versuch, numerischer Berechnung und RIERA-Modell auf Basis von Versuch K18. Im Versuch konnte ein frühzeitiges Versagen des Projektils an der Umspannstelle der Bearbeitung beobachtet werden, dies wird im numerischen Modell durch die Reduktion der Wandstärke im Bereich der Fehlstelle berücksichtigt. Weiterhin wurde der erste Teflonring während der Beschleunigungsphase auf den zweiten Teflonring aufgeschoben. Dies ist im numerischen Modell (siehe auch Abbildung 8.11) sowie in der Massenverteilung für das RIERA-Modell berücksichtigt. In der Simulation wird die Versagensspannung der Klebeverbindung für den verschobenen Teflonring auf 5 N/mm² reduziert.

Die Berücksichtigung des Wassers erfolgt in der numerischen Simulation durch die

ALE-Umgebung. Alle ALE-Elemente innerhalb des Tanks sind in der Ausgangssituation als Wasser und im verbleibenden Bereich als Vakuum definiert.

Für das RIERA-Modell erfolgt die Modellierung des Wassers durch eine Erhöhung der Massenverteilung über die Länge des eingebauten Tanks. Die Bestimmung der Berstlast basiert ausschließlich auf der Geometrie des umgebenden Projektils. Die Anfangsgeschwindigkeit beträgt 161 m/s.

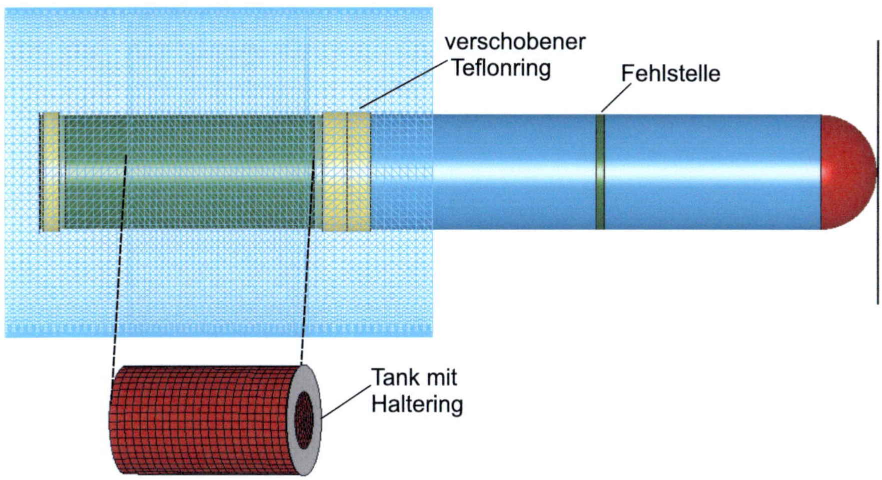

Abbildung 8.11: Numerisches Modell für Projektil mit vollgefülltem Tank

In Abbildung 8.12 sind Einzelbilder aus dem Experiment der numerischen Simulation gegenübergestellt. Das Versagen der Halbkugel (a), das frühzeitige Versagen des Projektils an der Umspannstelle der Bearbeitung (b) sowie der nachfolgende Aufprall des zylindrischen Bereichs mit dem sichtbaren Auseinandergleiten der beiden Teflonringe in der Mitte des Projektils (c) können in der numerischen Lösung abgebildet werden. Das Abknicken des noch verbleibenden Zylinderstücks (d) wird in der numerischen Berechnung nicht erfasst. Dies führt im weiteren Verlauf des Aufpralls dazu, dass der Übergangsbereich der beiden Projektilteile in der numerischen Lösung mit einem zeitlichen Versatz bezogen auf das Experiment auftrifft. Bei t = 2,3 ms (e) ist im Experiment bereits eine Aufweitung des hinteren Zylinders erkennbar, während für die numerische Lösung erst der hintere Versteifungsring aufprallt. Das aufprallende Wasser (f - i) wird im Experiment stark zerstäubt und bewegt sich entgegen der Aufprallrichtung. Dies kann in der numerischen Simulation nicht abgebildet werden. Das modellierte Wasser breitet sich kontinuierlich über der Zielfläche aus.

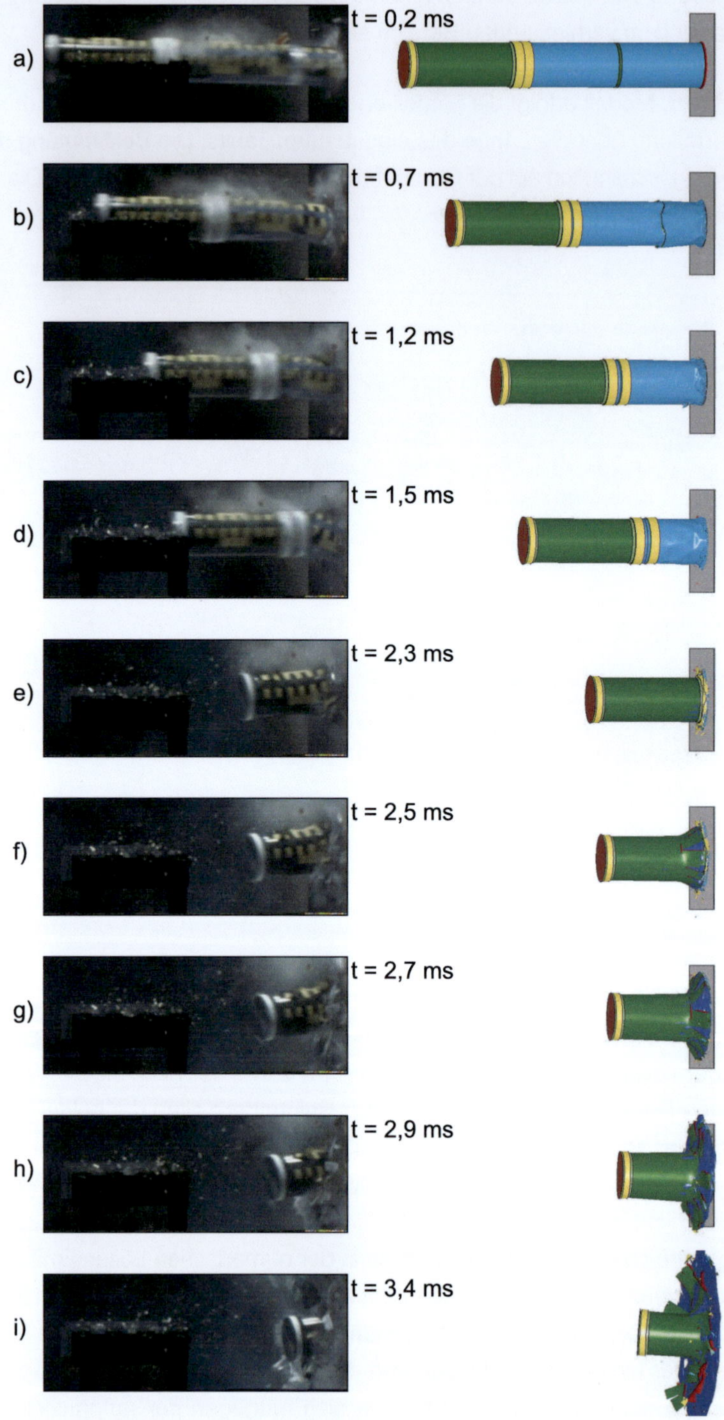

Abbildung 8.12: Vergleich der Einzelbilder aus Versuch und numerischer Berechnung für Versuch K18

Die Reststücke aus dem Experiment sowie der numerischen Simulation sind vergleichend in Abbildung 8.13 für die Halbkugel und den hinteren Projektilteil dargestellt. Die Halbkugel wurde im Versuch zu einem äußeren Ring mit wenigen Faltungen und zwei größeren Bruchstücken deformiert. In der numerischen Simulation wird eines dieser Bruchstücke beim Aufprall des Wassers gelöscht. Die verbleibenden Reststücke spiegeln das Versuchsergebnis wider. Das aufschälende Versagensverhalten des hinteren, steiferen Zylinders kann durch die Simulation ebenfalls abgebildet werden. Die charakteristische Geometrie der Bruchstücke mit den stabförmigen Fortsätzen wird in der numerischen Lösung abgebildet. Die Breite der Bruchstücke ist hierbei meist etwas geringer, die Breite der Fortsätze etwas größer als im Experiment. Die verbleibende Restlänge für den hinteren, steiferen Projektilteil variiert für das Experiment im Bereich 4,2 - 7,3 cm und wird durch die Simulation mit einer Restlänge von 6,4 - 8,4 cm geringfügig überschätzt.

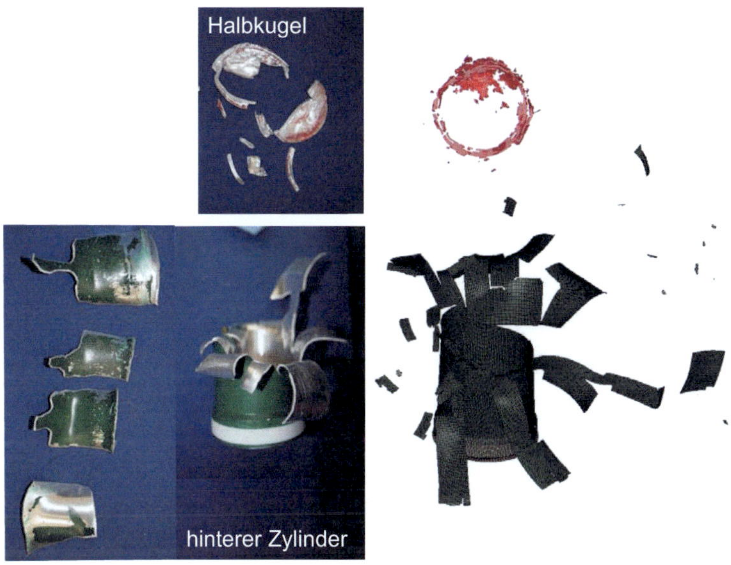

Abbildung 8.13: Vergleich der Fragmente aus Experiment und numerischer Berechnung für Versuch K18

Die Last-Zeit-Funktionen sind für den Versuch, die numerische Simulation sowie die Berechnung nach dem RIERA-Modell in Abbildung 8.14 dargestellt.

Die vergrößerte Darstellung des vorderen Zeitbereichs zeigt die gute Übereinstimmung zwischen Simulation, bearbeiteten Messdaten und analytischem Ansatz bei Berücksichtigung der Fehlstelle (siehe Abbildung 8.14). Die Kraft sinkt jeweils nach dem Aufprall der Halbkugel durch das frühzeitige Versagen der Fehlstelle ab. Die nachfolgende Erhöhung der Aufprallkraft beim Aufprall des unverformten Restzylinders ist für die numerische Lösung etwas höher als im Experiment ermittelt. Das RIERA-Modell kann dies nicht abbilden.

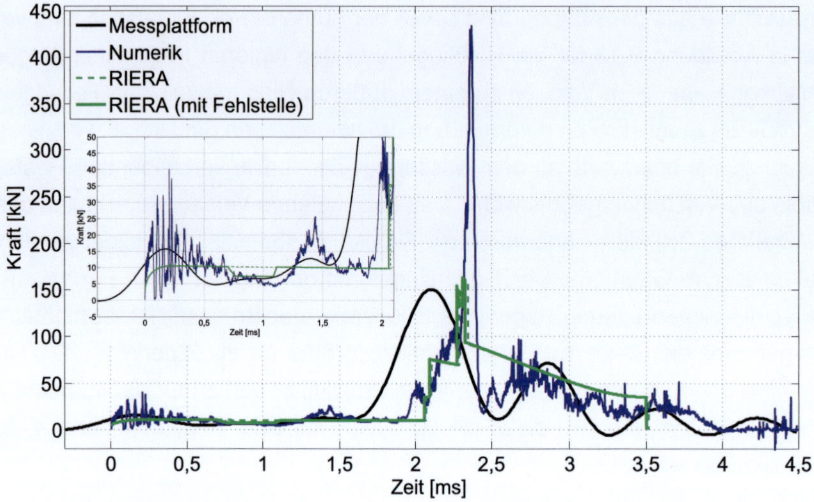

Abbildung 8.14: Vergleich der Last-Zeit-Funktion aus Versuch K18 und numerischer Berechnung

Beim Aufprall des Übergangsbereichs mit der zusätzlichen Tankfüllung steigt die Aufprallkraft im Versuch bis zum Maximalwert von ca. 150 kN an. Für die numerische Simulation sowie das RIERA-Modell erfolgt dieser Anstieg zeitlich versetzt, da wie in Abbildung 8.12 gezeigt, das frühzeitige Versagen des Zylinderbereichs vor dem Übergang nicht abgebildet wird. Der Verlauf des Anstiegs stimmt gut mit den Versuchsergebnissen überein. Die maximale Aufprallkraft wird durch die numerische Simulation aber deutlich überschätzt. Der Kraftpeak bei 2,3 ms geht mit einer starken Abbremsung des Projektils im Bereich der hinteren Steife und des eingebauten Halterings einher und resultiert maßgeblich aus der Geschwindigkeitsreduktion der nachfolgenden Wassersäule. Das numerische Modell reagiert in diesem Bereich steifer als dies im Experiment der Fall war. Im Rahmen einer Bemessung hätte dieser ermittelte kurzzeitige Lastpeak nur einen geringen Einfluss, da dieser von der belasteten Struktur geglättet werden würde. Für das RIERA-Modell resultiert der maximale Lastpeak aus dem Aufprall des Halterings. Ein Kraftstoß aufgrund der aufprallenden Wassersäule kann nicht erfasst werden, da die Wassermasse an das umliegende Projektil gekoppelt ist. Dies zeigt sich auch im Vergleich der Geschwindigkeiten des Projektilhecks in Abbildung 8.15.

Während für den Versuch und die numerische Lösung die Geschwindigkeit nach Aufprall des Übergangsbereichs deutlich reduziert wird, sinkt die Geschwindigkeit für das RIERA-Modell nur langsam ab. Die Wassermasse wird im RIERA-Modell kontinuierlich berücksichtigt und resultiert daher in einer reduzierten Abbremsung der höheren Restmasse aufgrund der Berstlast des Projektils. Das Aufplatzen des Projektils kann durch das eindimensionale Modell ebenfalls nicht berücksichtigt werden. Für den abfallenden Ast der Last-Zeit-Funktion stellt sich für das RIERA-Modell ein höheres Kraftniveau ein als für Versuch und Numerik. Die numerische Lösung nähert den Mittelwert der trotz Bearbeitung der Daten oszillierenden Messwerte gut an.

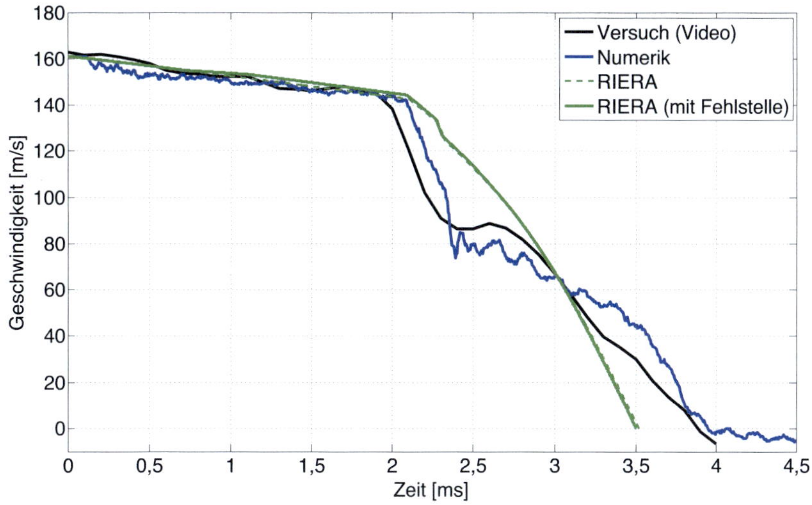

Abbildung 8.15: Vergleich der Geschwindigkeiten des Projektilhecks für Versuch K18

Trotz einiger Abweichungen im Verlauf der Last-Zeit-Funktionen zeigt der Vergleich des übertragenen Impulses in Abbildung 8.16 die gute Übereinstimmung der Ergebnisse.

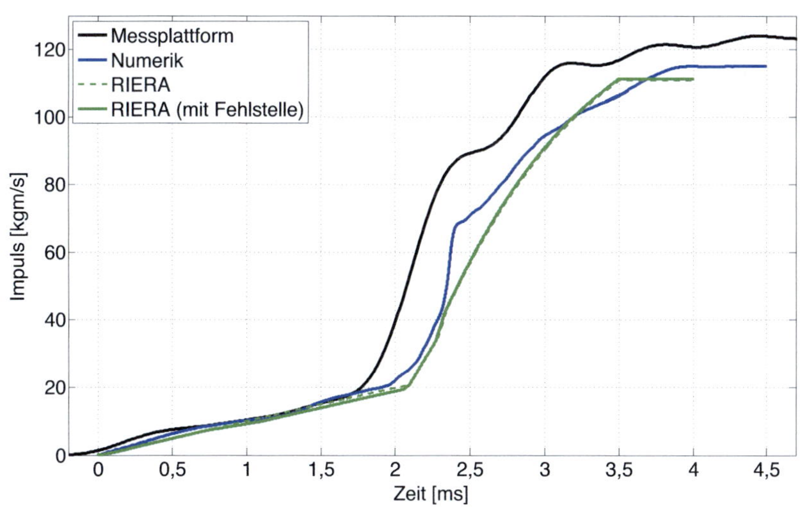

Abbildung 8.16: Vergleich des übertragenen Impulses aus Experiment und numerischer Berechnung für Versuch K18

Erst beim zeitlich versetzten Aufprall der Übergangsstelle unterscheiden sich die Verläufe deutlich. Der Impulsanstieg für die numerische Lösung erfolgt aufgrund des kurzzeitigen Lastpeaks etwas steiler als im Experiment. Das RIERA-Modell zeigt einen flacheren Anstieg des Impulses. Für den übertragenen Gesamtimpuls ergibt sich für die numerische Lösung sowie das RIERA-Modell eine Abweichung weniger als 10 %. Ursache für diese Abweichung könnte beim numerischen Modell das Zerstäuben des Wassers während des Aufpralls sein, das in der numerischen Lösung nicht abgebildet wird, da keine Wasserelemente abgetrennt werden können. Folglich kann durch das Wasser nur der plastische Impuls übertragen werden und zusätzliche Impulsanteile aufgrund des Rückpralls der Wasserelemente werden nicht berücksichtigt. Das RIERA-Modell kann prinzipbedingt nur die plastischen Impulsanteile erfassen.

8.3 Projektil mit halbgefülltem Tank

Zum Vergleich des Aufpralls eines Projektils mit halbgefülltem Tank wird Versuch K14 herangezogen. Der Vergleich wird auf die numerische Simulation beschränkt, da das Wasser im Tank sich während der Beschleunigungsphase in den hinteren Teil des Tanks verschiebt und sich in der folgenden Flugphase zunächst unabhängig vom umgebenden Projektil bewegt. Erst beim Aufprall auf den Deckel des Tanks treten Wasserfüllung und Projektil in Interaktion. Dieses Verhalten kann mit dem RIERA-Modell nicht direkt abgebildet werden. Auf eine Näherungslösung wird aufgrund der notwendigen Annahmen und des Versagens des Projektils durch Aufplatzen verzichtet.

Da die tatsächliche Wasserlage innerhalb des Tanks nach der Beschleunigungsphase aufgrund möglicher Schwappeffekte nicht bekannt ist, werden zwei einfache geometrische Ausgangslagen untersucht. In der 'Variante eben' wird das Wasser in der Ausgangssituation als ebener Zylinder in der hinteren Tankhälfte modelliert, in der 'Variante angeschrägt' wird der Wasserzylinder im vorderen Bereich angeschnitten. Beide Varianten sind in Abbildung 8.17 neben der Ausgangsgeometrie des Projektils, das wiederum die Fehlstelle berücksichtigt, dargestellt. Die anfängliche Aufprallgeschwindigkeit beträgt 156 m/s.

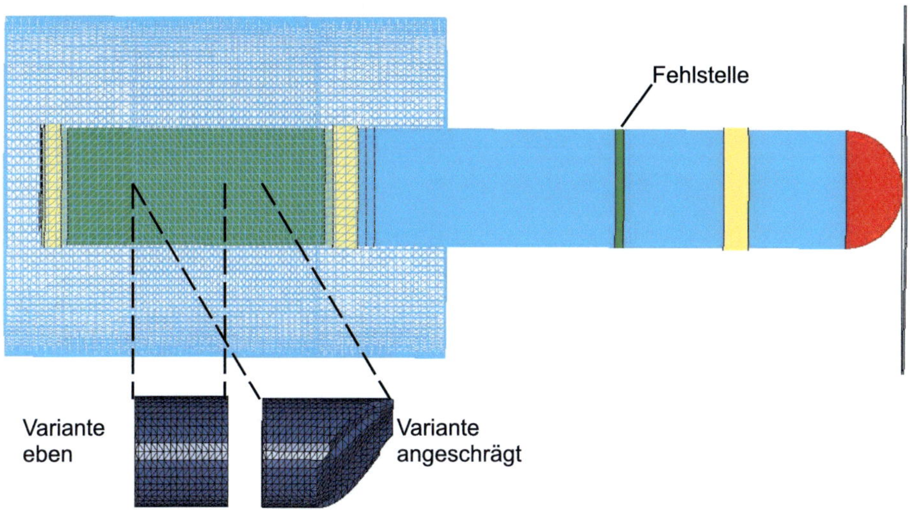

Abbildung 8.17: Numerische Modelle für Projektil mit halbgefülltem Tank

Der Vergleich des simulierten Aufpralls mit den Versuchsergebnissen erfolgt für das Modell der 'Variante angeschrägt' und ist in Abbildung 8.18 dargestellt. Der Aufprall des ersten Teflonrings bei 0,65 ms (a) stimmt für Versuch und numerische Lösung überein. Das Versagen an der Umspannstelle (b) kann ebenfalls durch die Numerik abgebildet werden, im Versuch tritt aber eine höhere Rotation des verbleibenden Stückes zwischen Zielstruktur und Fehlstelle auf. Der nachfolgende Aufprall des zylindrischen Teils erfolgt im Versuch etwas schneller als in der numerischen Simulation, so dass bei 2,15 ms (c) der zweite Teflonring bereits aufprallt, während dieser in der Simulation noch deutlich von der Zielstruktur entfernt ist. Das großflächige Aufreißen des hinteren Zylinders (d + e) kann auch durch die Simulation dargestellt werden. Das abgetrennte Bruchstück ist aber kleiner als im Versuch. Die Zerstäubung des Wassers kann durch die ALE-Elemente nicht dargestellt werden. Die im Versuch ersichtliche Rotation des Restprojektils stellt sich für die Simulation in der Bildebene ein.

Ein Vergleich der Reststücke für den hinteren Projektilteil ist für beide Varianten des numerischen Modells in Abbildung 8.19 gegeben. Es zeigt sich, dass für die 'Variante eben' ein aufschälendes Versagen des steiferen Zylinders eintritt, ähnlich wie dies für den vollgefüllten Tank ermittelt wurde. Die 'Variante angeschrägt' zeigt hingegen ein Versagen durch Aufreißen und weist größere Bruchstücke auf. Die Bruchstücke haben eine Höhe von 3,7 cm und sind damit kleiner als die im Versuch ermittelten Bruchstücke. Diese weisen für die kleineren Fragmente eine Höhe von ca. 4 cm und für das große Bruchstück eine Höhe von 7,8 cm auf. Folglich ergibt sich in der numerischen Simulation bei der 'Variante angeschrägt' eine Restlänge von 12,9 - 14,5 cm, während die Restlänge im Versuch 8,5 - 12,5 cm beträgt.

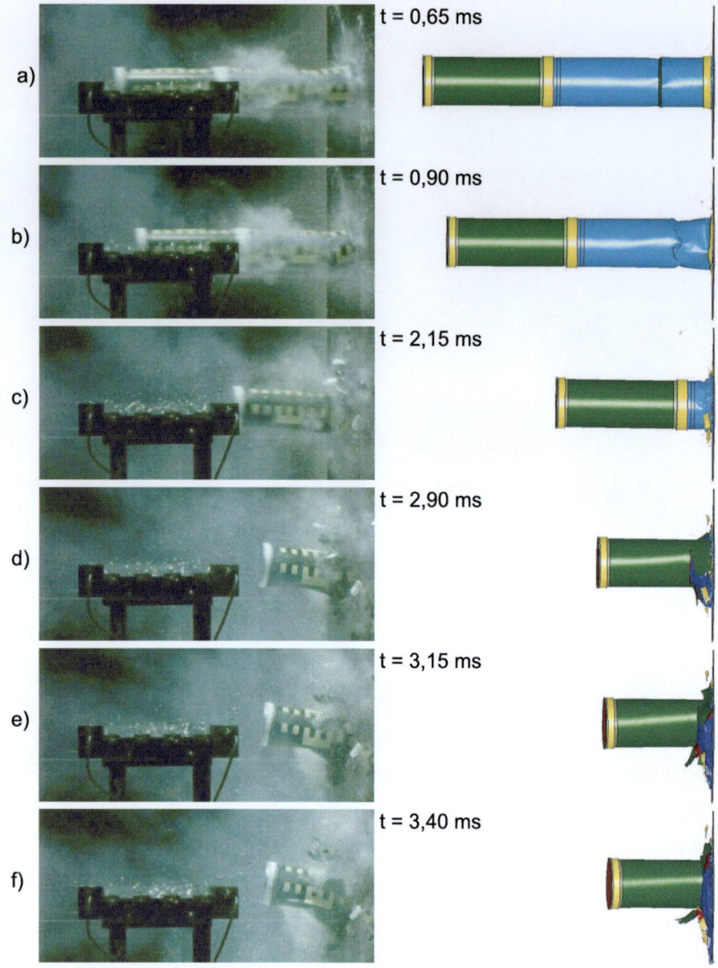

Abbildung 8.18: Vergleich der Einzelbilder aus Versuch und numerischer Berechnung für Versuch K14

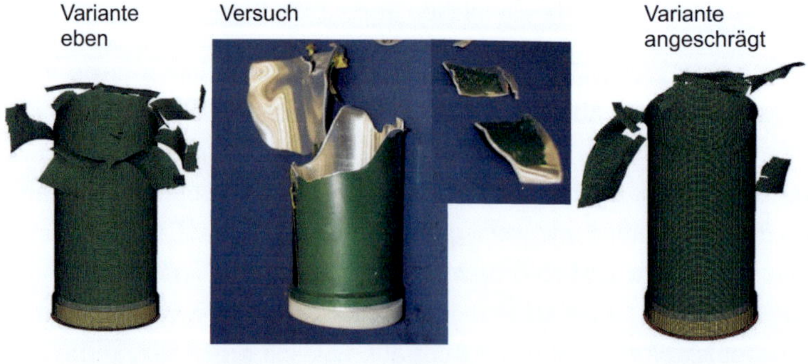

Abbildung 8.19: Vergleich der Reststücke des hinteren Projektilteils aus Versuch und numerischer Berechnung für Versuch K14

Trotz des unterschiedlichen Versagensverhaltens für den hinteren Projektilteil unterscheiden sich die ermittelten Last-Zeit-Funktionen für die beiden numerischen Varianten nur geringfügig. Abbildung 8.20 zeigt die gute Übereinstimmung der numerischen Lösungen mit den Versuchsergebnissen für den vorderen Projektilteil. Der aus dem Aufprall des Teflonrings resultierende Peak kann aufgrund der Glättung der Messdaten von diesen nicht dargestellt werden. Der Anstieg der Kraft bis zum Maximalwert erfolgt für die numerische Lösung verzögert, da die Übergangsstelle, wie in Abbildung 8.18 bereits dargestellt, zeitlich versetzt auf die Zielstruktur auftrifft.

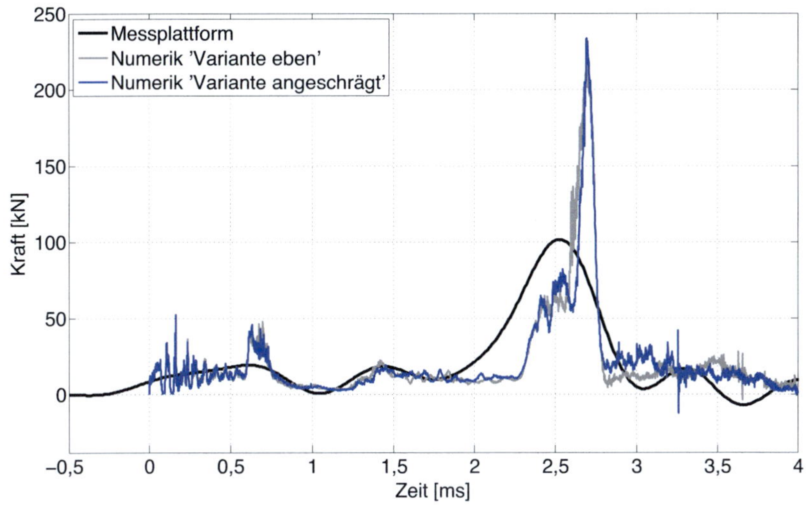

Abbildung 8.20: Last-Zeit-Funktionen aus Versuch K14 und numerischer Berechnung

Ähnlich zur Modellierung des vollgefüllten Tanks stellt sich für die numerische Lösung ein Kraftpeak ein, der das Versuchsergebnis deutlich überschreitet. Dieser resultiert wiederum aus der deutlichen Abbremsung der Wassersäule. Im abfallenden Ast der Funktion liegen die numerisch ermittelten Kraftniveaus über den Versuchsergebnissen. Die Aufpralldauer von ca. 3,75 ms wird durch die numerische Berechnung mit ca. 4 ms etwas überschätzt. Dennoch kann der Projektilaufprall durch die Simulation angenähert werden. Dies zeigt sich auch im übertragenen Impuls (siehe Abbildung 8.21). Das Versuchsergebnis wird durch die numerische Lösung lediglich um ca. 10 % unterschätzt.

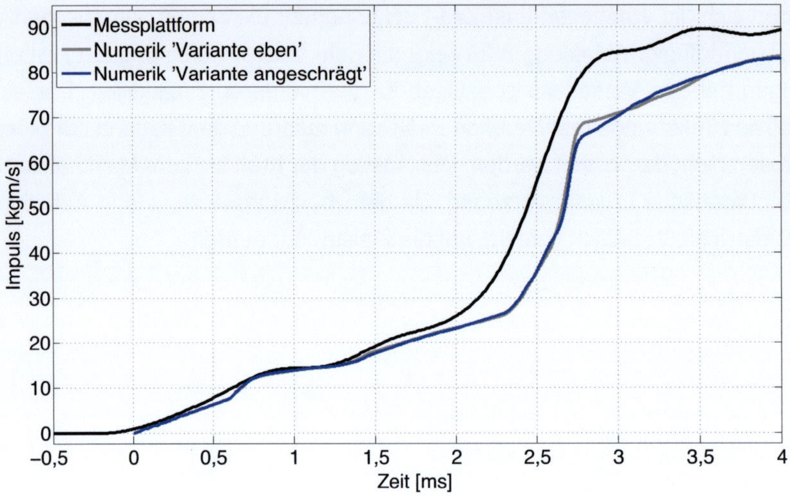

Abbildung 8.21: Vergleich des Impulses aus Versuch K14 und numerischer Berechnung

8.4 Zusammenfassung und Schlussfolgerungen

Der Vergleich der Ergebnisse zeigt, dass für die Projektile ohne Tankfüllung eine sehr gute Übereinstimmung der verbleibenden Reststücke aus der numerischen Simulation mit den Versuchsergebnissen erzielt werden kann. Die numerisch ermittelten Last-Zeit-Funktionen bilden die Versuchsergebnisse sehr gut ab. Kurzzeitige Aufprallereignisse, wie beispielsweise der Aufprall der Teflonringe, können durch die Simulation abgebildet werden und stimmen in ihrer Amplitude mit den Ergebnissen aus der Videoanalyse überein. Der in den Versuchen ermittelte Abfall der Aufprallkraft aufgrund des frühzeitigen Versagens an der Fehlstelle und das nachfolgende erhöhte Kraftniveau werden sehr gut abgebildet. Geringe Zeitversätze können im Bereich des Übergangs zwischen den beiden Projektilteilen auftreten, da die numerische Simulation ein kontinuierliches Faltungsversagen für den Bereich zwischen der Fehlstelle und dem Übergang ermittelt, während sich in den Versuchen auch ein zusätzlicher Versagensmechanismus, beispielsweise durch Beulen oder großflächigeres Versagen, einstellt. Diese durch Imperfektionen und Asymmetrien hervorgerufenen Versagensmechanismen können vom numerischen Modell, das vom Idealzustand ausgeht, nicht erfasst werden.

Für die Anwendung des RIERA-Modells konnte gezeigt werden, dass sowohl die experimentellen als auch die numerischen Ergebnisse für Projektile ohne Tankfüllung gut angenähert werden, wenn beim Ansatz der Berstlast das tatsächlich auftretende Versagen beim Aufprall (beispielsweise asymmetrisches Falten für den vorderen Projektilteil) berücksichtigt wird. Abweichungen ergeben sich aufgrund von Versagensmoden, wie beispielsweise die Initialisierungsphase des axialen Aufreißens, die nicht durch einen analytischen Ansatz erfasst werden können. Überhöhungen der auftretenden Lastpeaks stellen sich im Bereich der hinteren Steife ein, da die Berstlast durch die erhöhte Wandstärke sehr große Werte annimmt. Die Nachgiebigkeit der nachfolgenden Struktur und damit ein weicheres Gesamtverhalten wird im Modell-Ansatz nicht berücksichtigt, sollte aber bei der Beurteilung der Ergebnisse nicht außer Acht gelassen werden. Eine Annäherung des absinkenden Lastniveaus aufgrund des frühzeitigen Versagens der Umspannstelle der Bearbeitung konnte durch die Reduktion der Berstlast im Bereich zwischen dem Teflonring und der Fehlstelle auf Basis der Videodaten angenähert werden. Die Erhöhung der Kraft beim Aufprall des noch unverformten Projektils hinter der Fehlstelle kann durch das verwendete Modell nicht abgebildet werden. Eine Abschätzung der Last-Zeit-Funktion ist für Projektile ohne Tankfüllung, auch bei leicht verändertem Versagensverhalten, sehr gut möglich.

Der Einfluss der Tankfüllung kann in der numerischen Simulation durch die gewählte Methode mit ALE-Elementen in einem Multi-Material-Netz ausreichend genau erfasst werden. Das durch das Ausbreiten des Wassers ausgelöste Aufschälen des hinteren Projektilteils wird für den vollgefüllten Tank von der numerischen Lösung abgebildet. Die charakteristische Geometrie der Bruchstücke wird mit geringen Abmessungsabweichungen erfasst. Für den halbgefüllten Tank stellt sich das großflächige Aufreißen des hinteren Projektilteils in der Simulation nur bei Annahme einer in der Ausgangssituation angeschrägten Wasserlage ein. Das resultierende Bruchstück ist deutlich kleiner als im Versuch. Das Zerstäuben des Wassers beim Aufprall kann durch die ALE-Modellierung nicht erfasst werden, da die Elemente sich nicht voneinander lösen können. Für die numerische Simulation breitet sich das Wasser daher kontinuierlich über dem Zielkörper aus. Dennoch können die in den Versuchen ermittelten Last-Zeit-Funktionen gut angenähert werden. Es stellt sich lediglich beim Aufprall der Wassersäule aufgrund der auftretenden starken Abbremsung ein Last-Peak ein, der die ermittelten Aufprallkräfte deutlich übersteigt. Das numerische Modell reagiert in diesem Bereich steifer als dies in den Versuchen der Fall war. Die Anwendung der SPH (Smooth Particle Hydrodynamics) Methode sollte hier für weitere Untersuchungen als alternative Modellierungsmethode in Betracht gezogen werden. Trotz der auftretenden Abweichungen in der Simulation werden die übertragenen Gesamtimpulse für beide Füllgrade maximal um 10 % unterschätzt.

Im RIERA-Modell führt die additive Berücksichtigung der Wasserfüllung in der Massenverteilung des Projektils mit vollgefülltem Tank zu einer Unterschätzung der Geschwindigkeitsreduktion der Wassermasse, da diese kontinuierlich mit dem umliegenden Projektil abgebremst wird. Für das Restprojektil ergibt sich weiterhin eine größere Restmasse, die wiederum die Abbremsung des Projektils verfälscht. Das aufschälende Versagen des Zylinders durch das ausströmende Wasser kann durch das RIERA-Modell nicht erfasst werden. Mit den getroffenen Annahmen einer kontinuierlichen

Massenverteilung und eines Faltungsversagens für das Projektil ergibt sich daher (bei Berücksichtigung des Zeitversatzes für die experimentellen Ergebnisse) eine sehr gute Übereinstimmung der Last-Zeit-Funktionen für den Bereich bis zum Aufprall des Tanks. Nachfolgend überschätzt das Modell die eingetragene Last. Dies resultiert zusätzlich in einer verkürzten Aufpralldauer. Eine Modellierung des Projektilaufpralls mit halbgefülltem Tank ist nicht möglich, da die Bewegung des Wassers innerhalb des Tankes und die auftretenden Schwappeffekte nicht berücksichtigt werden können.

Mit der vergleichenden Betrachtung der Ergebnisse aus Versuch und Numerik konnte das vorgestellte numerische Modell für Projektile mit und ohne Tankfüllung verifiziert werden. Das Modell kann daher als Grundlage für weitere eventuell größerskalige Untersuchungen verwendet werden.

Weiterhin zeigt der dargestellte Vergleich der Ergebnisse, dass mit dem einfach anwendbaren RIERA-Modell bei Berücksichtigung des auftretenden Versagensmechanismus eine gute Abschätzung des zu erwartenden Last-Zeit-Verlaufs möglich ist. Bei der Beurteilung der Kraftverläufe müssen die Einflüsse von Steifigkeitserhöhungen geringer Ausdehnung und mögliche Abweichungen im Versagensverhalten berücksichtigt werden.

9 Zusammenfassung und Ausblick

Motiviert durch Fragestellungen, die sich aus den Anschlägen auf das World Trade Center und das Pentagon im Jahr 2001 bezüglich der Einwirkungen durch den Anprall eines großen Passagierflugzeuges ergeben haben, untersucht die vorliegende Arbeit den Aufprall von teilweise flüssigkeitsgefüllten Stoßkörpern. Der Schwerpunkt liegt dabei in der Bestimmung der Last-Zeit-Funktion.

Die Geometrie der verwendeten Stoßkörper (Projektile) ist vom Rumpf eines großen Passagierflugzeugs abgeleitet und weist zwei unterschiedliche Steifigkeitsbereiche auf. Im vorderen Bereich des zylindrischen Projektils mit einem Außendurchmesser von 70 mm wird eine Wandstärke von 0,3 mm realisiert, im hinteren Teil des Projektils eine Wandstärke von 1,2 mm. Die Berücksichtigung des Treibstoffs erfolgt durch die Integration eines Wassertanks mit unterschiedlichen Füllgraden im hinteren Teil des Projektils.

Die Projektile sind aus Aluminium A2024 gefertigt, wie es in der Flugzeugindustrie eingesetzt wird. Die Projektile werden mit einer Druckluftkanone auf die gewünschte Aufprallgeschwindigkeit von vornehmlich ca. 165 m/s beschleunigt. Zur Zentrierung im Beschleunigungsrohr und zur Verringerung der Reibung weist das Projektil drei Teflonringe entlang der Längsachse auf.

Als Zielstruktur wurde ein schweres Massependel eingesetzt. Diese bei derartigen Versuchen erstmalig eingesetzte Versuchsanordnung erlaubt die Bestimmung der Aufprallkraft über eine auf dem Pendel montierte Kraftmessplattform sowie über den Newtonschen Ansatz auf Basis der Beschleunigungen des Pendelkörpers. Zusätzlich kann der übertragene Gesamtimpuls aus messbaren Geometriegrößen des Zielkörpers abgeleitet werden. Hochgeschwindigkeitsaufnahmen ermöglichen die Beurteilung des Aufpralls und werden über eine Impulsbetrachtung als zusätzliches unabhängiges Messsystem zur Bestimmung der Aufprallkraft eingesetzt.

Die aus der Messplattform und den Beschleunigungsdaten ermittelten Last-Zeit-Verläufe sind von Eigenschwingungen des Systems überlagert und werden durch Tiefpassfilterung mit anschließender Glättung der Daten so bearbeitet, dass die Ergebnisse mit dem Aufprall auf eine steife, schwingungsfreie Struktur vergleichbar sind. Hochfrequente Anteile im Kraftverlauf, die aus kurzzeitigen Aufprallereignissen resultieren, können durch diesen Ansatz nicht erfasst werden und sind verschmiert im ermittelten Signal enthalten. Die ermittelten Kraftverläufe werden durch die Auswertung der Videoaufzeichnung bestätigt. Mit dieser können bei einer Aufzeichnungsfrequenz von 10.000 Bildern/Sekunde auch kurzzeitige Aufprallereignisse gut aufgelöst werden.

Die Versuchsbasis umfasst 14 Aufprallversuche. Von diesen untersuchen drei den Aufprall bei Verwendung eines halbgefüllten Tanks, zwei den Aufprall bei vollgefülltem

Tank und die verbleibenden Versuche weisen keine Tankfüllung auf. Beim Aufprall des vorderen Projektilteils stellt sich ein asymmetrisch faltendes Versagen des Projektils ein. Für den hinteren steiferen Projektilteil variiert das Versagen in Abhängigkeit der Aufprallgeschwindigkeit und des Füllgrades des Tanks. Hier stellt sich ein Falten, Aufschälen oder Aufplatzen des zylindrischen Projektilkörpers beim Aufprall ein. Für die ermittelten Last-Zeit-Funktionen konnte in den einzelnen Versuchsreihen eine gute Übereinstimmung der einzelnen Versuche erzielt werden, so dass eine zuverlässige Datenbasis zur Validierung von numerischen Simulationsergebnissen sowie Berechnungsansätzen vorliegt. Die Versuchsergebnisse ermöglichen die Bestimmung der Lastniveaus beim Aufprall der einzelnen charakteristischen Projektilbereiche und zeigen hierbei den Einfluss unterschiedlicher Tankfüllungen sowie Aufprallgeschwindigkeiten auf die Last-Zeit-Funktion auf.

Die Aufprallversuche werden durch ein explizites numerisches Simulationsmodell abgebildet. Die Umsetzung eines geometrischen Vollmodells erlaubt die Abbildung des beobachteten Projektilversagens. Im Modell werden alle Einzelteile des Projektils sowie deren lösliche Verbindung berücksichtigt. Weiterhin wird eine Schwachstelle in der Geometrie des Projektils (reduzierte Wandstärke), die aus dem Herstellungsprozess resultiert, abgebildet. Das Materialverhalten des Aluminiums wird mit dem Verformungs- und Versagensmodell nach JOHNSON-COOK, dessen Parameter an Materialversuche des verwendeten Aluminiums angepasst werden, modelliert. Die Reibung zwischen den einzelnen Elementen muss berücksichtigt werden, um ein realistisches Bruchbild zu erhalten.

Für Projektile ohne Tankfüllung ergibt sich eine sehr gute Übereinstimmung der Restgeometrien sowie der ermittelten Last-Zeit-Funktionen mit den Versuchsergebnissen. Das asymmetrische Faltungsversagen des vorderen Projektilteils kann durch die numerische Simulation erfasst werden. Auch kurzzeitige Aufprallereignisse, wie beispielsweise der Aufprall der Teflonringe, können abgebildet werden.

Der Aufprall von Projektilen mit integriertem Tank kann durch die Verwendung von ALE-Elementen simuliert werden. Durch die Verwendung von Multi-Material-Netz-Definitionen kann das Wasser sich beim Aufprall im umliegenden Raum ausbreiten. Das hierbei auftretende Bruchverhalten des Zylinders kann durch die Simulation gut abgebildet werden. Abweichungen zu den experimentellen Ergebnissen ergeben sich bei den Abmessungen der Bruchstücke. Die Last-Zeit-Funktionen spiegeln die Versuchsergebnisse wider, weisen aber einen deutlichen Kraftpeak auf. Dieser ist auf die starke Abbremsung der Wassersäule in der Simulation zurückzuführen, die in den experimentellen Untersuchungen nicht beobachtet werden konnte.

Die Abweichungen des übertragenen Gesamtimpulses sind für alle numerischen Ergebnisse kleiner 10 %. Es steht somit ein an den Versuchen validiertes numerisches Modell zur Verfügung, das als Basis für weitere größerskalige bzw. detailliertere Simulationen verwendet werden kann.

Eine einfache aber gute Abschätzung der Aufprallkraft kann durch die Verwendung des analytischen RIERA-Modells, das auf der Übertragung des Impulses basiert, erfolgen. Die ermittelte Aufprallkraft setzt sich aus einem Berstlastanteil und einem Anteil für die abgebremste Masse am Zielkörper zusammen. Bei Berücksichtigung des beim Aufprall auftretenden Versagensmechanismus des Projektils lässt sich eine gute Übereinstimmung zwischen der analytischen, experimentellen und numerischen Last-Zeit-Funktion für den Aufprall von Projektilen ohne Tankfüllung erzielen. Prinzipbedingt kann das elastische Rückfedern der beim Aufprall nicht deformierten Projektilteile nicht berücksichtigt werden und der übertragbare Impuls ist daher auf den Ausgangsimpuls des beschleunigten Projektils beschränkt. Durch Steifigkeitserhöhungen geringer Ausdehnungen ergeben sich kurzzeitige Lastpeaks, die bei der Beurteilung der Last-Zeit-Funktionen berücksichtigt werden müssen. Für die Berücksichtigung einer Wasserfüllung kann mit dem Riera-Modell eine Näherungslösung erzielt werden.

Mit der vorliegenden Arbeit ist eine Basis für weitere Untersuchungen zum Aufprall deformierbarer Strukturen geschaffen. Weitere experimentelle Arbeiten sollten die durch den zylindrischen Aufbau stark vereinfachte Flugzeuggeometrie an den tatsächlichen Aufbau mit Quer- und Längsspanten sowie einer dünnen Beplankung anpassen. Darüber hinaus sollte der Einfluss nichtstruktureller Massen, die nicht zur Berstlast beitragen, sowie der Tragflächen und lokaler Einzelmassen untersucht und so die reale Flugzeugcharakteristik detaillierter abgebildet werden. Eine weitere Reduktion der Eigenschwingungsanteile des Versuchsaufbaus durch die Verwendung einer steiferen Kraftmesseinrichtung ist hierbei anzustreben. Neben der Untersuchung der Last-Zeit-Funktion bei Annahme eines steifen Zielkörpers sollten auch nachgiebige Strukturen und die damit einhergehenden Durchdringungs- sowie Perforationsvorgänge untersucht werden. Weiterhin sollte der technische Wandel im Flugzeugbau hin zum vermehrten Einsatz von kohlefaserverstärkten Kunststoffen bei weiteren Aufprallexperimenten berücksichtigt werden, um das Berstverhalten dieser Materialien zu erfassen.

Weiterführende numerische Untersuchungen sollten eine alternative Modellierung der Wasserfüllung, beispielsweise durch die Verwendung der SPH-Methode, berücksichtigen, um somit die Ausbreitung des Wassers nach dem Aufprall genauer abbilden zu können. Die numerische Simulation sollte weiterhin eingesetzt werden, um unter Berücksichtigung unterschiedlicher Oberflächen das Aufprall- bzw. Abgleitverhalten der Projektile sowie die Veränderung der Last-Zeit-Funktion bei variierenden Aufprallwinkeln zu untersuchen.

Literaturverzeichnis

[1] *LS-DYNA, Keyword User's Manual, Volume 1, May 2007, Version 971, Livermore Software Technology Corporation (LSTC).*

[2] *LS-DYNA, Theory Manual, March 2006, John O. Hallquist.*

[3] *MATLAB, The Language of Technical Computing, Version 7.8.0.347 (R2009a), The Mathworks.*

[4] *Werkstoff-Leistungsblatt WL 3.1354 Teil 2, Aluminium-Knetlegierung mit etwa 4,4 Cu - 1,5 Mg - 0,6 Mn, Stangen*, Dezember 1987.

[5] *DIN-EN 573-3:2003-10: Chemische Zusammensetzung und Form von Halbzeugen, Teil 3: Chemische Zusammensetzung*, Oktober 2003.

[6] *DIN 50125:2004-01: Prüfung metallischer Werkstoffe - Zugproben*, Januar 2004.

[7] *DIN 25449:2008-02: Bauteile aus Stahl- und Spannbeton in kerntechnischen Anlagen - Sicherheitskonzept, Einwirkungen, Bemessung und Konstruktion*, Februar 2008.

[8] ABBAS, H.; PAUL, D.K.; GODBOLES, P.N.; NAYAK, G.C.: *Soft Missile Impact on Rigid Targets.* International Journal of Impact Engineering, 16(05/06):727–737, 1995.

[9] ABRAMOWICZ, W.: *The Effective Crushing Distance in Axially Compressed Thin-Walled Metal Columns.* International Journal of Impact Engineering, 1:309–317, 1983.

[10] ABRAMOWICZ, W., JONES, N.: *Dynamic Axial Crushing of Circular Tubes.* International Journal of Impact Engineering, 2(3):263–281, 1984.

[11] ABRAMOWICZ, W.; JONES, N.: *Dynamic Progressive Buckling of Circular and Square Tubes.* International Journal of Impact Engineering, 4:243–270, 1986.

[12] ALEXANDER, J.M.: *An Approximate Analysis of the Collapse of Thin Cylindrical Shells Under Axial Loading.* The Quarterly Journal of Mechanics and Applied Mathematics, 13:10–15, 1960.

[13] BACHMANN, P.; GRUNER, P.; KUNTZE, W.: *Bewertung der Ergebnisse der bei SANDIA durchgeführten japanischen Stoßversuche hinsichtlich der Sicherheit von Kernkraftwerken bei Flugzeugabsturz, Teilaufgabe 1: Bewertung von Versuchs- und Analyseergebnissen zur Ermittlung von Belastungsfunktionen infolge von Flugkörperaufprall, Abschlussbericht.* Technischer Bericht, Gesellschaft für Anlagen- und Reaktorsicherheit (GRS) mbH, 1994.

[14] Bahar, L.Y.; Rice, J.S.: *Simplified Derivation of the Reaction-Time History in Aircraft Impact on a Nuclear Power Plant.* Nuclear Engineering and Design, 49:263–268, 1978.

[15] Bathe, K.-J.: *Finite-Elemente-Methoden.* Springer-Verlag, 1986.

[16] Bauer, J; Scharpf, F; Schwarz, R.: *Analysis of Reinforced Concrete Structures Subjected to Aircraft Impact Loading.* In: *Transactions of 7th International Conference on Structural Mechanics in Reactor Technology*, J9/4, Seiten 423–430, 1983.

[17] Belytschko, T.; Wing, K.L.; Moran, B.: *Nonlinear Finite Elements for Continua and Structures.* John Wiley & Sons, 2000.

[18] Benson, D.J.: *An Efficient, Accurate, Simple ALE Method for Nonlinear Finite Element Programs.* Computer Methods in Applied Mechanics and Engineering, 72:305–350, 1989.

[19] Benson, D.J.: *Computational Methods in Lagrangian and Eulerian Hydrocodes.* Computer Methods in Applied Mechanics and Engineering, 99:235–394, 1992.

[20] Bergmann, L.; Schaefer, C.; Dorfmüller, T.; Hering, W.T.; Stierstadt, K.: *Lehrbuch der Experimentalphysik*, Band 1: Mechanik, Relativität, Wärme. de Gruyter, 11. völlig neubearb. Auflage, 1998.

[21] Bignon, P.G.; Riera, J.D.: *Verification of Methods of Analysis for Soft Missile Impact Problems.* Nuclear Engineering and Design, 60:311–326, 1980.

[22] Bill, B.: *Messen mit Kristallen: Grundlagen und Anwendungen der piezoelektrischen Messtechnik.* Verl. Moderne Industrie, 2002. ISBN 3-478-93269-6.

[23] Brandt, K.; Krutzik, N.J.; Zorn, N.F.: *Calculation of Soft Missile Impact Load.* Proceedings of the International Symposium on Intense Dynamic Loading and its Effects, Seiten 339–346, 1986.

[24] Calonius, K.; Hakola, I.; Hostikka S; Kankkunen A.; Lastunen A.; Saarenheimo A.; Silde A.; Tuomala M. http://www.vtt.fi/inf/pdf/tiedotteet/2006/T2363.pdf, Stand: 03.01.2008.

[25] Courant, R.; Friedrichs, K.; Lewy, H. : *Über die partiellen Differenzengleichungen der mathematischen Physik.* Mathematische Annalen, 100:32–74, 1928.

[26] Czichos, H. (Herausgeber): *Hütte: die Grundlagen der Ingenieurwissenschaften.* Springer, 1989.

[27] Drittler, K.; Gruner, P.: *Zur Auslegung kerntechnischer Anlagen gegen Einwirkungen von außen, Teilaspekt: Berechnung von Kraft-Zeit-Verläufen beim Aufprall deformierbarer Flugkörper auf eine starre Wand.* Technischer Bericht IRS-W-14 (April 1975), Institut für Reaktorsicherheit der Technischen Überwachungs-Vereine e.V., 1975.

[28] DRITTLER, K.; GRUNER, P.: *Calculation of the Total Force Acting Upon a Rigid Wall by Projectiles.* Nuclear Engineering and Design, 37:231–244, 1976.

[29] DRITTLER, K.; GRUNER, P., SÜTTERLIN, L.: *Zur Auslegung kerntechnischer Anlagen gegen Einwirkungen von außen, Teilaspekt: Flugzeugabsturz - Zwischenbericht-.* Technischer Bericht IRS-W-7 (Dezember 1973), Institut für Reaktorsicherheit der Technischen Überwachungs-Vereine e.V., 1973.

[30] EIBL, J.; CÜPPERS, H.: *Grenztragfähigkeit von Stahlbetonumschließungen im Kernkraftwerksbau, Teilbericht 3: Splitterschutz.* Technischer Bericht, Universität Karlruhe (TH), Institut für Massivbau und Baustofftechnologie, Abteilung Massivbau, 1993.

[31] EIBL, J.; EBNER, M.: *Dynamic Friction Coefficient Between Steel and Concrete.* Technischer Bericht, Universität Karlsruhe (TH), Institut für Massivbau und Baustofftechnologie, Abteilung Massivbau, 1995.

[32] ELRINGKLINGER KUNSTSTOFFTECHNIK. http://www.elringklinger-kunststoff.de/pages/g_werkst_elring_ptfe.html, Stand 24.04.2009.

[33] FREIMANN, M.; KRUTZIK, N.J.; TROPP, R.; ZORN, N.F.: *Investigation on Reinforced Concrete Slabs Subjected to Impact Loading.* In: *Proceedings of the International Symposium on Intense Dynamic Loading and its Effects*, Seiten 386–392, 1986.

[34] GAPI TECHNISCHE PRODUKTE GMBH: *Werkstoffprüfzeugnis nach DIN 50.049 2.2 für PTFE, virginal, ungefüllt*, vom 21.08.2007.

[35] HECKÖTTER, C.; SIEVERS, J.: *Simulation of an Impact Test with Deformable Missile on a Concrete Wall.* In: *Transactions of 20th International Conference on Structural Mechanics in Reactor Technology*, Division III, Paper 2502, Seiten 1–9, 2009.

[36] HEINE, H.: *Function Behaviour of a Gas-Operated Accelerator for Kinetic Energy Projectiles.* In: *Transactions of 5th International Conference on Structural Mechanics in Reactor Technology*, J8/2, Seiten 1–3, 1979.

[37] HELBERG, P.: *Räumliche und zeitauflösende bildgebende Verfahren der Röntgenblitztechnik.* Fraunhofer Institut für Kurzzeitdynamik, Ernst-Mach-Institut, Freiburg, Heft 11, 2006.

[38] HENKEL, F.-O.; KLEIN, D.: *Variants of Analysis of the Load Case Airplane Crash.* In: *Transactions of 19th International Conference on Structural Mechanics in Reactor Technology*, J03/2, Seiten 1–7, 2007.

[39] HERRMANN, N.; KREUSER, K.; STEMPNIEWSKI, L.: *An Experimental Approach to Determine Load-Functions for the Impact of Fluid-Filled Projectiles.* In: *76th Shock and Vibration Symposium, Destin, FL, USA*, 2005.

[40] HORNYIK, K.: *Analytic Modeling of the Impact of Soft Missiles on Protective Walls.* In: *Transactions of 4th International Conference on Structural Mechanics in Reactor Technology*, J 7/3, Seiten 1–12, 1977.

[41] HUANG, X.; LU, G.; YU, T.X.: *On the axial splitting and curling of circular metal tubes.* International Journal of Mechanical Sciences, 44:2369–2391, 2002.

[42] HUGHES, T.J.R: *The Finite Element Method.* Prentice-Hall International, Inc., 1987.

[43] HYVÄRINEN, J.; HAKOLA, I.; SAARENHEIMO, A.; RUCH, D.; HERRMANN, N.; SCHIMPFKE, T.; SIEVERS, J.: *Structure Mechanics Simulation of Phenomena During High Energetic Impact.* In: *Eurosafe Forum 2007, Berlin*, 2007.

[44] ITOH, M.; KATAYAMA, M. ; RAINSBERGER, R.: *Computer Simulation of an F-4 Phantom Crashing Into a Reinforced Concrete Wall.* In: *Computational ballistics II: Second International Conference on Computation*, Band 40, Seiten 207–217. WIT Press, 2005.

[45] JOHNSON, G.R.; COOK, W.H.: *A Constitutive Model and Data for Metals Subjected to Large Strains, High Strain Rates and High Temperatures.* In: *Proceedings of the 7th International Symposium on Ballistics, The Hague, Netherlands*, Seiten 541–547, 1983.

[46] JOHNSON, G.R.; COOK, W.H.: *Fracture Characteristics of Three Metals Subjected to Various Strains, Strain Rates, Temperatures and Pressures.* Engineering Fracture Mechanics, 21:31–48, 1985.

[47] JOHNSON, G.R.; HOEGFELDT, J.M.; LINDHOLM, U.S.; NAGY, A.: *Response of Various Metals to Large Torsional Strains Over a Large Range of Strain Rates - Part 2: Less Ductile Metals.* Journal of Engineering Materials and Technology, Transactions of the ASME, 105:48–53, 1983.

[48] JONAS, W.; RÜDIGER, E.; RIECH, H.: *III. Technischer Bericht, Stoßlast deformierbarer Projektile.* Hochtief AG Abt. Kerntechnischer Ingenieurbau, 1981.

[49] JONES, N.: *Structural Impact.* Press Syndicate of the University of Cambridge, 1989.

[50] KAR, A.K.: *Impactive Effects of Tornado Missiles and Aircraft.* Journal of the Structural Division, 105(ST11):2243–2260, 1979.

[51] KERN GMBH TECHNISCHE KUNSTSTOFFTECHNIK. http://www.kern-gmbh.de/cgi-bin/riweta.cgi?nr=1601&lng=1, Stand 24.04.2009.

[52] KIENCKE, U.; JÄKEL, H.: *Signale und Systeme.* Oldenbourg Wissenschaftsverlag GmbH, 2. überarb. und erw. Auflage, 2002.

[53] KIRKPATRICK, S.W.; BOCCHIERI, R.T.: *Expansion of the Riera Approach for Predicting Aircraft Impact Damage to Steel and Concrete Buildings, Part 2 - Simplified Analysis Methodology.* In: *Transactions of 20th International Conference on*

Structural Mechanics in Reactor Technology, Division 5-3, Paper 1711, Seiten 11–20, 2009.

[54] KIRKPATRICK, S.W.; BOCCHIERI, R.T.; MACNEILL, R.A.: *Expansion of the Riera Approach for Predicting Aircraft Impact Damage to Steel and Concrete Buildings, Part 1 - Detailed Numerical Impact Simulations.* In: *Transactions of 20th International Conference on Structural Mechanics in Reactor Technology*, Division 5-3, Paper 1711, Seiten 1–10, 2009.

[55] KISTLER INSTRUMENTE AG, CH-Winterthur: *Betriebsanleitung Mehrkomponenten Bausatz Typ 9366BB...*

[56] KREUSER, K.; HERRMANN, N.; STEMPNIEWSKI, L.: *Flugzeugabsturz - Experimentelle Entwicklung von Last-Zeit-Funktionen - Abschlussbericht zum Unterauftrag des BMWi-Vorhabens RS1146 73 3060/02 VA-2240.* Institut für Massivbau und Baustofftechnologie, Universität Karlsruhe (TH), 2003.

[57] KUUTTI, J.; LASTUNEN, A.: *Studies of Medium Scale Non-axisymmetric Missile Impacts.* In: *Transactions of the 20th International Conference on Structural Mechanics in Reactor Technology*, Division 4, Paper 1876, Seiten 1–9, 2009.

[58] LASTUNEN, A.; HAKOLA, I.; JÄRVINEN, E.; CALONIUS, K; HYVÄRINEN, J.: *Impact Test Facility.* In: *Transactions of 19th International Conference on Structural Mechanics in Reactor Technology*, J08/2, Seiten 1–8, 2007.

[59] LAWVER, D.; NIKODYM, L.; TENNANT, D.; LEVINE, H. : *Non-Linear Numerical Modelling of Aircraft Impact.* International Journal of Crashworthiness, 6(4):451–470, 2001.

[60] LESUER, D.R.: *Experimental Investigations of Material Models for Ti-6Al-4V Titanium and 2024-T3 Aluminum.* Technischer Bericht DOT/FAA/AR-00/25, U.S. Department of Transportation, 2000.

[61] LINDHOLM, U.S.; JOHNSON, G.R.: *Strain-Rate Effects in Metals at Large Shear Strains.* In: MESCALL, J.; WEISS, V. (Herausgeber): *Material Behaviour Under High Stress and Ultrahigh Loading Rates, 29th Sagamore Army Materials Research Conference Proceedings*, Band 29, Seiten 61–79. Plenum Press, 1982.

[62] LORENZ, H.: *Aircraft Impact Design.* Power Engineering, November:44–46, 1970.

[63] MUTO, K.; SUGANO, T.; TSUBOTA, H.; KASAI, Y.; KOSHIKA, N.; SUZUKI, M.; OHRUI, S.; VON RIESEMANN, W.A.; BICKEL, D.C.; PARRISH, R.L.: *Full-Scale Aircraft Impact Test for Evaluation of Impact Forces Part 2: Analysis of Results.* In: *Transactions of 10th International Conference on Structural Mechanics in Reactor Technology*, J, Seiten 293–299, 1989.

[64] NACHTSHEIM, W.; STANGENBERG, F.: *Interpretation of Results of Meppen Slab Tests - Comparison with Parametric Investigations.* Nuclear Engineering and Design, 75:283–290, 1982.

[65] NACHTSHEIM, W; STANGENBERG, F; GURSKI, B.: *Ausgewählte Ergebnisse der Meppener Plattenversuche – Gegenüberstellung parametrischer Berechnungen.* Technischer Bericht, Zerna, Schellenbach und Partner Gemeinschaft Beratender Ingenieure GmbH, Bochum, 1983.

[66] NACHTSHEIM, W.; STANGENBERG, F.; HELMKE,S.; OPPER,C.: *Begleitende Berechnungen der Meppener Versuche, Verhalten von Stahlbetonplatten bei Anprall deformierbarer Projektile.* Technischer Bericht, Zerna, Schellenbach und Partner Gemeinschaft Beratender Ingenieure GmbH, Bochum, 1981.

[67] NEILSON, A.J.: *Dynamic Crushing Loads of Thin-Walled Steel Tubes.* Technischer Bericht AEEW-M1830, Technical Assessments and Safety Division, AEE, Winfrith, Dorchester, 1981.

[68] OBERFLÄCHENTECHNIK, MONFORTS IBG. http://www.oft.ibg-monforts.de/de/34-fluorpolymere.html, Stand: 24.04.2009.

[69] OLBRICH, M.: *Werkstoffmodelle zur Finiten-Element-Analyse von PTFE-Wellendichtungen, Bericht aus dem Institut für Maschinenelemente, Nr. 100, 2002.* Dissertation.

[70] PETERSEN, C.: *Dynamik der Baukonstruktionen.* Vieweg, 1996.

[71] PUGSLEY, A.; MACAULAY, M.: *The Large-Scale Crumpling of Thin Cylindrical Colums.* The Quarterly Journal of Mechanics and Applied Mathematics, 13(1):1–9, 1960.

[72] PUGSLEY, A.G.: *On the Crumpling of Thin Tubular Struts.* The Quarterly Journal of Mechanics and Applied Mathematics, 32:1–7, 1979.

[73] REDDY, T.Y.; REID, S.R.: *Axial Splitting of Circular Metal Tubes.* International Journal of Mechanical Science, 28(2):111–131, 1986.

[74] RICE, J.S. ; BAHAR, L.Y. ; EBNER, A.M.: *Reaction-Time Relationship and Structural Design of Reinforced Concrete Slabs and Shells for Aircraft Impacts.* In: *ASCE Speciality Conference on Structural Design of Nuclear Plant Facilities*, Seiten 597–610, 1975.

[75] RIECH, R.; RÜDIGER, E.: *II. Technischer Bericht: Versuchsergebnisse der Meppener Versuche II/12 Bis II/22, 1500 408 (RS 467).* Technischer Bericht, Hochtief AG Abt. Kerntechnischer Ingenieurbau, 1984.

[76] RIERA, J.D.: *On the Stress Analysis of Structures Subjected to Aircraft Impact Forces.* Nuclear Engineering and Design, 8:415–426, 1968.

[77] RIERA, J.D.: *A Critical Reappraisal of Nuclear Power Plant Safety Against Accidential Aircraft Impact.* In: *Transactions of 5th International Conference on Structural Mechanics in Reactor Technology*, J9/2, Seiten 1–10, 1979.

[78] RIERA, J.D.: *A Critical Reappraisal of Nuclear Power Plant Safety Against Accidential Aircraft Impact.* Nuclear Engineering and Design, 57:193–206, 1980.

[79] RIERA, J.D.: *Basic Concepts and Load Characteristics in Impact Problems.* In: *Introductory Report, RILEM-CEB-IABSE-IASS Interassociation Symposium on Concrete Structures under Impact and Impulsive Loading*, Seiten 7–29, 1982.

[80] ROHR, I.; NAHME, H.; THOMA, K.: *Charakterisierung des Schädigungsverhaltens von duktilem Stahl.* In: *Tagungsband: Konstruktion, Qualitätssicherung und Schadensanalyse, Vortragstexte der Tagung Werkstoffprüfung, 25. - 26. November 2004 in Neu-Ulm*, Seiten 143–148, 2004.

[81] RSK-LEITLINE FÜR DRUCKWASSERREAKTOREN URSPRUNGSFASSUNG (3. AUSGABE VOM 14. OKTOBER 1981) MIT ÄNDERUNGEN VOM 15.11.1996. http://www.rskonline.de/downloads/8110dwr.pdf, Stand: 21.02.2010.

[82] RUCH, D.; HERRMANN, N.: *Auswertung von Aufprallexperimenten an der MPA Karlsruhe, Vorhaben RS1167-733280/2-UA-2782.* Technischer Bericht, Materialprüfungs- und Forschungsanstalt, MPA Karlsruhe, 2008.

[83] RUCH, D.; HERRMANN, N.; MÜLLER, H.S.: *Abschlussbericht zum Forschungsvorhaben 1501310 - Simulation des mechanischen Verhaltens von steifen Strukturen beim Aufprall flüssigkeitsgefüllter Stoßkörper.* Technischer Bericht, Materialprüfungs- und Forschungsanstalt, MPA Karlsruhe des Karlsruher Instituts für Technologie (KIT), 2010.

[84] RÜDIGER, E.; RIECH, H.: *Experimental and Theoretical Investigations on the Impact of Deformable Missiles onto Reinforced Concrete Slabs.* In: *Transactions of 10th International Conference on Structural Mechanics in Reactor Technology*, J8/3, Seiten 387–394, 1989.

[85] RÜDIGER, E.; RIECH, H.; RENZ, E.: *IV. Technischer Bericht, Ermittlung der Stoßlast deformierbarer Projektile und Versuchsergebnisse der Meppener Versuche I/5 Bis I/9, 1500 408 (RS 467).* Hochtief AG Abt. Kerntechnischer Ingenieurbau.

[86] SAARENHEIMO, A.; CALONIUS, K.; TUOMALA, M.; HAKOLA, I.: *Numerical Studies on Shear Reinforced Impact Loaded Concrete Walls.* In: *Transactions of 20th International Conference on Structural Mechanics in Reactor Technology*, Division IV, Paper 1844, Seiten 1–7, 2009.

[87] SAARENHEIMO, A.; HAKOLA, I.; KAERNAE, T.; HYVÄRINEN, J.; TUOMALA, M.: *Numerical and Experimental Studies on Impact Loaded Concrete Structures.* In:

Proceedings of 14th International Conference on Nuclear Engineering, Paper 89477, Seiten 249–261, 2006.

[88] SAARENHEIMO, A.; TUOMALA, M.; CALONIUS, K.; LASTUNEN, A.; HYVÄRINEN, J.; MYLLYMÄKI, J.: *Numerical Studies on Impact Loaded Reinforced Concrete Walls.* In: *Transactions of 19th International Conference on Structural Mechanics in Reactor Technology*, J05/3, Seiten 1–8, 2007.

[89] SAARENHEIMO, A.; TUOMALA, M.; HAKOLA, I.; HYVÄRINEN, J.: *Impacts of Deformable Missiles on Reinforced Concrete Walls.* Concrete under Severe Conditions: Environment & Loading, 2:1381–1388, 2007.

[90] SCHRÜFER, E.: *Signalverarbeitung.* Hanser, 2. durchges. Auflage, 1992.

[91] SIEVERS, J.; SCHIMPFKE, T.; EISERT, P.; SUCHARD, D.; BRÜCHER, W.; KLEIN-HESSLING, W.; SENTUC, F.-N.; MÜLLER, C.: *Weiterentwicklung von Analysemodellen zur Simulation der mechanischen und thermischen Phänomene bei hochenergetischen Aufprallversuchen von flüssigkeitsgefüllten Strukturen, Vorhaben RS 1167, Abschlussbericht.* Technischer Bericht, Gesellschaft für Anlagen- und Reaktorsicherheit (GRS) mbH, 2008.

[92] SINGH, K.N.; CLOS, R.; SCHREPPEL, U.; VEIT, P.; HAMANN, A.; KLINGBEIL, D.; SIEVERT, R.; KÜNECKE, G.: *Versagenssimulation dynamisch belasteter Proben mit unterschiedlichen Mehrachsigkeitszuständen unter Verwendung des Johnson-Cook-Versagensmodells für eine Nickelbasislegierung.* Technische Mechanik, 23(2-4):205–215, 2003.

[93] SLIDE, A.; HOSTIKKA, S.; KANKKUNEN, A.; HYVÄRINEN, J.; HAKOLA, I.: *Experimental and Numerical Studies of Liquid Dispersal from a Soft Projectile Impacting a Wall.* In: *Transactions of 19th International Conference on Structural Mechanics in Reactor Technology*, J04/5, Seiten 1–8, 2007.

[94] SMITH, S. W.: *The Scientist and Engineer's Guide to Digital Signal Processing.* California Technical Pub., 1997.

[95] STEPAN, J.: *Large Commercial Aircraft Crash into the Light-weight Nuclear Facility Building.* In: *Transactions of 19th International Conference on Structural Mechanics in Reactor Technology*, J03/1, Seiten 1–8, 2007.

[96] STEPAN, J.: *Validation of Aircraft FE Model for Impact Analyses.* In: *Transactions of 20th International Conference on Structural Mechanics in Reactor Technology*, Division 4, Paper 1929, Seiten 1–6, 2009.

[97] SUGANO, T.; TSUBOTA, H.; KASAI, Y.; KOSHIKA, N.; ORIU, S.; VON RIESEMANN, W.A.; BICKEL, D.C.; PARKS, M.B. : *Full-Scale Aircraft Impact Test for Evaluation of Impact Force.* Nuclear Engineering and Design, 140:373–385, 1993.

[98] SUN, D.-Z.; OCKEWITZ, A.; KLAMSER, H.; MALCHER, D.: *Characterization and Modeling of the Deformation and Damage Behaviour of Aluminium Materials for*

Crash Simulation. In: *11th International Conference on Aluminium Alloys, 22.-26. September 2008, Aachen*, 2008.

[99] TARALLO, F.; CIRÉE, B.; RAMBACH, J.M.: *Interpretation of Soft Impact Medium Velocity Tests on Concrete Slabs.* In: *Transactions of 19th International Conference on Structural Mechanics in Reactor Technology*, J05/2, Seiten 1–8, 2007.

[100] TARALLO, F.; RAMBACH, J.M.; BOURASSEAU, N.; PHATTHANASINH, N.-N.-L.: *VTT IMPACT program - First Phase: Lessons Gained by IRSN.* In: *Transactions of 20th International Conference on Structural Mechanics in Reactor Technology*, Division 5, Paper 1746, Seiten 1–10, 2009.

[101] TENG, X.; WIERZBICKI, T.: *Effect of Fracture Criteria on High Velocity Perforation of Thin Beams.* International Journal of Computational Methods, 1(1):171–200, 2004.

[102] TENG, X.; WIERZBICKI, T.; HIERMAIER, S.; ROHR,I.: *Numerical Prediction of Fracture in the Taylor Test.* International Journal of Solids and Structures, 42:2929–2948, 2005.

[103] U.S. NUCLEAR REGULATORY COMMMSION REGULATIONS: TITLE 10, CODE OF FEDERAL REGULATIONS. http://www.nrc.gov/reading-rm/doc-collections/cfr/, Stand: 9.02.2010.

[104] VARPASUO, P.: *Numerical Simulation of Soft Missile Impact Small Scale Tests.* In: *Transactions of 19th International Conference on Structural Mechanics in Reactor Technology*, J08/1, Seiten 1–7, 2007.

[105] VERA, J.A.: *Validation of Riera Loading in LS-DYNA Models of Missile Impact.* In: *Transactions of 20th International Conference on Structural Mechanics in Reactor Technology*, Division 4, Paper 1946, Seiten 1–8, 2009.

[106] VESENJAK, M.; MÜLLERSCHÖN, H.; HUMMEL, A.; REN, Z.: *Simulation of Fuel Sloshing - Comparative Study.* In: *3. LS-DYNA Anwenderforum, Bamberg*, 2004.

[107] VON RIESEMANN, W.A.; PARRISH, R.L.; BICKEL, D.C.; HEFFELFINGER, S.R.; MUTO, M; SUGANO, T.; TSUBOTA, H.; KASHIKA, N.; SUZUKI, M.; OHRUI, S.: *Full-Scale Aircraft Impact Test for Evaluation of Impact Forces Part 1: Test Plan, Test Method, and Test Results.* In: *Transactions of 10th International Conference on Structural Mechanics in Reactor Technology*, J, Seiten 285–294, 1989.

[108] WEITHÄUSER, H.J.: *Dynamic Measurements During the Test Series with the Gas-Operated Accelerator at Meppen.* In: *Transactions of 5th International Conference on Structural Mechanics in Reactor Technology*, J 8/3, Seiten 1–7, 1979.

[109] WIERZBICKI, T.; BHAT, S.U.; ABRAMOWICZ, W.; BRODKIN, D.: *Alexander Revisited - a Two Folding Elements Model of Progressive Crushing of Tubes.* International Journal of Solids and Structures, 29(24):3269–3288, 1992.

[110] WOLF, J.P.; BUCHER, K.M.; SKRIKERUD, P.E.: *Response of Equipment to Aircraft Impact.* Nuclear Engineering and Design, 47:169–193, 1978.

[111] ZELLER, C.: *III. Technischer Bericht, Nichtlineare Untersuchungen von Stahlbetonplatten unter Aufprall deformierbarer Projektile mit hybriden finiten Vierecksselementen, 15500 408.* Hochtief AG Abt. Kerntechnischer Ingenieurbau, 1983.

[112] ZIENKIEWICZ, O.C.; TAYLOR, R.L.: *The finite element method for solid and structural mechanics.* Elsevier Butterworth-Heinemann, 6. ed., repr. Auflage, 2006.

[113] ZUKAS, J.A.; NICHOLAS, T.; SWIFT, H.F.; GRESZCZUK, L.B.; CURRAN, D.R.: *Impact Dynamics.* John Wiley & Sons, 1982.

A Fertigungspläne der Messplattform

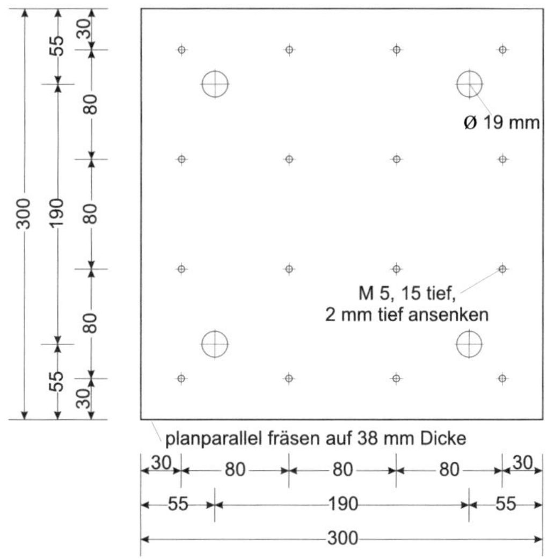

Abbildung A.1: Fertigungsplan Deckplatte oben

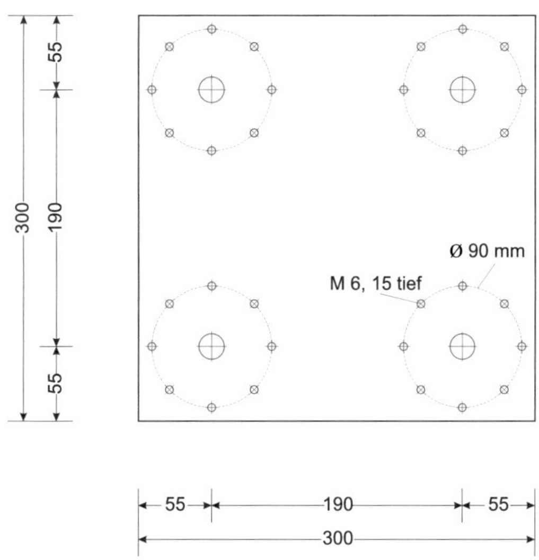

Abbildung A.2: Fertigungsplan Deckplatte unten

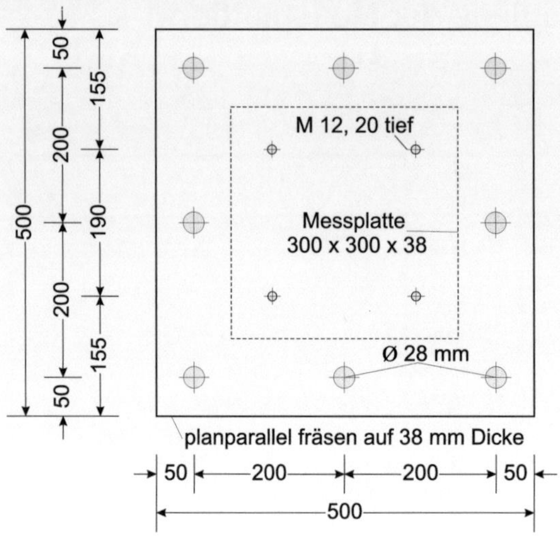

Abbildung A.3: Fertigungsplan Grundplatte

B Projektile

Projektilvariante P

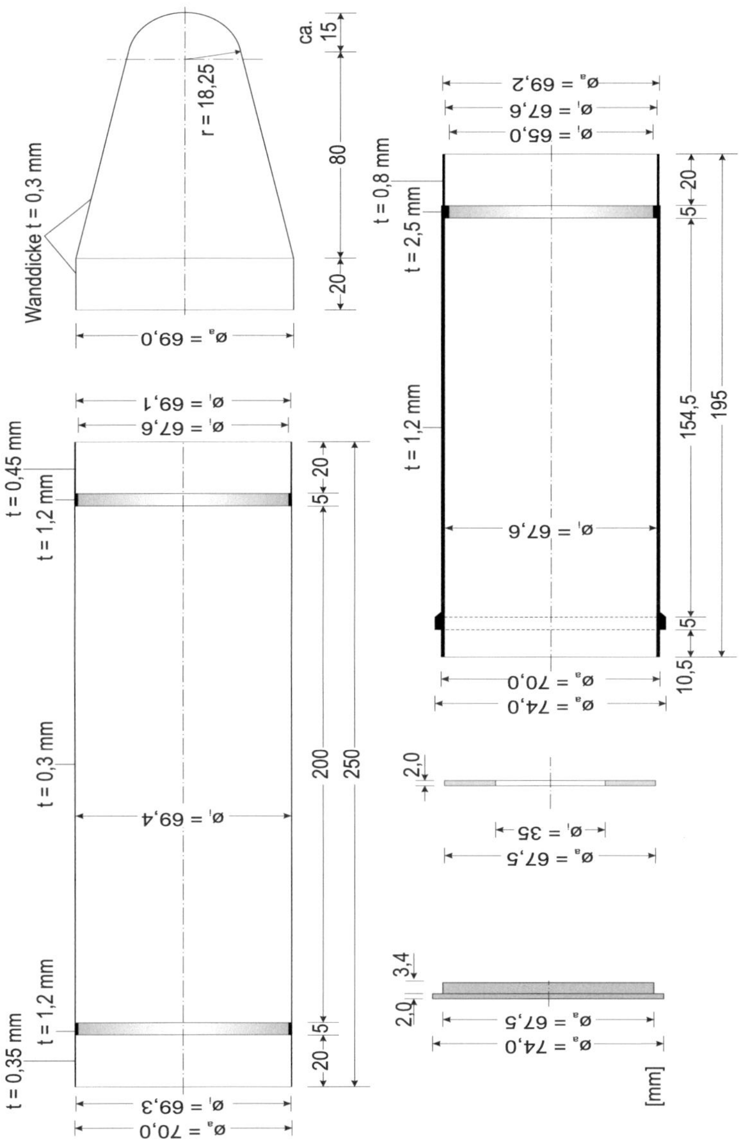

Abbildung B.1: Projektilvariante P

Projektilvariante K

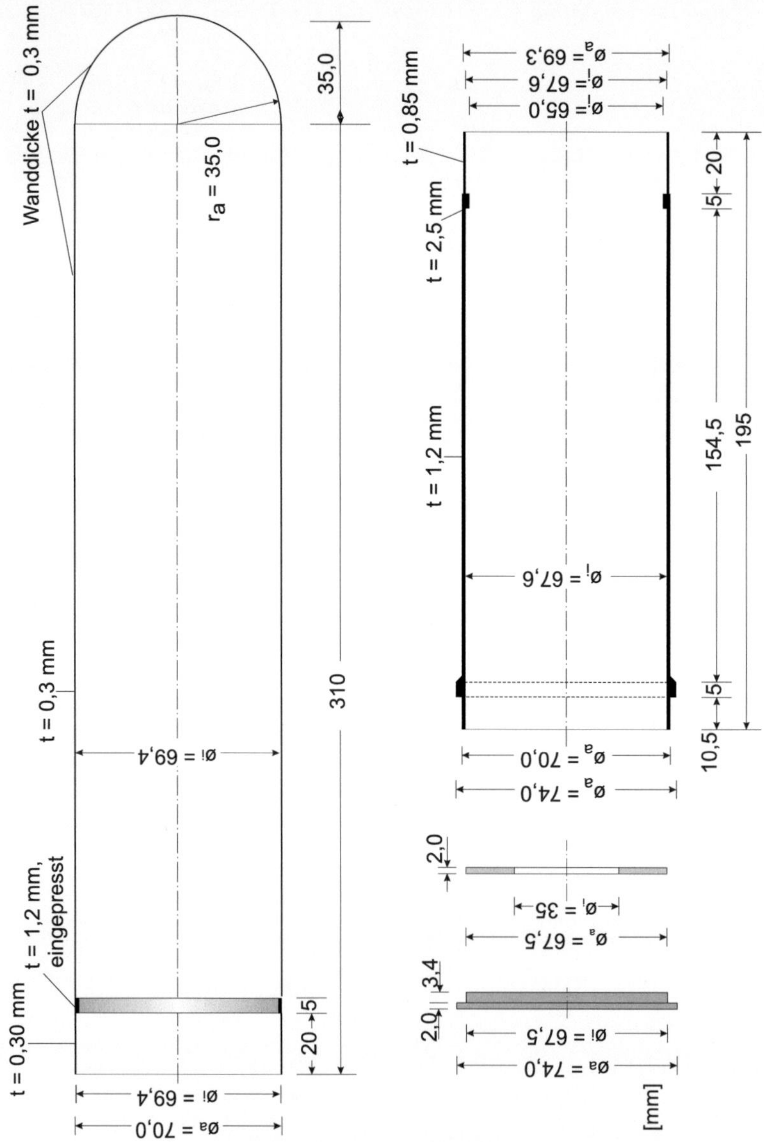

Abbildung B.2: Projektilvariante K

Projektilvariante K2

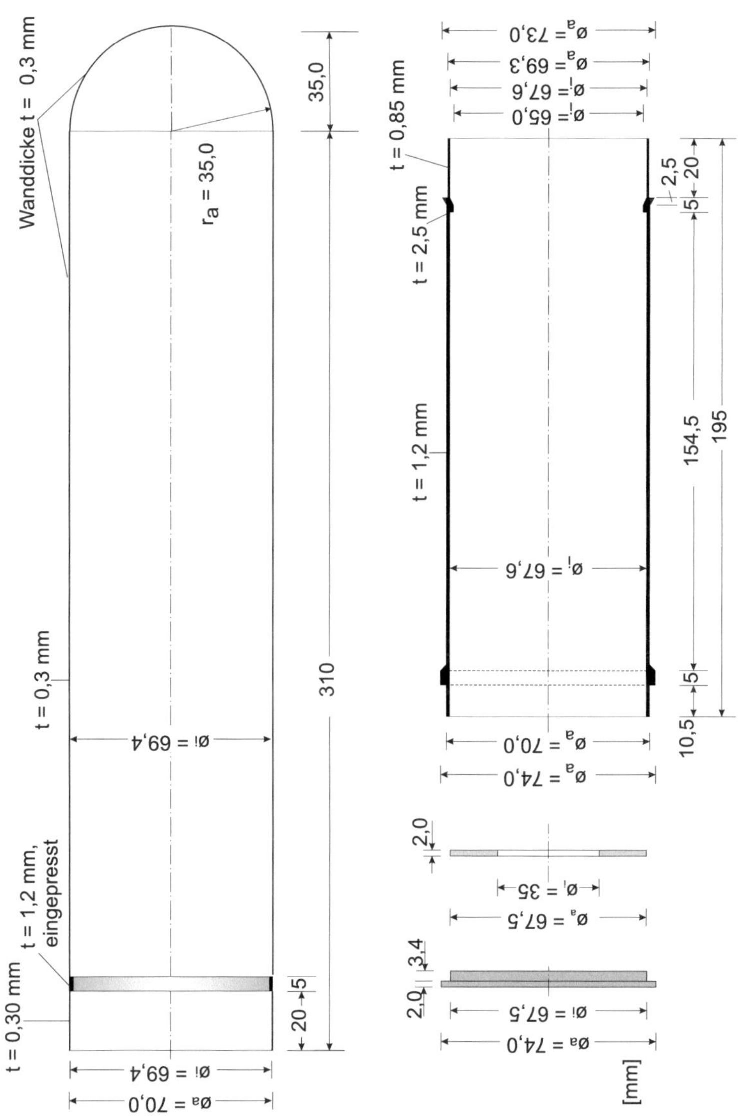

Abbildung B.3: Projektilvariante K2

Projektilvariante K3

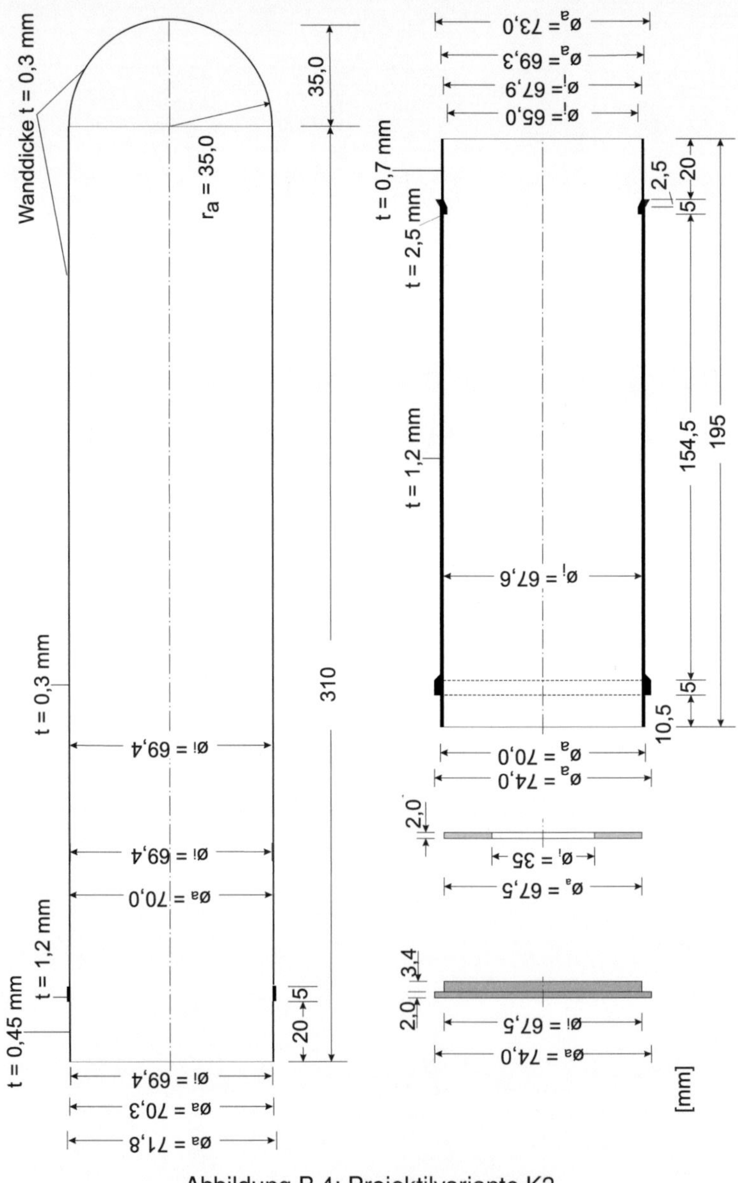

Abbildung B.4: Projektilvariante K3

Projektilvariante K4

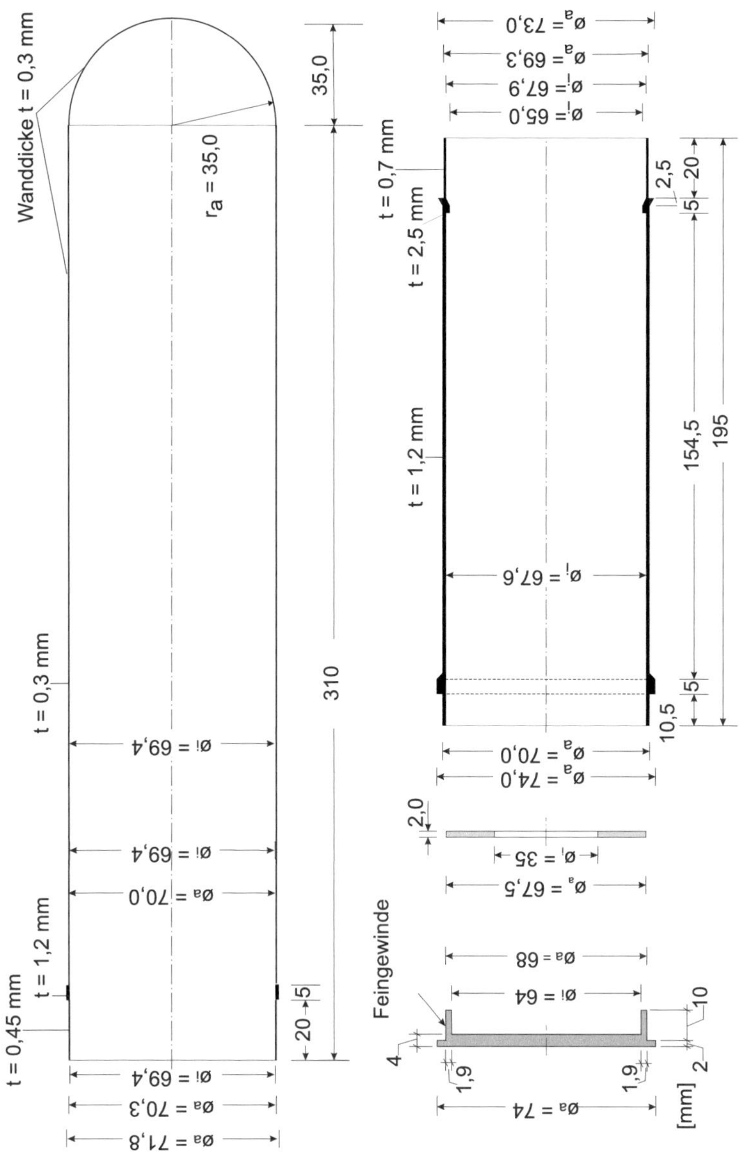

Abbildung B.5: Projektilvariante K4

C Versuchsdaten

Im Folgenden sind die Ergebnisse der durchgeführten Versuche einzeln dargestellt. Die einführende Tabelle zeigt die jeweiligen Versuchsparameter, gibt Information über die auswertbaren Daten und weist die Einzelgewichte der Projektilteile sowie das Gesamtgewicht aus. Der Darstellung der Fragmente folgen die Einzelbilder der Videoaufzeichnung. Die Kraftverläufe sind, soweit jeweils vorhanden und auswertbar, für die Messplattform, die Beschleunigungsdaten und die Videoauswertung dargestellt.

Versuch K1

Tabelle C.1: Versuchsdaten Versuch K1

<table>
<tr><th rowspan="2">Bezeichnung</th><th rowspan="2">Projektil</th><th rowspan="2">mit/ohne Messplatt-form</th><th rowspan="2">Druck [bar]</th><th colspan="2">Geschwindigkeit [m/s]</th><th rowspan="2">Aufpralldauer [ms]</th></tr>
<tr><th>Soll</th><th>Ist</th></tr>
<tr><td>K1</td><td>K2</td><td>mit</td><td>17,57</td><td>165</td><td>160</td><td>(2,75) - 3,25</td></tr>
<tr><th>Kraftmess-plattform</th><th>Beschleu-nigung links</th><th>Beschleu-nigung rechts</th><th>Video-frequenz [Bilder/Sek]</th><th colspan="3">Kommentar</th></tr>
<tr><td>ja</td><td>nein</td><td>ja</td><td>4000</td><td colspan="3">frühzeitiges Versagen an Übergangs-stelle, vorderer Zylinder wird von hinten aufgeschlitzt, großes unverformtes Reststück</td></tr>
<tr><th>Projektil vorne [g]</th><th>Zylinder hinten [g]</th><th>Deckel [g]</th><th>Teflon 1 [g]</th><th>Teflon 2 [g]</th><th>Teflon 3 [g]</th><th>Endgewicht mit Lackierung und Maßband [g]</th></tr>
<tr><td>67,5</td><td>146,4</td><td>57,1</td><td>17,9</td><td>18,3</td><td>12,5</td><td>328,0</td></tr>
</table>

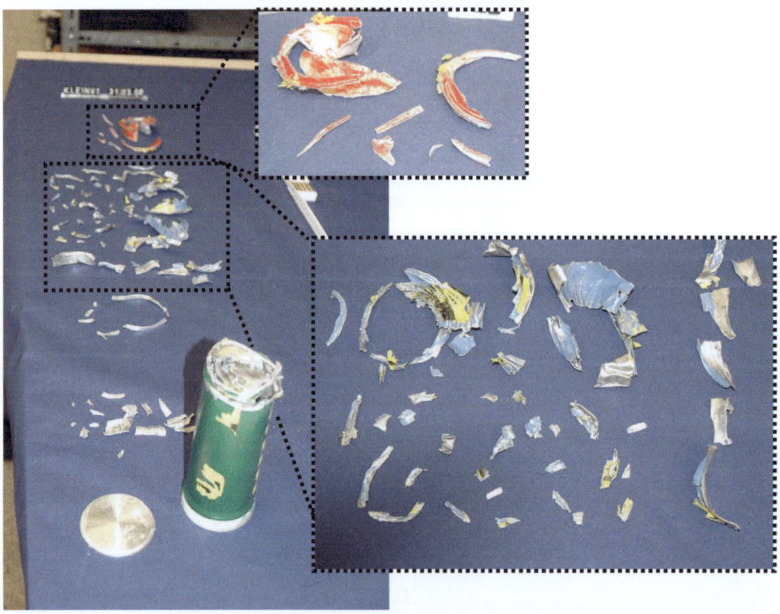

Abbildung C.1: Fragmente Versuch K1

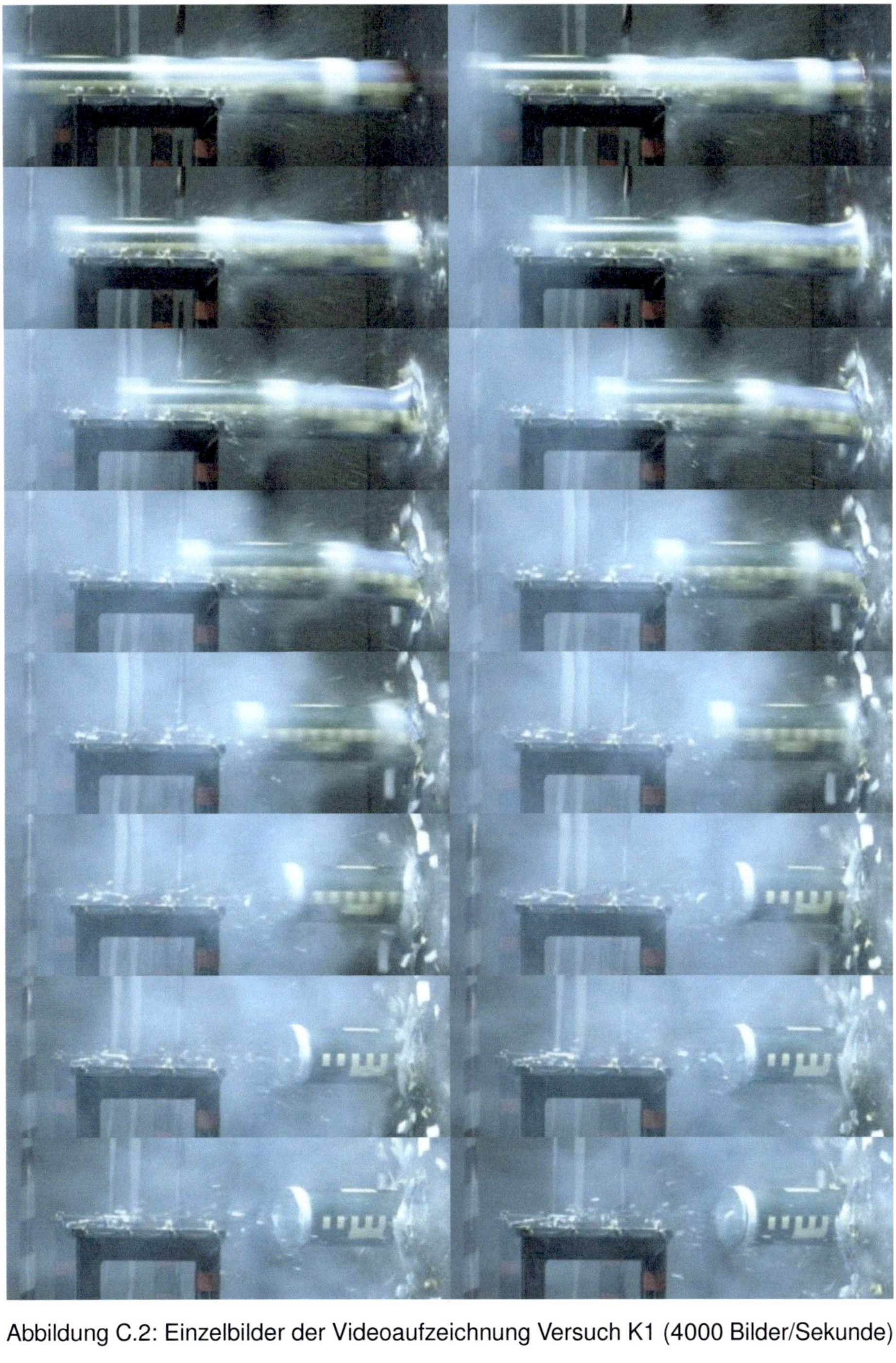

Abbildung C.2: Einzelbilder der Videoaufzeichnung Versuch K1 (4000 Bilder/Sekunde)

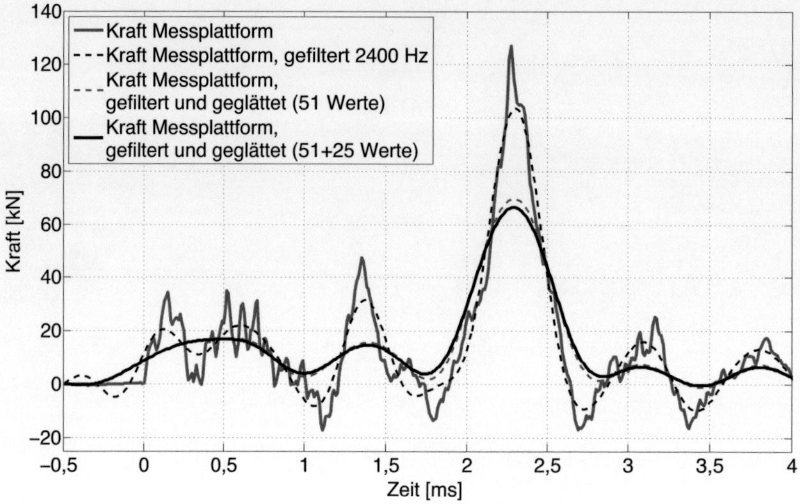

Abbildung C.3: Kraftverlauf Messplattform Versuch K1

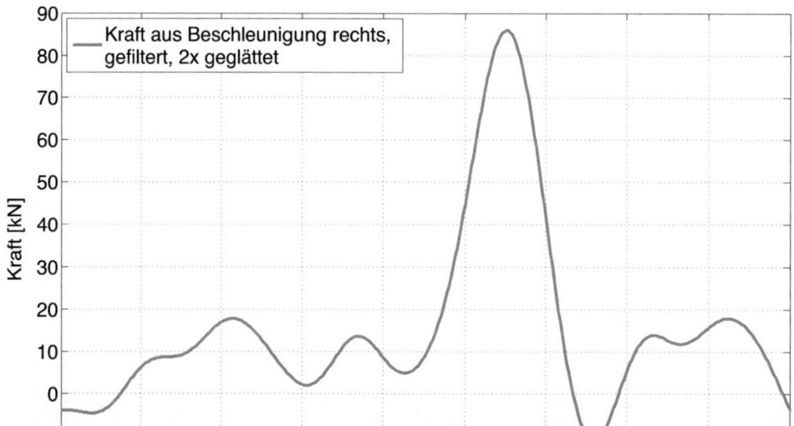

Abbildung C.4: Kraftverlauf aus Beschleunigung Versuch K1

Versuch K2

Tabelle C.2: Versuchsdaten Versuch K2

Bezeichnung	Projektil	mit/ohne Messplatt-form	Druck [bar]	Geschwindigkeit [m/s]		Aufpralldauer [ms]
				Soll	Ist	
K2	K2	mit	18,25	165	169	3,0 - 3,25
Kraftmess-plattform	**Beschleu-nigung links**	**Beschleu-nigung rechts**	**Video-frequenz [Bilder/Sek]**	**Kommentar**		
ja	teilw.	ja	4000	erster Teflonring verrutscht, Projektil knickt an Übergangsstelle ab, schiefer Aufprall		
Projektil vorne [g]	**Zylinder hinten [g]**	**Deckel [g]**	**Teflon 1 [g]**	**Teflon 2 [g]**	**Teflon 3 [g]**	**Endgewicht mit Lackierung und Maßband [g]**
71,4	145,7	56,7	18,4	18,3	12,7	335,0

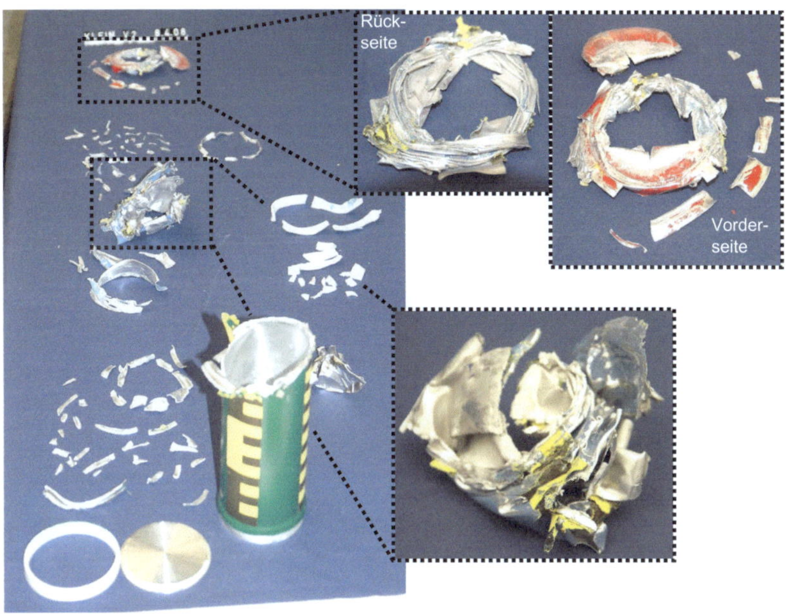

Abbildung C.5: Fragmente Versuch K2

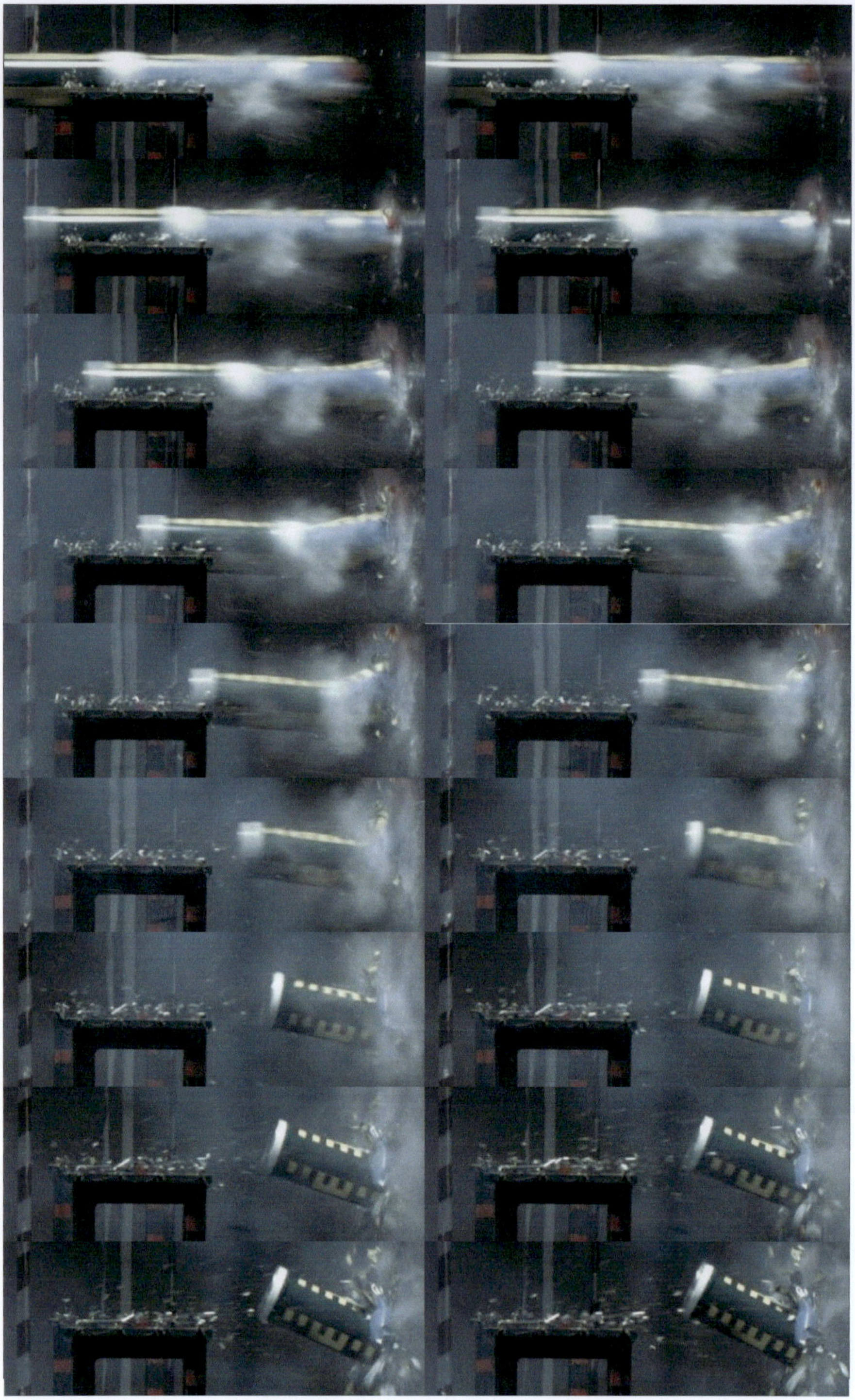

Abbildung C.6: Einzelbilder der Videoaufzeichnung Versuch K2 (4000 Bilder/Sekunde)

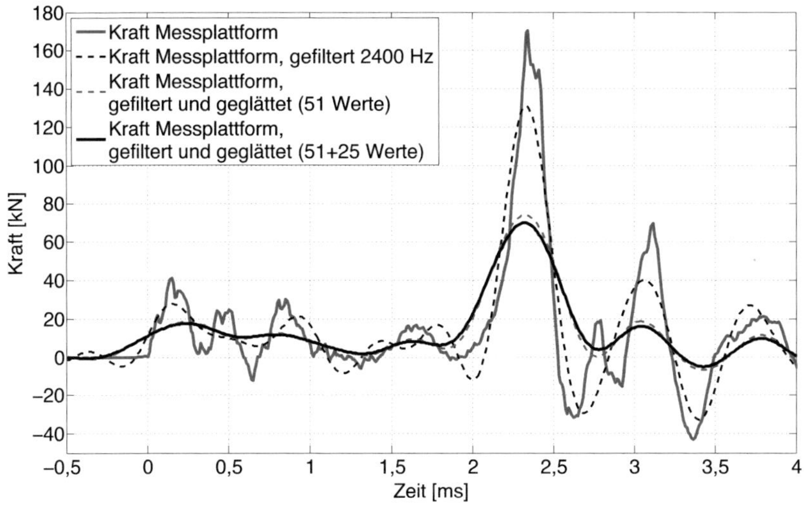

Abbildung C.7: Kraftverlauf Messplattform Versuch K2

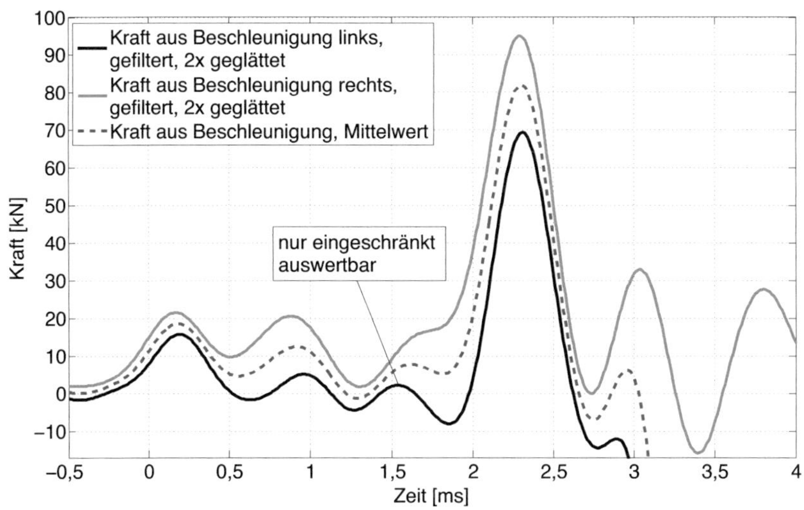

Abbildung C.8: Kraftverlauf aus Beschleunigung Versuch K2

Versuch K5

Tabelle C.3: Versuchsdaten Versuch K5

<table>
<tr><th rowspan="2">Bezeichnung</th><th rowspan="2">Projektil</th><th rowspan="2">mit/ohne Messplatt-form</th><th rowspan="2">Druck [bar]</th><th colspan="2">Geschwindigkeit [m/s]</th><th rowspan="2">Aufpralldauer [ms]</th></tr>
<tr><th>Soll</th><th>Ist</th></tr>
<tr><td>K5</td><td>K2</td><td>ohne</td><td>18,53</td><td>165</td><td>178</td><td>3,0 - 3,25</td></tr>
<tr><th>Kraftmess-plattform</th><th>Beschleu-nigung links</th><th>Beschleu-nigung rechts</th><th>Video-frequenz [Bilder/Sek]</th><th colspan="3">Kommentar</th></tr>
<tr><td>---</td><td>ja</td><td>ja</td><td>4000</td><td colspan="3">vorderer Teil versagt am Übergang, wird teilweise über hinteren Zylinder geschoben</td></tr>
<tr><th>Projektil vorne [g]</th><th>Zylinder hinten [g]</th><th>Deckel [g]</th><th>Teflon 1 [g]</th><th>Teflon 2 [g]</th><th>Teflon 3 [g]</th><th>Endgewicht mit Lackierung und Maßband [g]</th></tr>
<tr><td>73,1</td><td>145,3</td><td>56,1</td><td>18,3</td><td>18,3</td><td>12,6</td><td>334,1</td></tr>
</table>

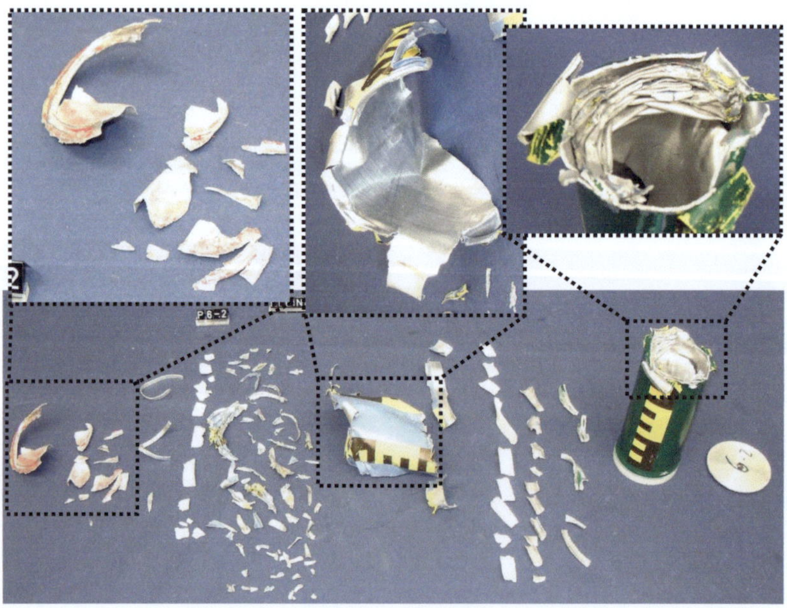

Abbildung C.9: Fragmente Versuch K5

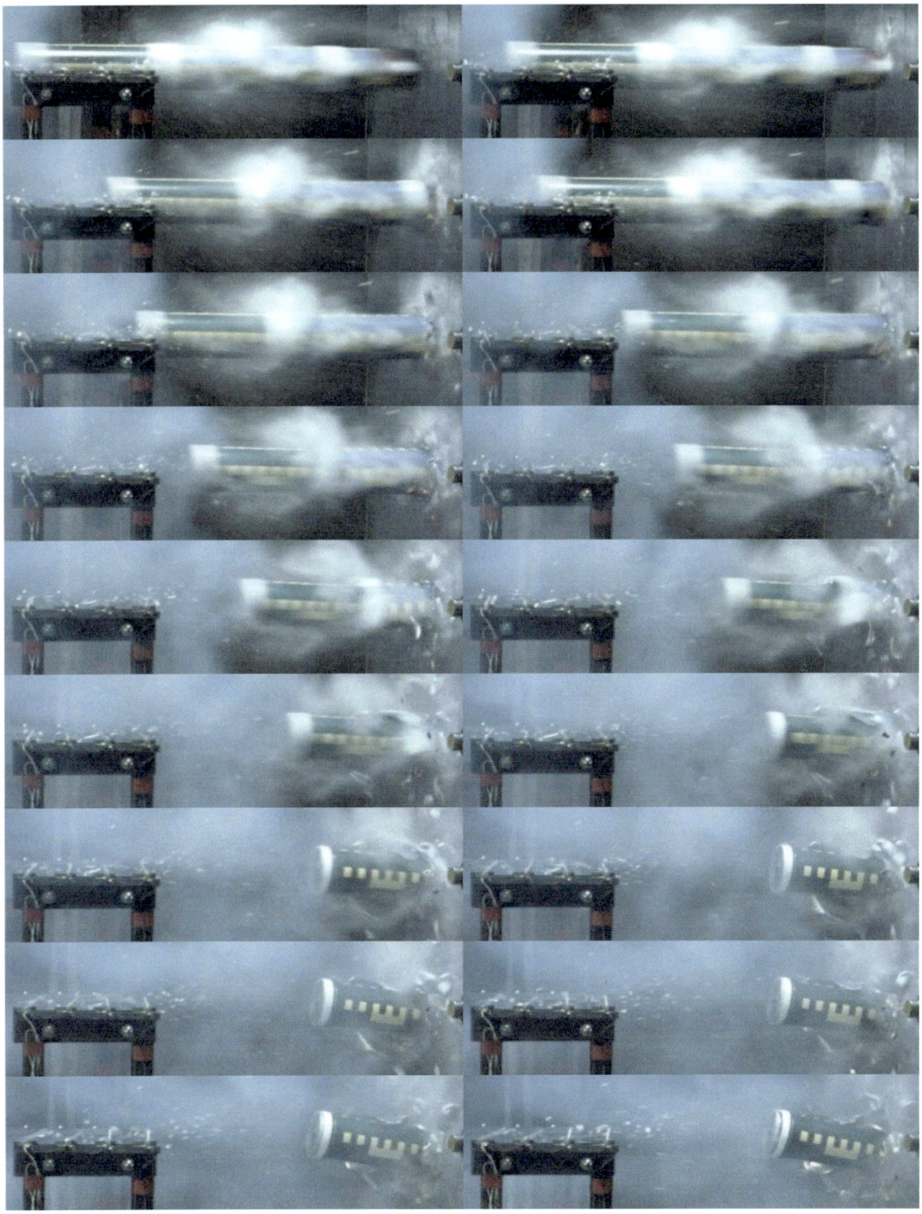

Abbildung C.10: Einzelbilder der Videoaufzeichnung Versuch K5
(4000 Bilder/Sekunde)

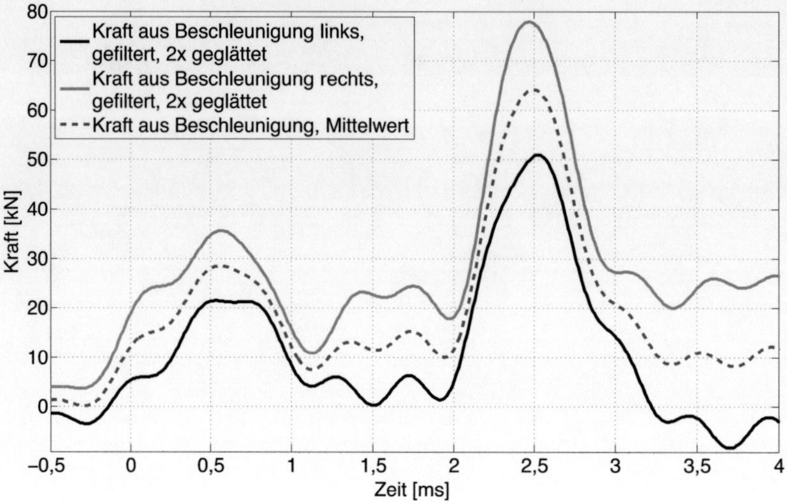

Abbildung C.11: Kraftverlauf aus Beschleunigung Versuch K5

Versuch K8

Tabelle C.4: Versuchsdaten Versuch K8

Bezeichnung	**Projektil**	**mit/ohne Messplatt-form**	**Druck [bar]**	**Geschwindigkeit [m/s]**		**Aufpralldauer [ms]**
				Soll	**Ist**	
K8	K2	mit	18,55	165	160	2,75 - 3,0
Kraftmess-plattform	**Beschleu-nigung links**	**Beschleu-nigung rechts**	**Video-frequenz [Bilder/Sek]**	**Kommentar**		
ja	ja	ja	4000	frühzeitiges Versagen an Umspannstelle, hinterer Zylinder trifft leicht verdreht auf		
Projektil vorne [g]	**Zylinder hinten [g]**	**Deckel [g]**	**Teflon 1 [g]**	**Teflon 2 [g]**	**Teflon 3 [g]**	**Endgewicht mit Lackierung und Maßband [g]**
74,0	145,5	57,5	18,6	18,2	12,3	335,8

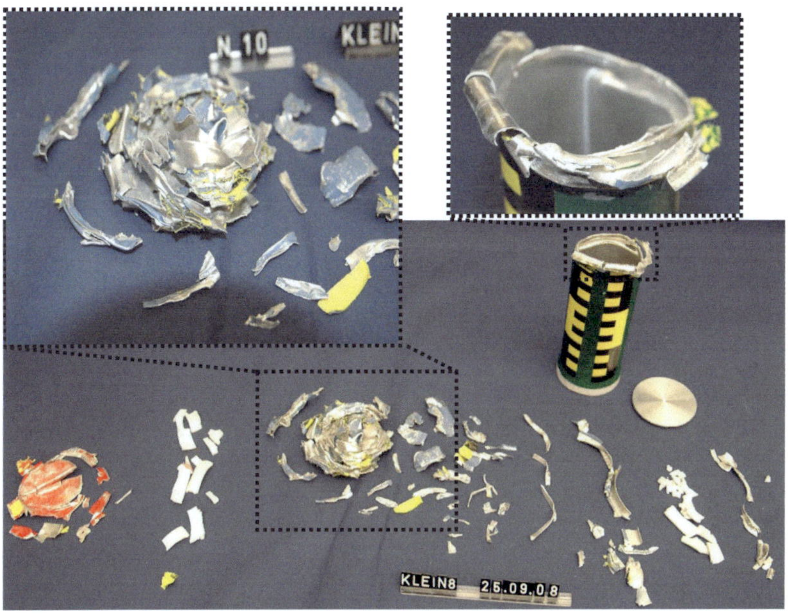

Abbildung C.12: Fragmente Versuch K8

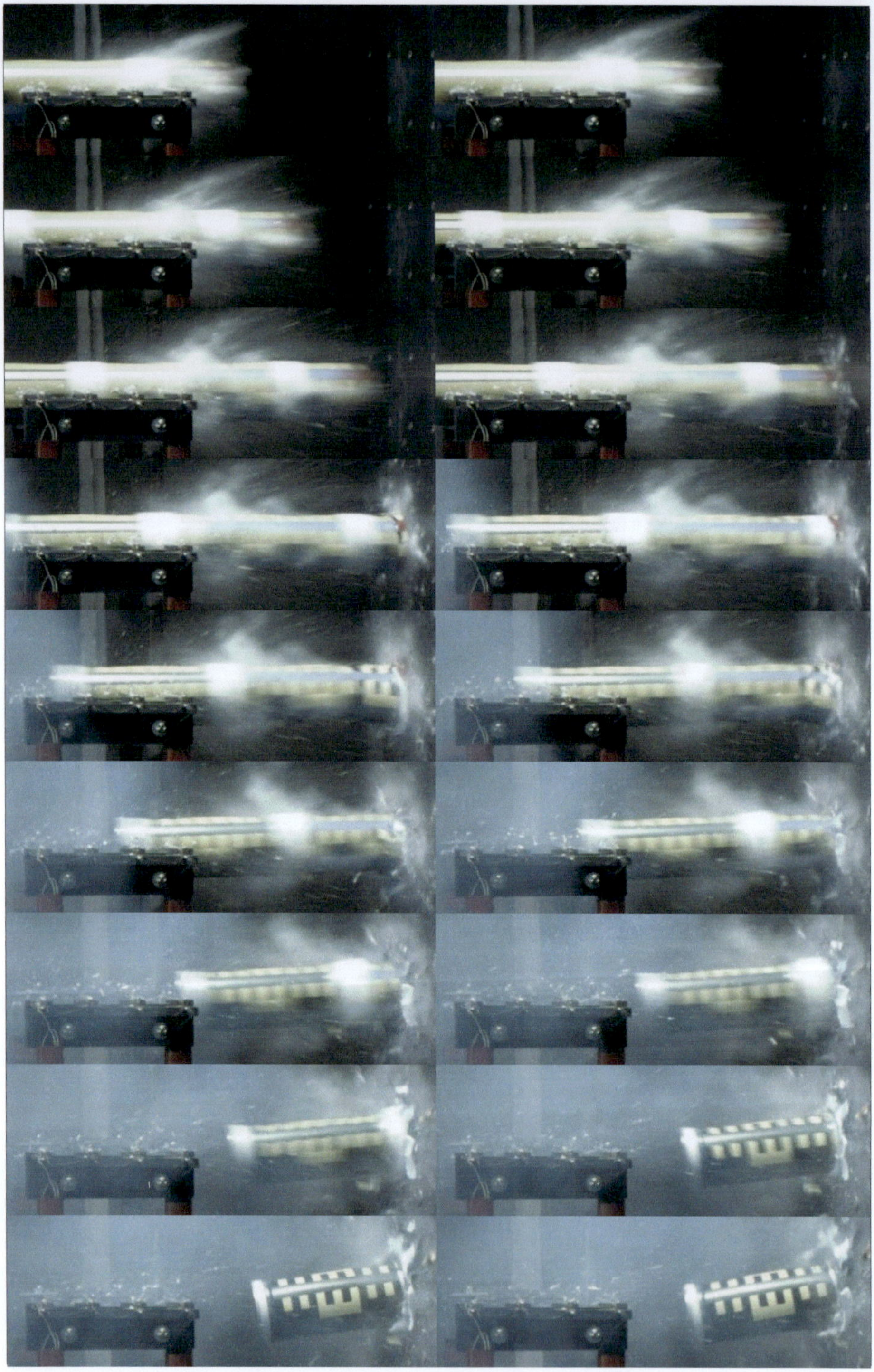

Abbildung C.13: Einzelbilder der Videoaufzeichnung Versuch K8 (4000 Bilder/Sekunde)

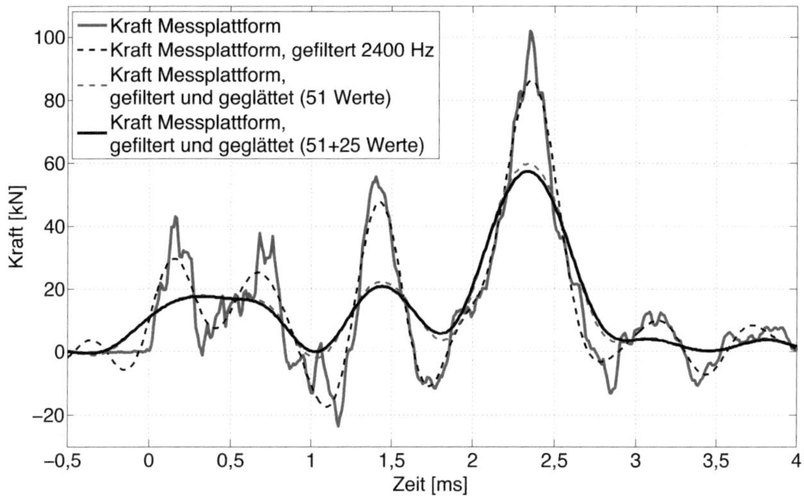

Abbildung C.14: Kraftverlauf Messplattform Versuch K8

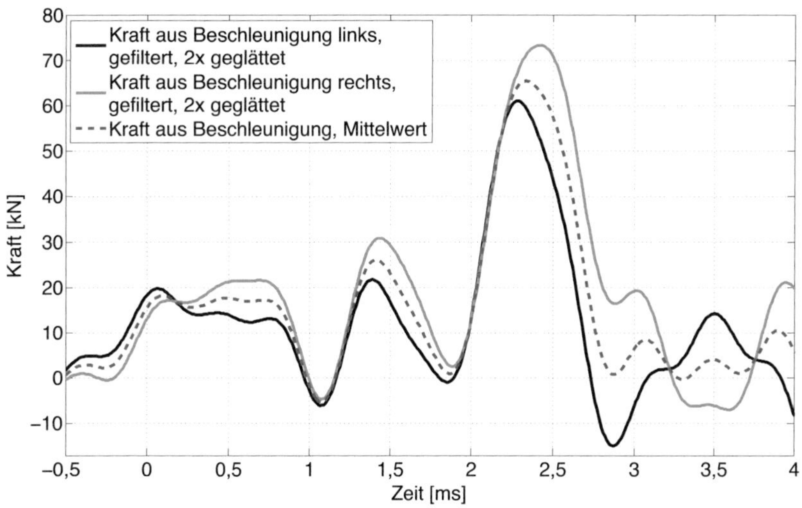

Abbildung C.15: Kraftverlauf aus Beschleunigung Versuch K8

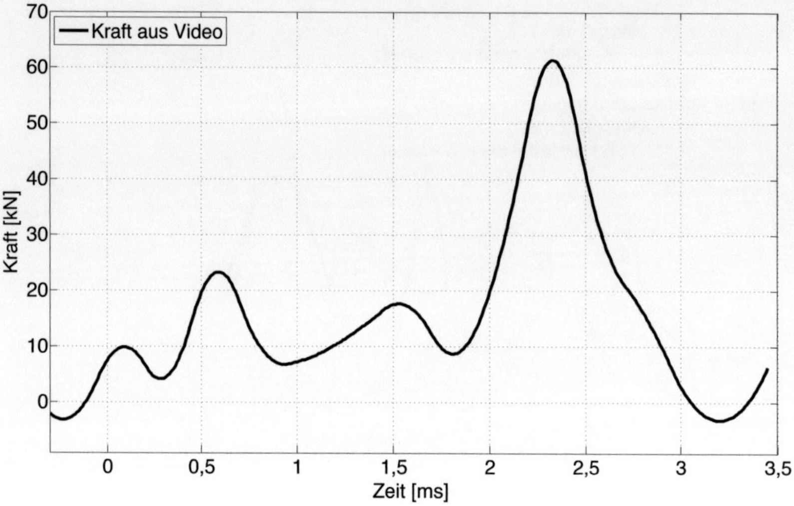

Abbildung C.16: Kraftverlauf aus Videodaten Versuch K8

Versuch K11

Tabelle C.5: Versuchsdaten Versuch K11

Bezeichnung	**Projektil**	**mit/ohne Messplattform**	**Druck [bar]**	**Geschwindigkeit [m/s]**		**Aufpralldauer [ms]**
				Soll	**Ist**	
K11	K2	mit	18,77	165	170	3,0 - 3,25
Kraftmessplattform	**Beschleunigung links**	**Beschleunigung rechts**	**Videofrequenz [Bilder/Sek]**	**Kommentar**		
ja	ja	ja	4000 12.000	vorderer Teil versagt am Übergang, wird über hinteren Zylinder geschoben		
Projektil vorne [g]	**Zylinder hinten [g]**	**Deckel [g]**	**Teflon 1 [g]**	**Teflon 2 [g]**	**Teflon 3 [g]**	**Endgewicht mit Lackierung und Maßband [g]**
72,7	144,2	57,3	18,7	18,6	12,8	329,1

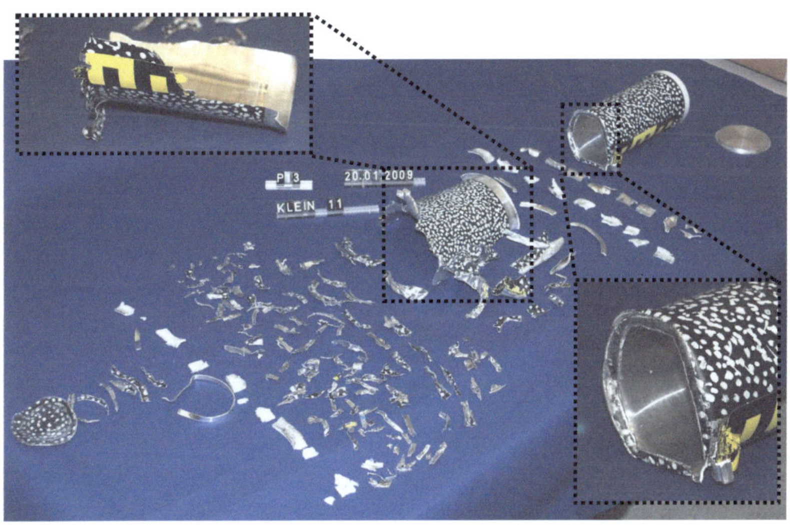

Abbildung C.17: Fragmente Versuch K11

Abbildung C.18: Einzelbilder der Videoaufzeichnung Versuch K11
(4000 Bilder/Sekunde)

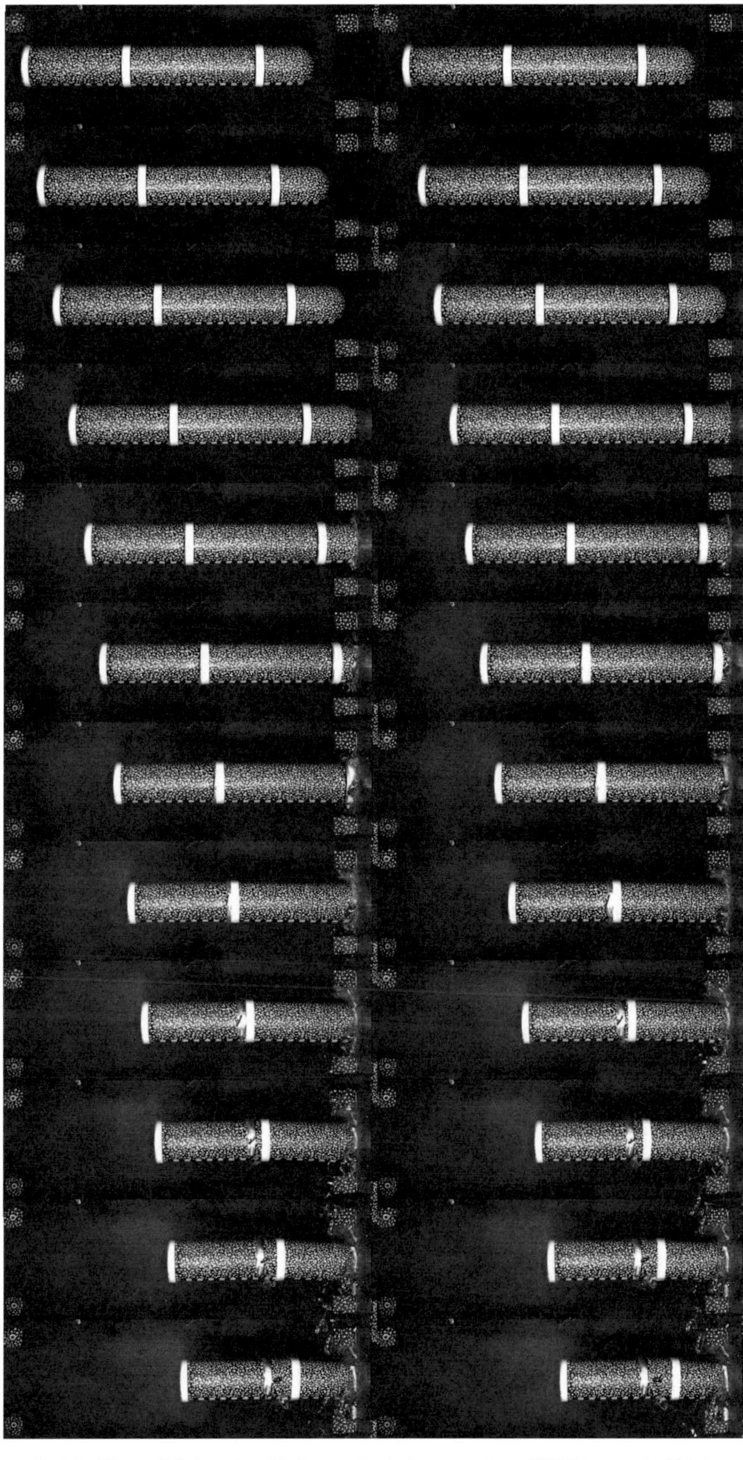

Abbildung C.19: Einzelbilder der Videoaufzeichnung des ICT Versuch K11 (12.000 Bilder/Sekunde)

Abbildung C.19: (Fortsetzung) Einzelbilder der Videoaufzeichnung des ICT Versuch K11 (12.000 Bilder/Sekunde)

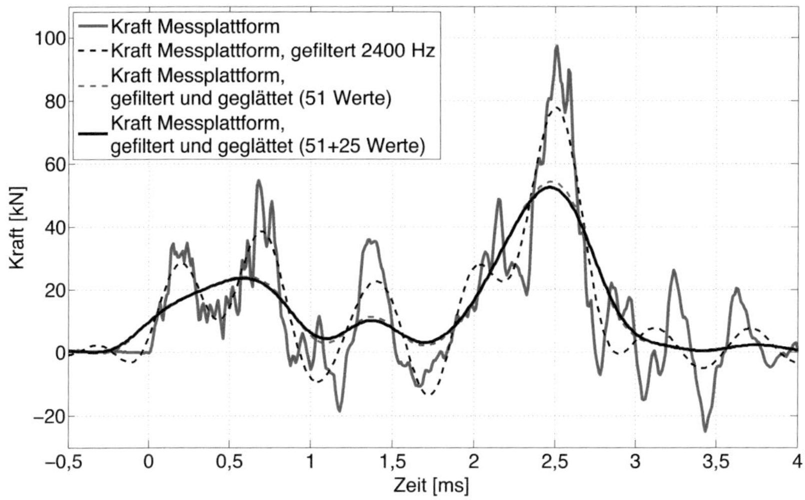

Abbildung C.20: Kraftverlauf Messplattform Versuch K11

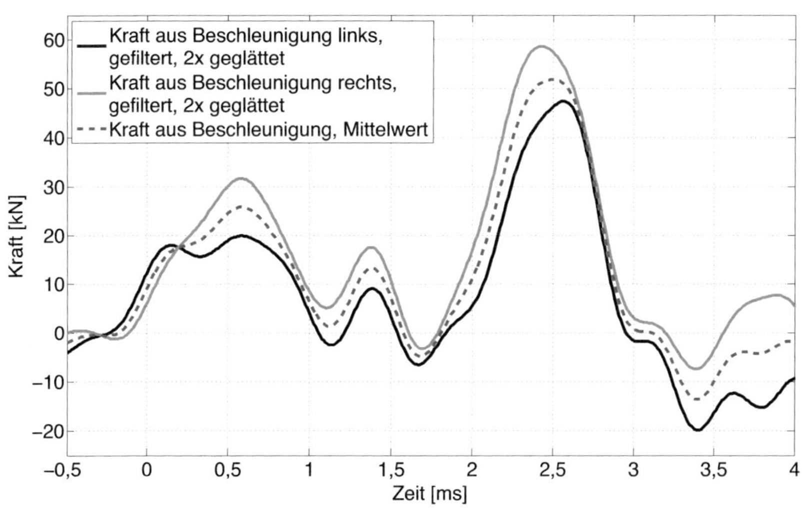

Abbildung C.21: Kraftverlauf aus Beschleunigung Versuch K11

Versuch K12

Tabelle C.6: Versuchsdaten Versuch K12

Bezeichnung	**Projektil**	**mit/ohne Messplatt-form**	**Druck [bar]**	**Geschwindigkeit [m/s]**		**Aufpralldauer [ms]**
				Soll	**Ist**	
K12	K2	mit	18,61	165	170	2,75
Kraftmess-plattform	**Beschleu-nigung links**	**Beschleu-nigung rechts**	**Video-frequenz [Bilder/Sek]**	**Kommentar**		
ja	ja	ja	4000 12.000	frühzeitiges Versagen an Übergangs-stelle, vorderer Teil knickt weg		
Projektil vorne [g]	**Zylinder hinten [g]**	**Deckel [g]**	**Teflon 1 [g]**	**Teflon 2 [g]**	**Teflon 3 [g]**	**Endgewicht mit Lackierung und Maßband [g]**
73,6	144,4	57,8	18,1	18,6	12,9	332,1

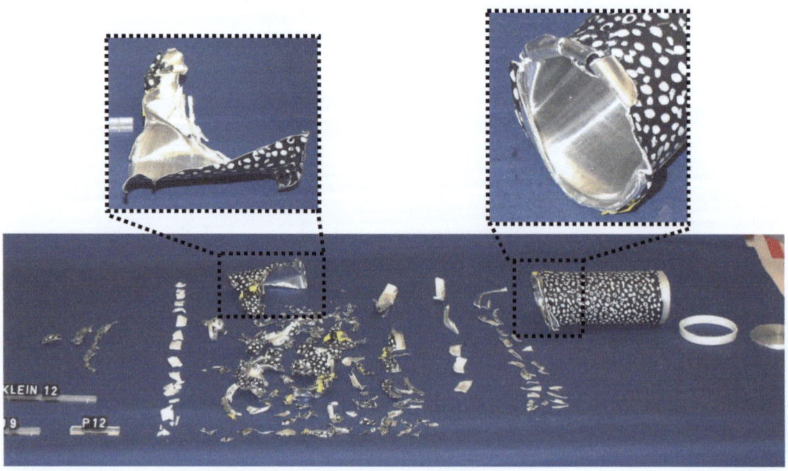

Abbildung C.22: Fragmente Versuch K12

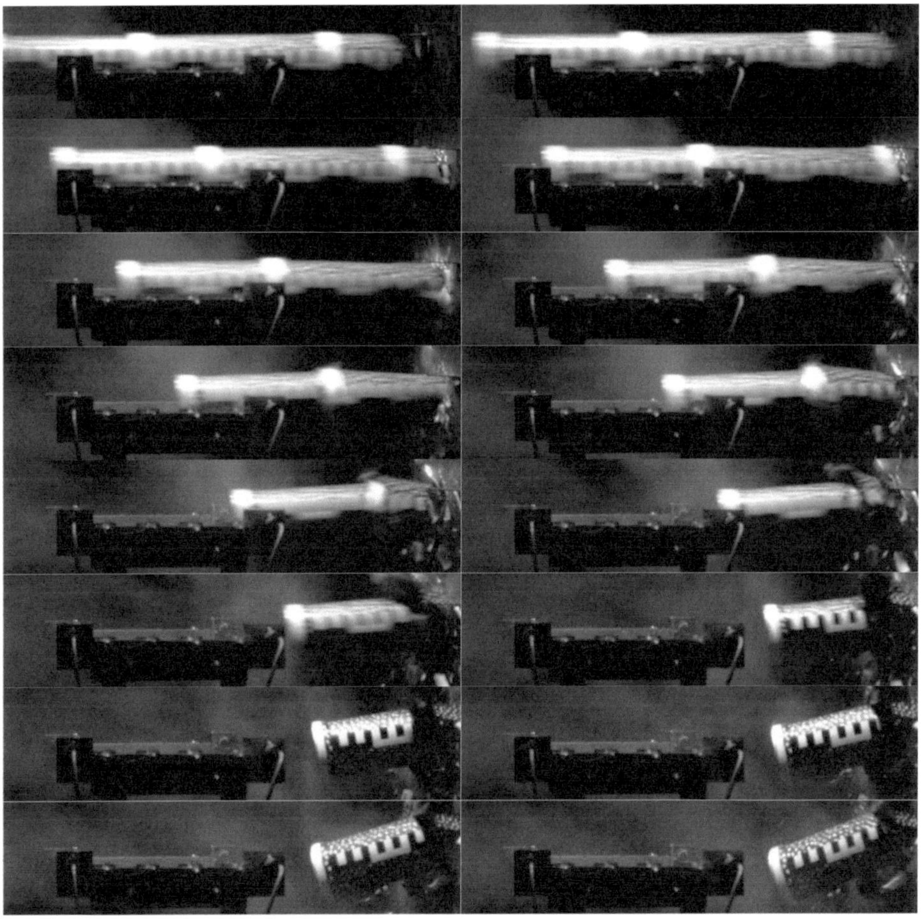

Abbildung C.23: Einzelbilder der Videoaufzeichnung Versuch K12
(4000 Bilder/Sekunde)

Abbildung C.24: Einzelbilder der Videoaufzeichnung des ICT
Versuch K12 (12.000 Bilder/Sekunde)

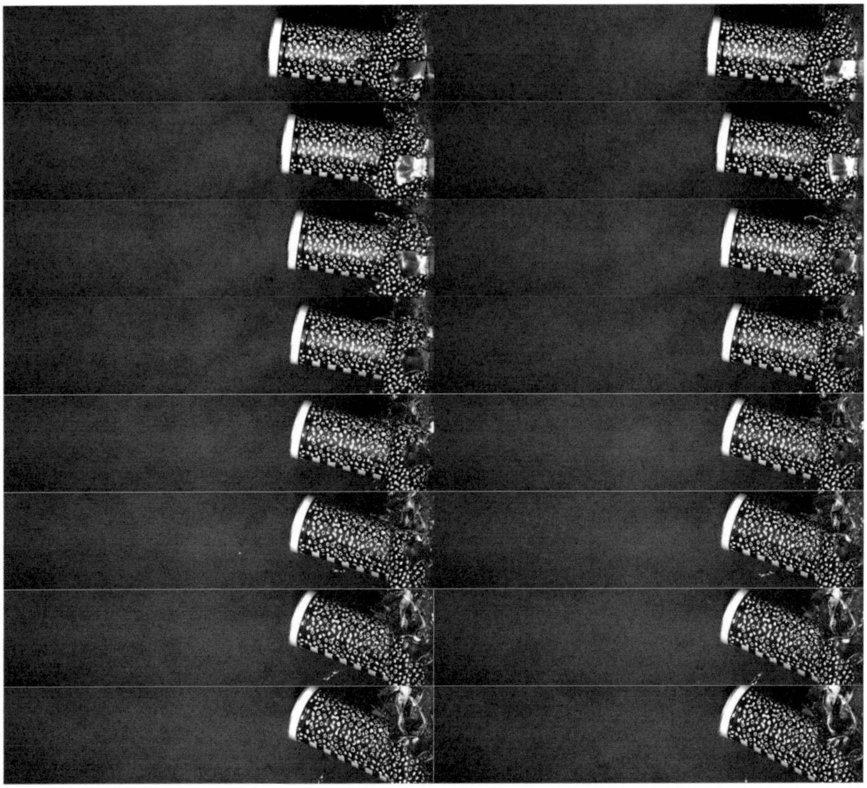

Abbildung C.24: (Fortsetzung) Einzelbilder der Videoaufzeichnung des ICT Versuch K12 (12.000 Bilder/Sekunde)

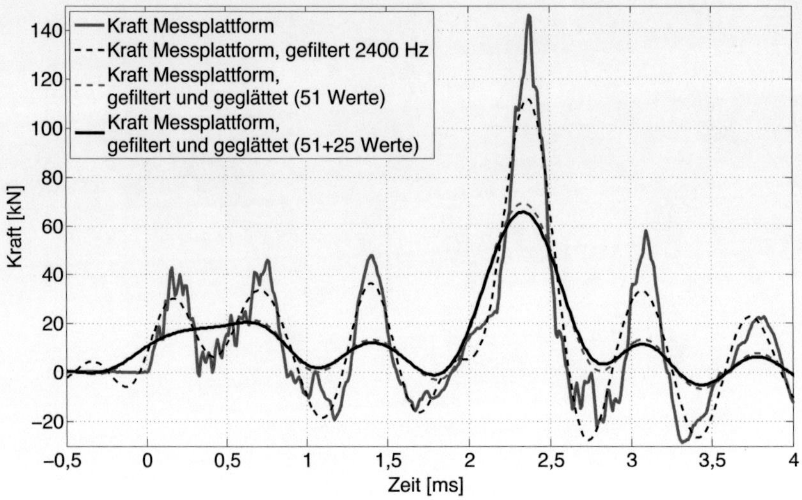

Abbildung C.25: Kraftverlauf Messplattform Versuch K12

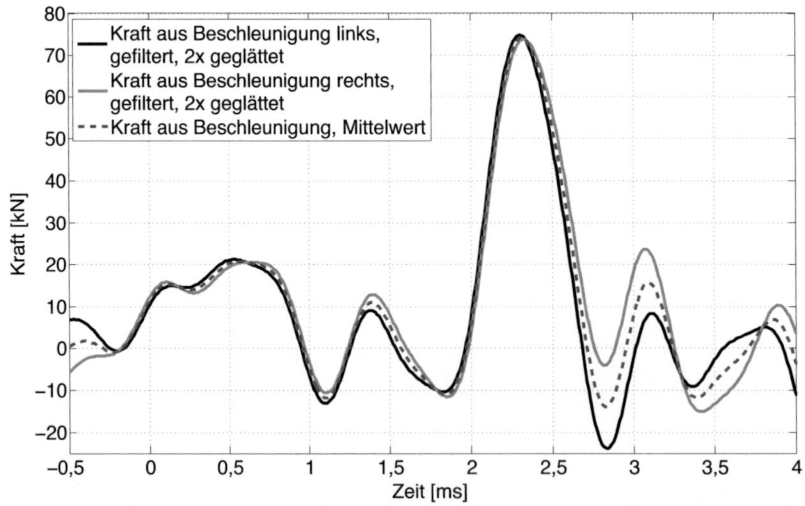

Abbildung C.26: Kraftverlauf aus Beschleunigung Versuch K12

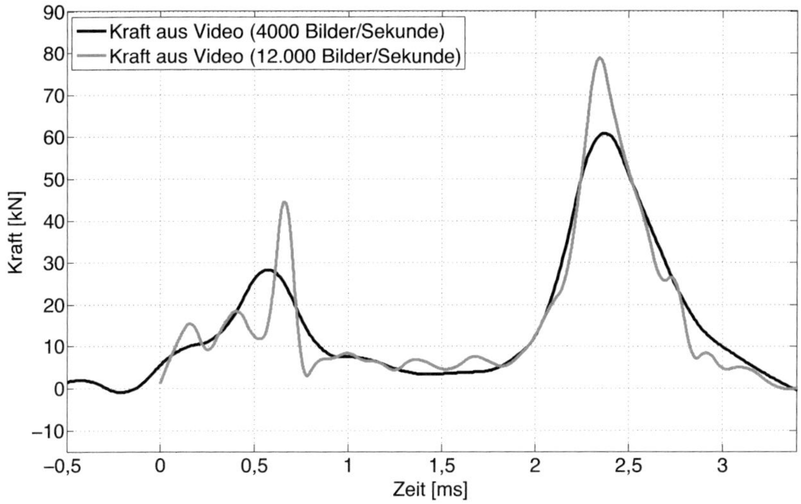

Abbildung C.27: Kraftverlauf aus Videodaten Versuch K12

Versuch K13

Tabelle C.7: Versuchsdaten Versuch K13

Bezeichnung	Projektil	mit/ohne Messplattform	Druck [bar]	Geschwindigkeit [m/s] Soll	Geschwindigkeit [m/s] Ist	Aufpralldauer [ms]
K13	K2 1/2	mit	29,2	165	150	3,0 - 3,25

Kraftmessplattform	Beschleunigung links	Beschleunigung rechts	Videofrequenz [Bilder/Sek]	Kommentar
ja	ja	ja	4000	frühzeitiges Versagen an Übergangsstelle, vorderer Zylinder wird von hinten aufgeschlitzt, großes unverformtes Reststück

Projektil vorne [g]	Zylinder hinten [g]	Deckel [g]	Haltering [g]	Tank [g]	Hartschaum [g]	Teflon 1 [g]	Teflon 2 [g]	Teflon 3 [g]	Endgewicht mit Lackierung und Maßband [g]
72,9	132,4	57,3	13,5	182,8	5,7	18,3	18,1	13,4	519,0

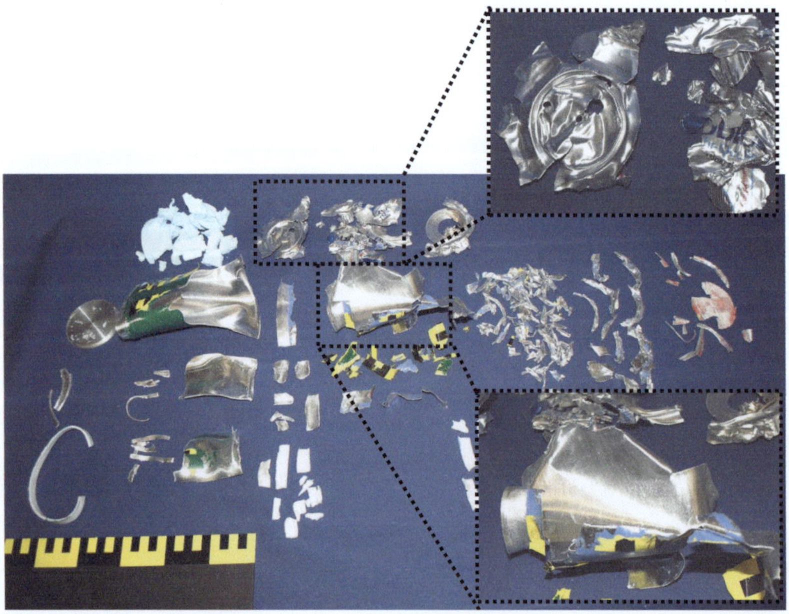

Abbildung C.28: Fragmente Versuch K13

Abbildung C.29: Einzelbilder der Videoaufzeichnung Versuch K13
(4000 Bilder/Sekunde)

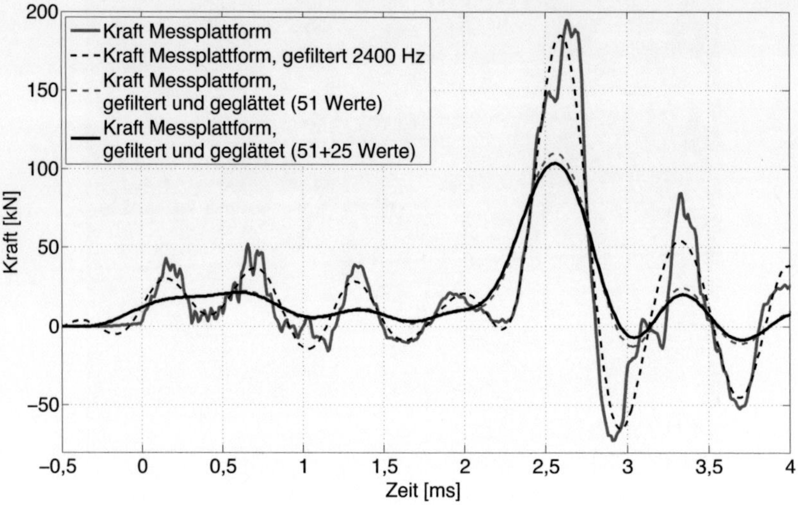

Abbildung C.30: Kraftverlauf Messplattform Versuch K13

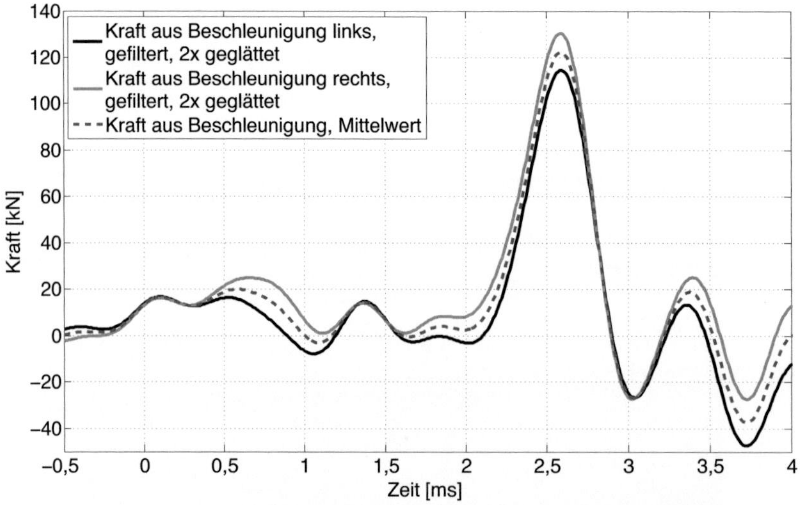

Abbildung C.31: Kraftverlauf aus Beschleunigung Versuch K13

Versuch K14

Tabelle C.8: Versuchsdaten Versuch K14

Bezeichnung	Projektil	mit/ohne Messplatt-form	Druck [bar]	Geschwin-digkeit [m/s]		Aufpralldauer [ms]
				Soll	Ist	
K14	K3 1/2	mit	29,8	165	156	3,75

Kraftmess-plattform	Beschleu-nigung links	Beschleu-nigung rechts	Video-frequenz [Bilder/Sek]	Kommentar
ja	ja	ja	4000	frühzeitiges Versagen an Umspannstelle, hinterer Zylinder trifft leicht verdreht auf

Projektil vorne [g]	Zylinder hinten [g]	Deckel [g]	Halte-ring [g]	Tank [g]	Hart-schaum [g]	Teflon 1 [g]	Teflon 2 [g]	Teflon 3 [g]	Endgewicht mit Lackierung und Maßband [g]
70	147,8	56,8	19,0	185,0	6,0	18,1	17,9	12,0	541,8

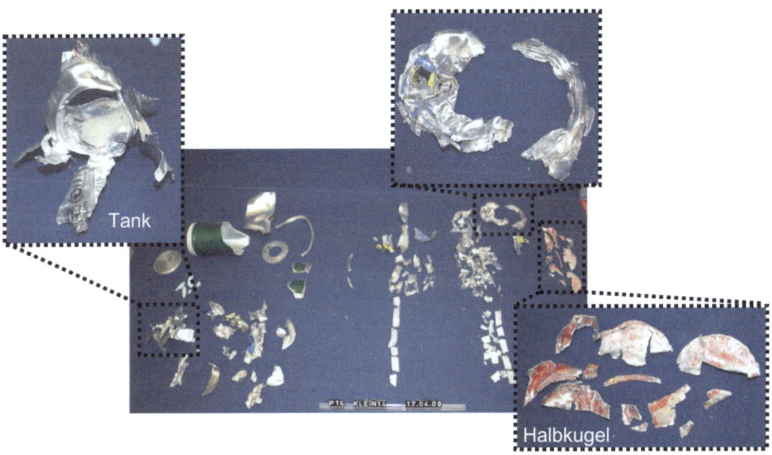

Abbildung C.32: Fragmente Versuch K14

Abbildung C.33: Einzelbilder der Videoaufzeichnung Versuch K14
(4000 Bilder/Sekunde)

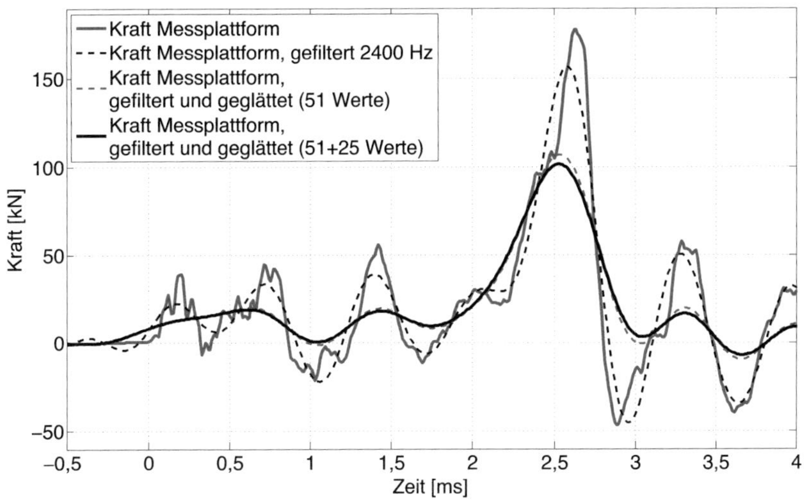

Abbildung C.34: Kraftverlauf Messplattform Versuch K14

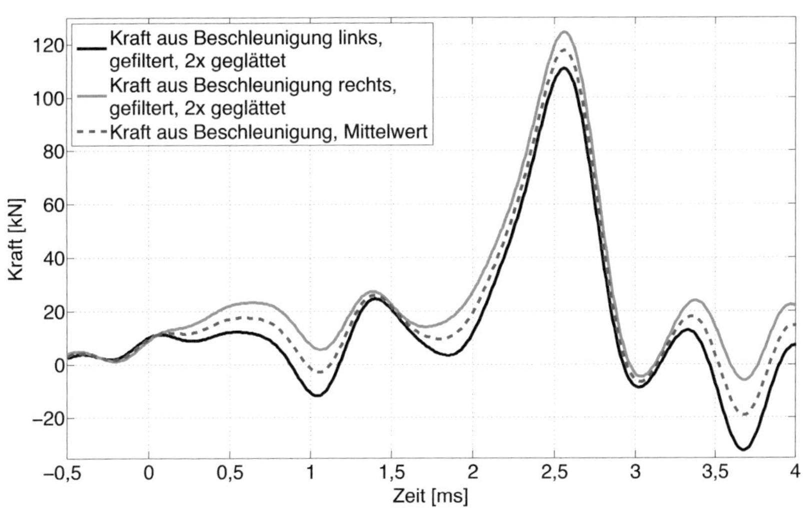

Abbildung C.35: Kraftverlauf aus Beschleunigung Versuch K14

Versuch K15

Tabelle C.9: Versuchsdaten Versuch K15

Bezeichnung	Projektil	mit/ohne Messplatt-form	Druck [bar]	Geschwin-digkeit [m/s] Soll	Geschwin-digkeit [m/s] Ist	Aufpralldauer [ms]
K15	K3 1/2	mit	30,74	165	159	3,2 - 3,3

Kraftmess-plattform	Beschleu-nigung links	Beschleu-nigung rechts	Video-frequenz [Bilder/Sek]	Kommentar
ja	ja	ja	10.000	frühzeitiges Versagen an Umspannstelle, verspäteter Aufprall der Dose vermutet

Projektil vorne [g]	Zylinder hinten [g]	Deckel [g]	Halte-ring [g]	Tank [g]	Hart-schaum [g]	Teflon 1 [g]	Teflon 2 [g]	Teflon 3 [g]	Endgewicht mit Lackierung und Maßband [g]
71,1	147,1	56,8	18,3	184,2	6,0	18,0	18,1	12,0	531,7

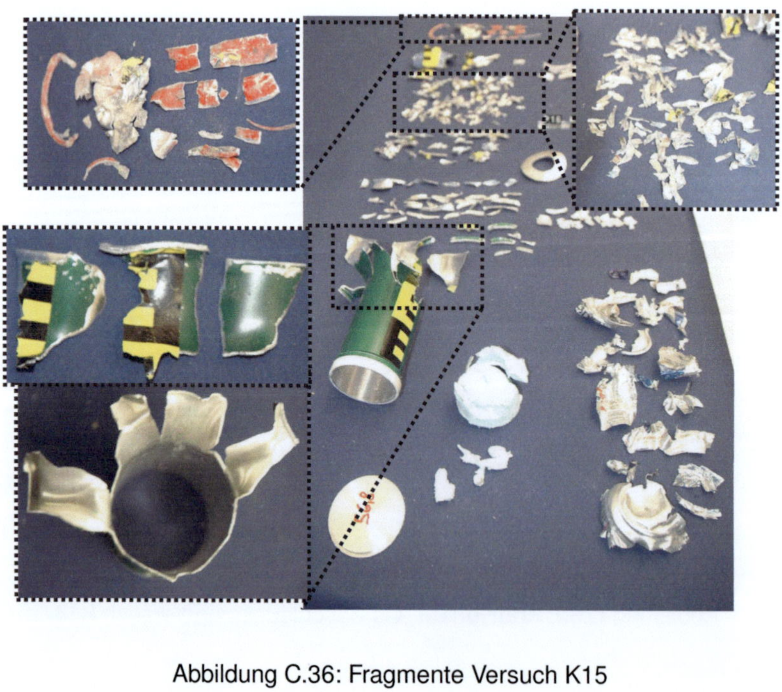

Abbildung C.36: Fragmente Versuch K15

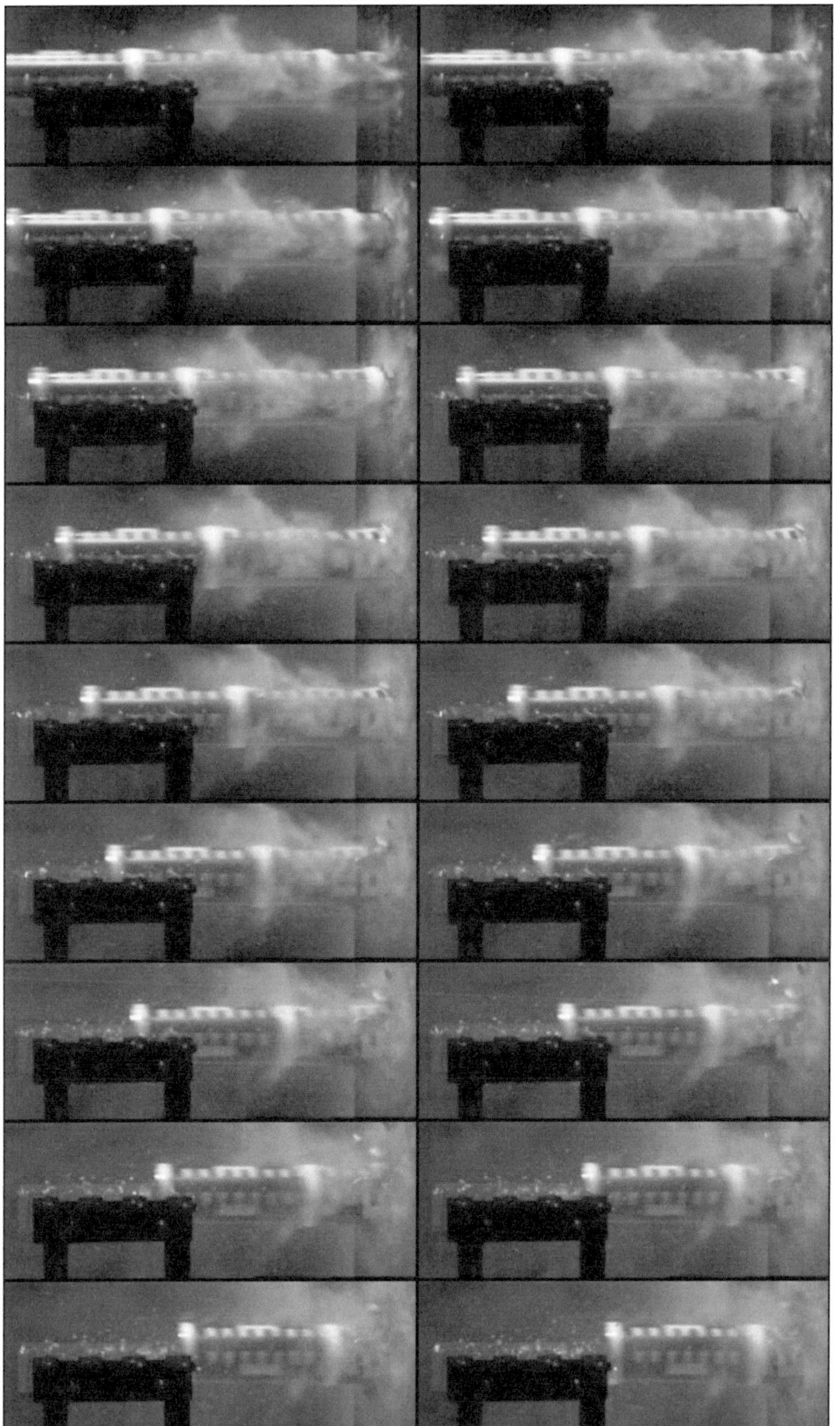

Abbildung C.37: Einzelbilder der Videoaufzeichnung Versuch K15 (10.000 Bilder/Sekunde)

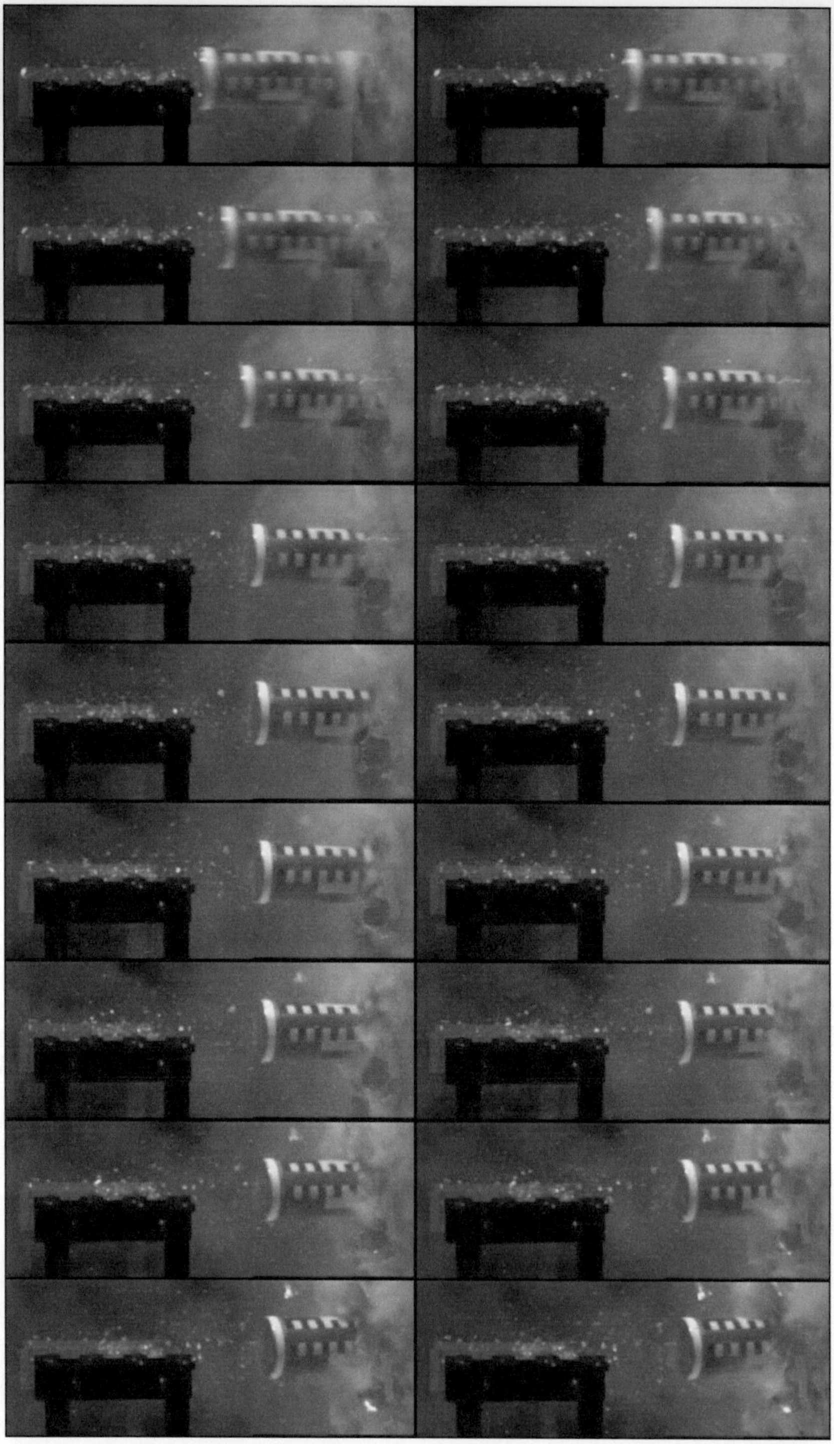

Abbildung C.37: (Fortsetzung) Einzelbilder der Videoaufzeichnung Versuch K15 (10.000 Bilder/Sekunde)

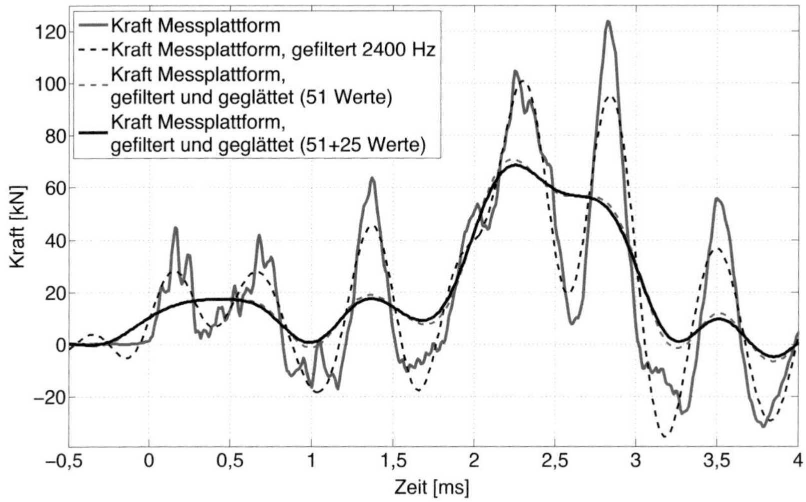

Abbildung C.38: Kraftverlauf Messplattform Versuch K15

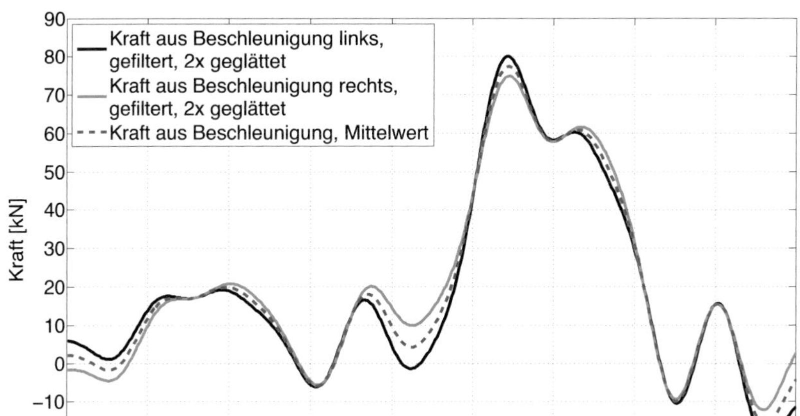

Abbildung C.39: Kraftverlauf aus Beschleunigung Versuch K15

Versuch K18

Tabelle C.10: Versuchsdaten Versuch K18

<table>
<tr><th rowspan="2">Bezeichnung</th><th rowspan="2" colspan="2">Projektil</th><th rowspan="2" colspan="2">mit/ohne Messplatt-form</th><th rowspan="2">Druck [bar]</th><th colspan="3">Geschwin-digkeit [m/s]</th><th rowspan="2">Aufpralldauer [ms]</th></tr>
<tr><th>Soll</th><th colspan="2">Ist</th></tr>
<tr><td>K18</td><td colspan="2">K4 1/1</td><td colspan="2">mit</td><td>43,3</td><td>165</td><td colspan="2">161</td><td>3,7 - 3,9</td></tr>
<tr><th>Kraftmess-plattform</th><th colspan="2">Beschleu-nigung links</th><th colspan="2">Beschleu-nigung rechts</th><th>Video-frequenz [Bilder/Sek]</th><th colspan="4">Kommentar</th></tr>
<tr><td>ja</td><td colspan="2">nein</td><td colspan="2">nein</td><td>10.000</td><td colspan="4">erster Teflonring verschoben, leicht schiefer Aufprall, frühzeitiges Versagen an der Umspannstelle, Abknicken an der Übergangsstelle</td></tr>
<tr><th>Projektil vorne [g]</th><th>Zylinder hinten [g]</th><th>Deckel [g]</th><th>Halte-ring [g]</th><th>Tank [g]</th><th>Hart-schaum [g]</th><th>Teflon 1 [g]</th><th>Teflon 2 [g]</th><th>Teflon 3 [g]</th><th>Endgewicht mit Lackierung und Maßband [g]</th></tr>
<tr><td>68,9</td><td>145,6</td><td>52,5</td><td>13,9</td><td>349,2</td><td>6,0</td><td>18,0</td><td>18,1</td><td>12,5</td><td>694,9</td></tr>
</table>

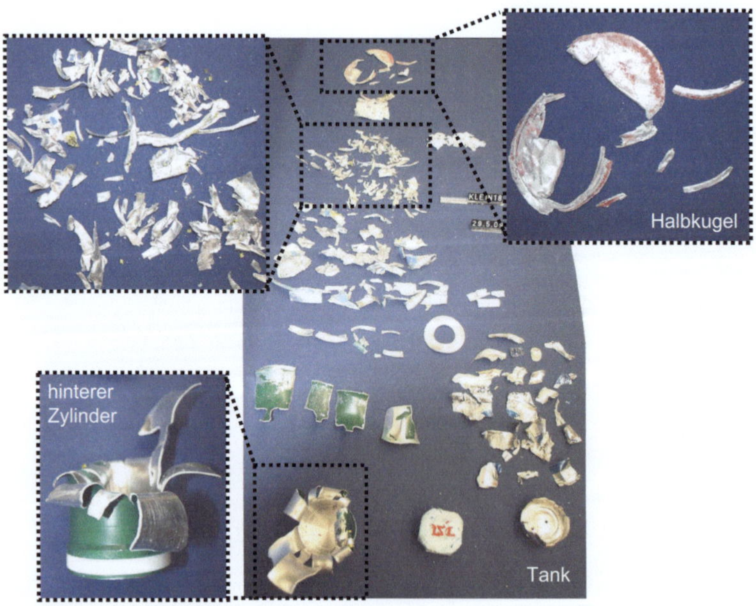

Abbildung C.40: Fragmente Versuch K18

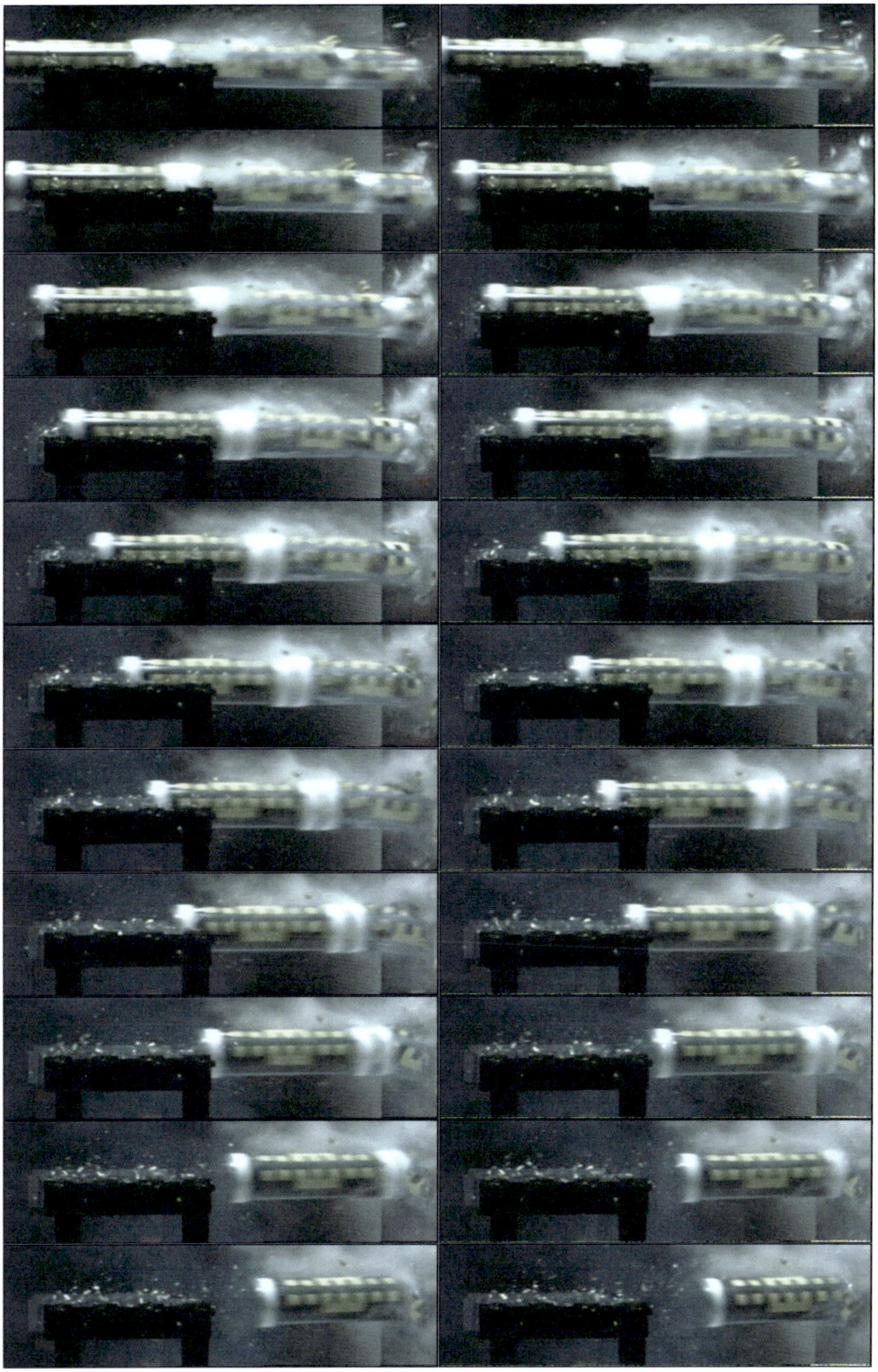

Abbildung C.41: Einzelbilder der Videoaufzeichnung Versuch K18
(10.000 Bilder/Sekunde)

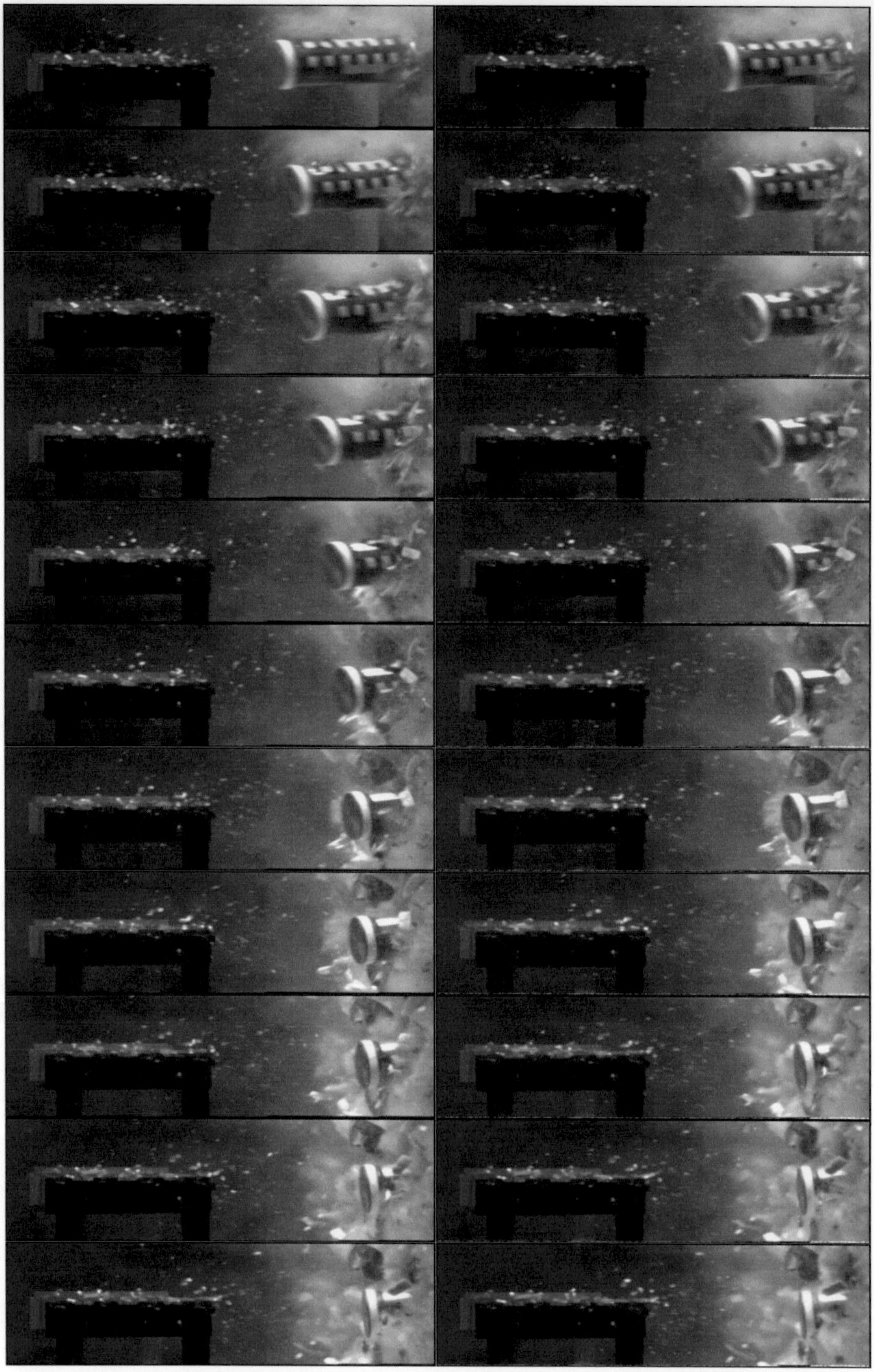

Abbildung C.41: (Fortsetzung) Einzelbilder der Videoaufzeichnung Versuch K18 (10.000 Bilder/Sekunde)

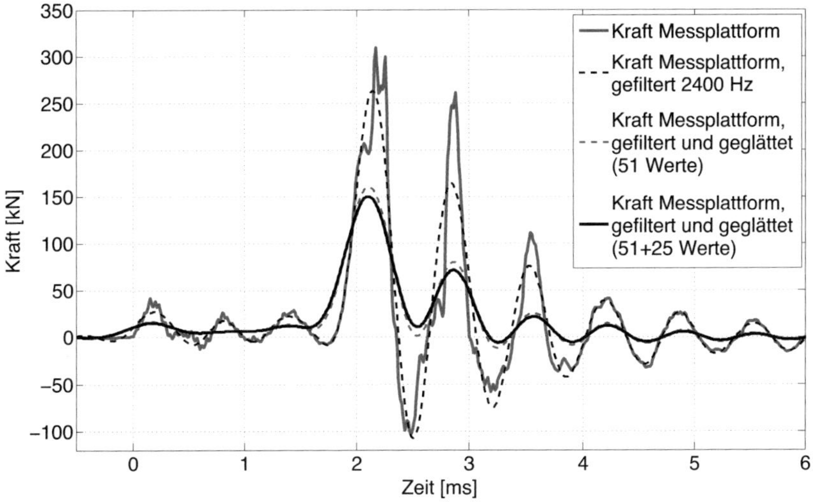

Abbildung C.42: Kraftverlauf Messplattform Versuch K18

Versuch K21

Tabelle C.11: Versuchsdaten Versuch K21

<table>
<tr><th rowspan="2">Bezeichnung</th><th colspan="2" rowspan="2">Projektil</th><th colspan="2" rowspan="2">mit/ohne Messplatt-form</th><th rowspan="2">Druck [bar]</th><th colspan="3">Geschwin-digkeit [m/s]</th><th rowspan="2">Aufpralldauer [ms]</th></tr>
<tr><th>Soll</th><th colspan="2">Ist</th></tr>
<tr><td>K21</td><td colspan="2">K4 1/1</td><td colspan="2">mit</td><td>44,3</td><td>165</td><td colspan="2">160</td><td>3,75 - 4,0</td></tr>
<tr><td>Kraftmess-plattform</td><td colspan="2">Beschleu-nigung links</td><td colspan="2">Beschleu-nigung rechts</td><td>Video-frequenz [Bilder/Sek]</td><td colspan="4">Kommentar</td></tr>
<tr><td>ja</td><td colspan="2">ja</td><td colspan="2">teilw.</td><td>4000</td><td colspan="4">frühzeitiges Versagen an Umspannstelle</td></tr>
<tr><td>Projektil vorne [g]</td><td>Zylinder hinten [g]</td><td>Deckel [g]</td><td>Halte-ring [g]</td><td>Tank [g]</td><td>Hart-schaum [g]</td><td>Teflon 1 [g]</td><td>Teflon 2 [g]</td><td>Teflon 3 [g]</td><td>Endgewicht mit Lackierung und Maßband [g]</td></tr>
<tr><td>71,5</td><td>152,8</td><td>54,0</td><td>14,0</td><td>362,0</td><td>6,0</td><td>18,9</td><td>18,8</td><td>12,0</td><td>715,2</td></tr>
</table>

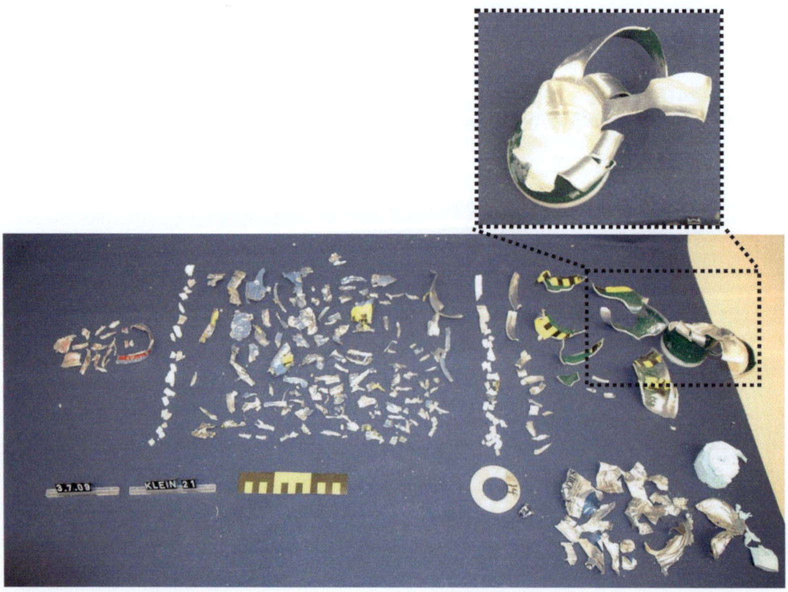

Abbildung C.43: Fragmente Versuch K21

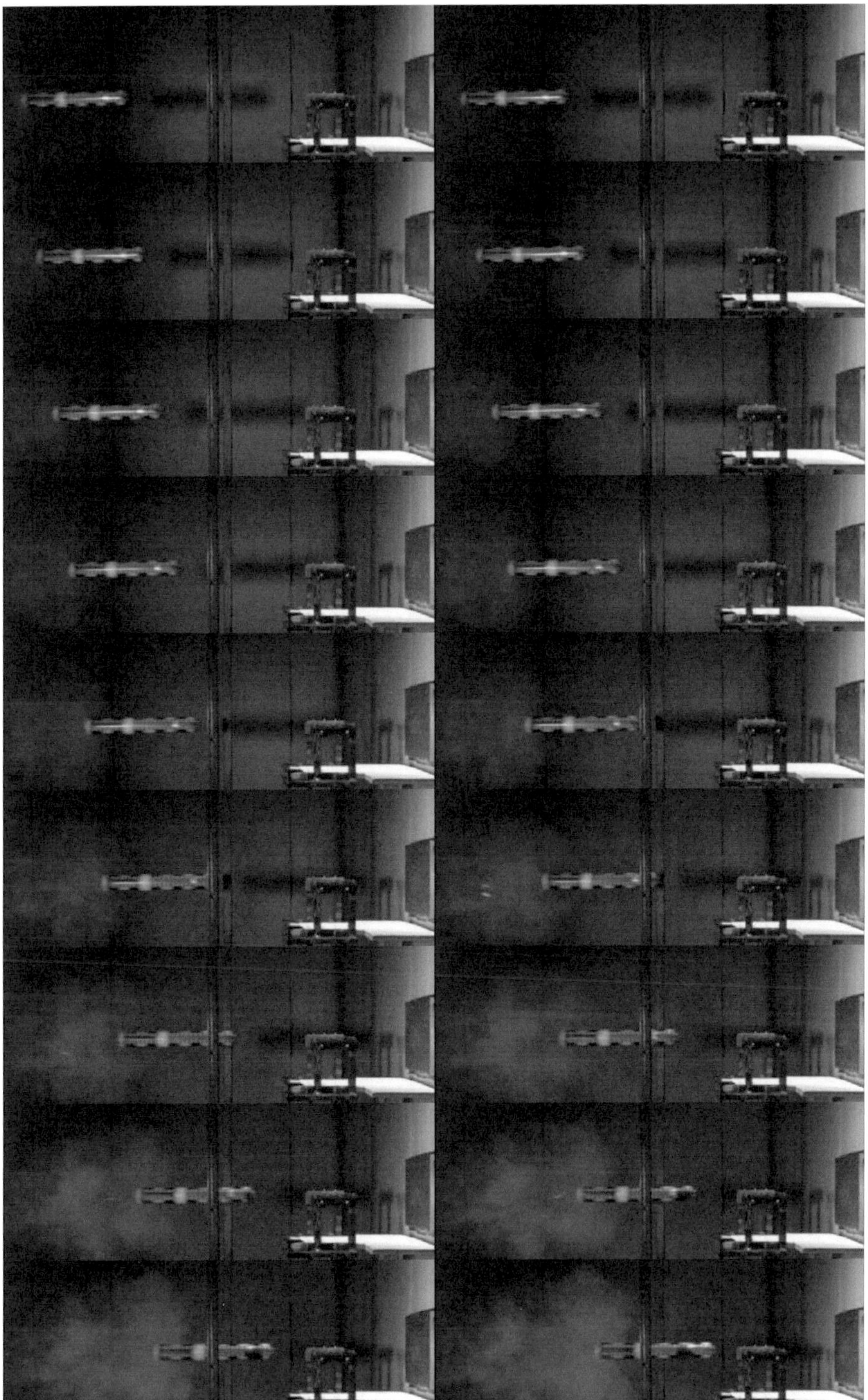

Abbildung C.44: Einzelbilder der Videoaufzeichnung Versuch K21 (4000 Bilder/Sekunde)

Abbildung C.44: (Fortsetzung) Einzelbilder der Videoaufzeichnung Versuch K21 (4000 Bilder/Sekunde)

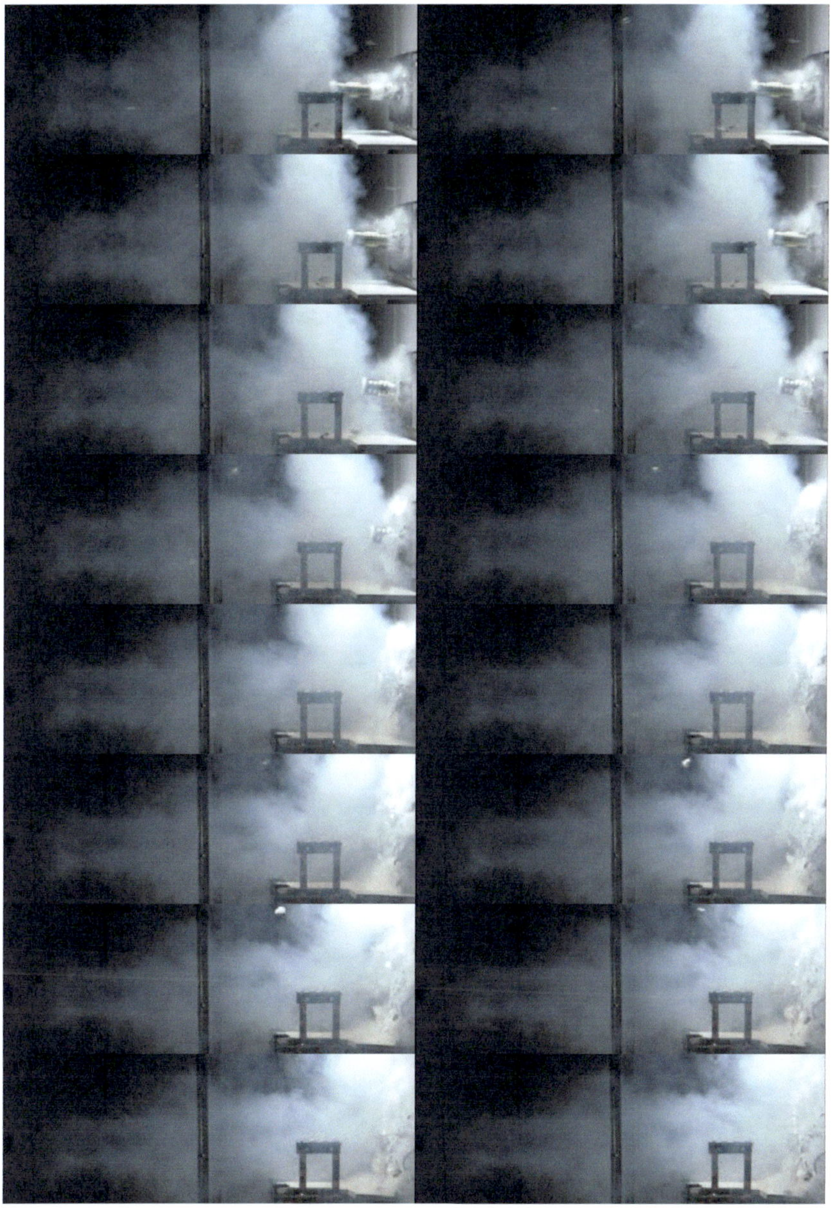

Abbildung C.44: (Fortsetzung) Einzelbilder der Videoaufzeichnung Versuch K21 (4000 Bilder/Sekunde)

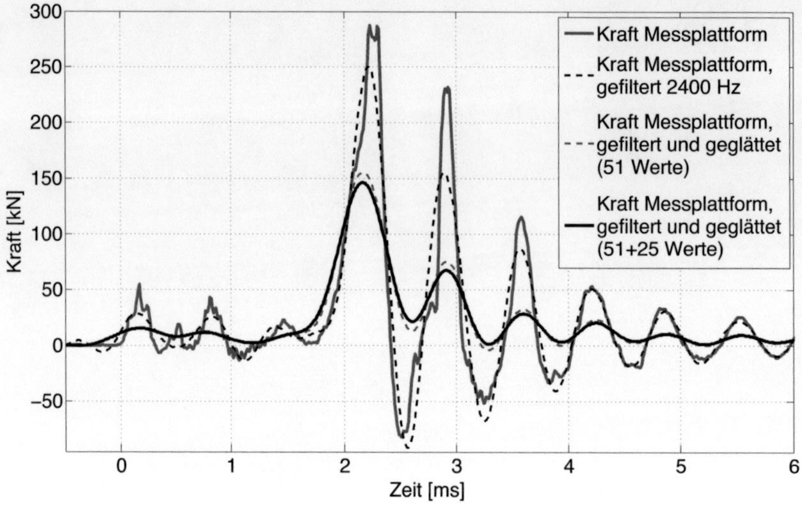

Abbildung C.45: Kraftverlauf Messplattform Versuch K21

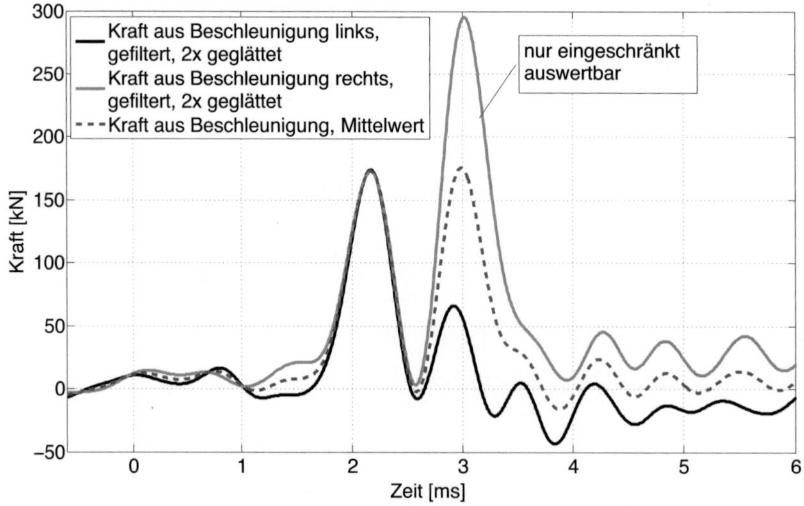

Abbildung C.46: Kraftverlauf aus Beschleunigung Versuch K21

Versuch K22

Tabelle C.12: Versuchsdaten Versuch K22

<table>
<tr><th rowspan="2">Bezeichnung</th><th rowspan="2">Projektil</th><th rowspan="2">mit/ohne Messplatt-form</th><th rowspan="2">Druck [bar]</th><th colspan="2">Geschwindigkeit [m/s]</th><th rowspan="2">Aufpralldauer [ms]</th></tr>
<tr><th>Soll</th><th>Ist</th></tr>
<tr><td>K22</td><td>K4</td><td>mit</td><td>25,36</td><td>190</td><td>184 - 190</td><td>2,6 - 2,7</td></tr>
<tr><td>Kraftmess-plattform</td><td>Beschleu-nigung links</td><td>Beschleu-nigung rechts</td><td>Video-frequenz [Bilder/Sek]</td><td colspan="3">Kommentar</td></tr>
<tr><td>ja</td><td>ja</td><td>ja</td><td>10.000</td><td colspan="3">Halbkugel durch Glasstäbe leicht eingedrückt</td></tr>
<tr><td>Projektil vorne [g]</td><td>Zylinder hinten [g]</td><td>Deckel [g]</td><td>Teflon 1 [g]</td><td>Teflon 2 [g]</td><td>Teflon 3 [g]</td><td>Endgewicht mit Lackierung und Maßband [g]</td></tr>
<tr><td>78,7</td><td>152,6</td><td>53,7</td><td>18,9</td><td>19,0</td><td>12,4</td><td>337,5</td></tr>
</table>

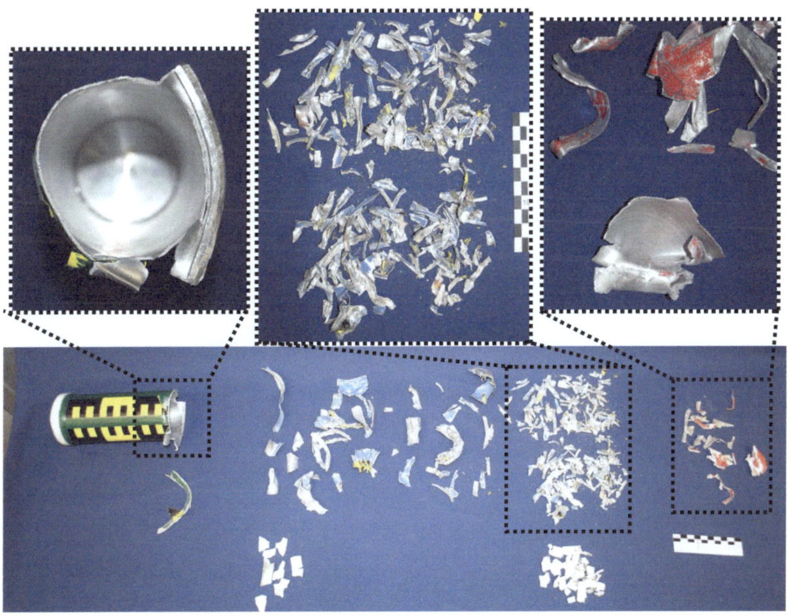

Abbildung C.47: Fragmente Versuch K22

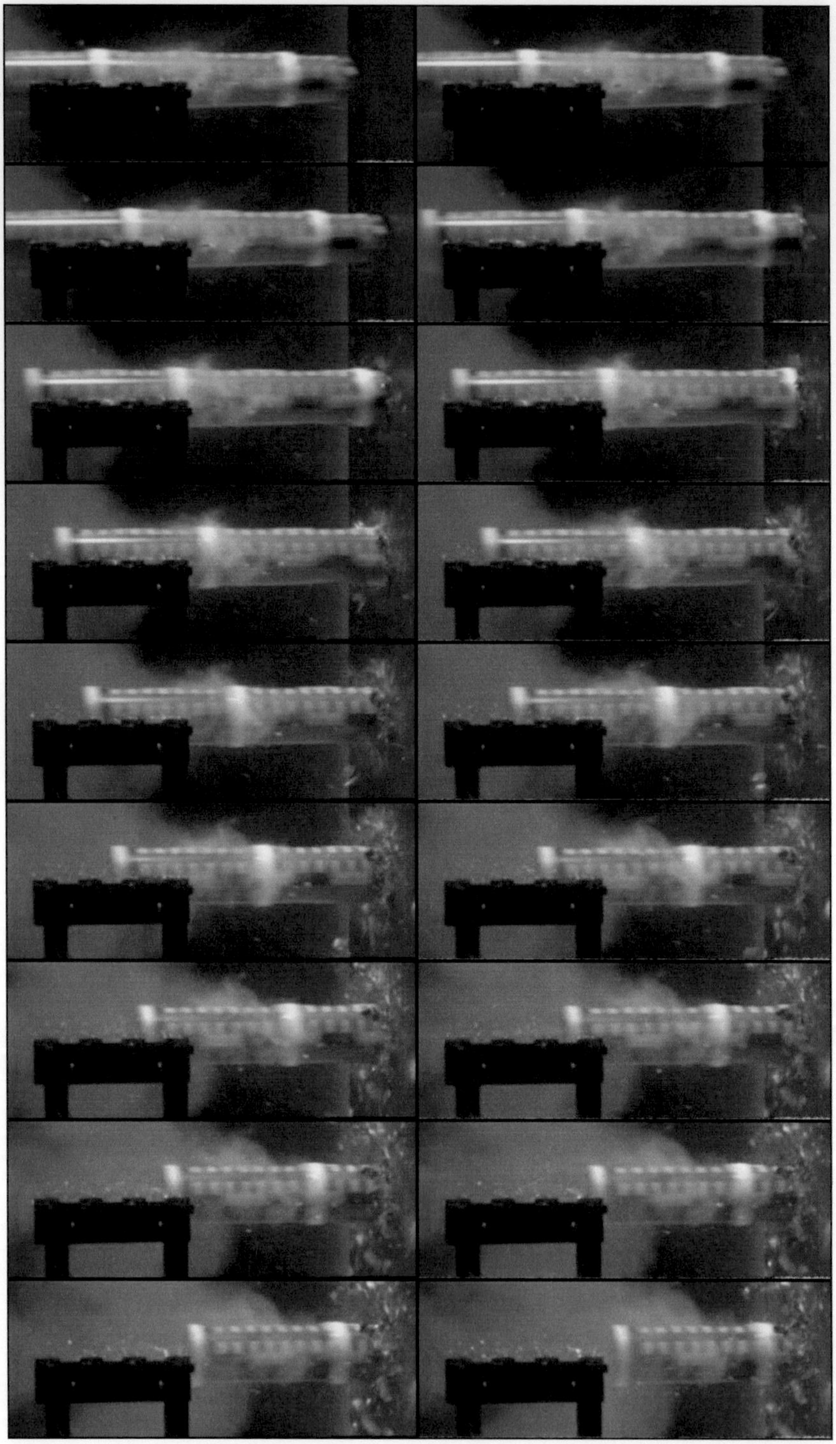

Abbildung C.48: Einzelbilder der Videoaufzeichnung Versuch K22
(10.000 Bilder/Sekunde)

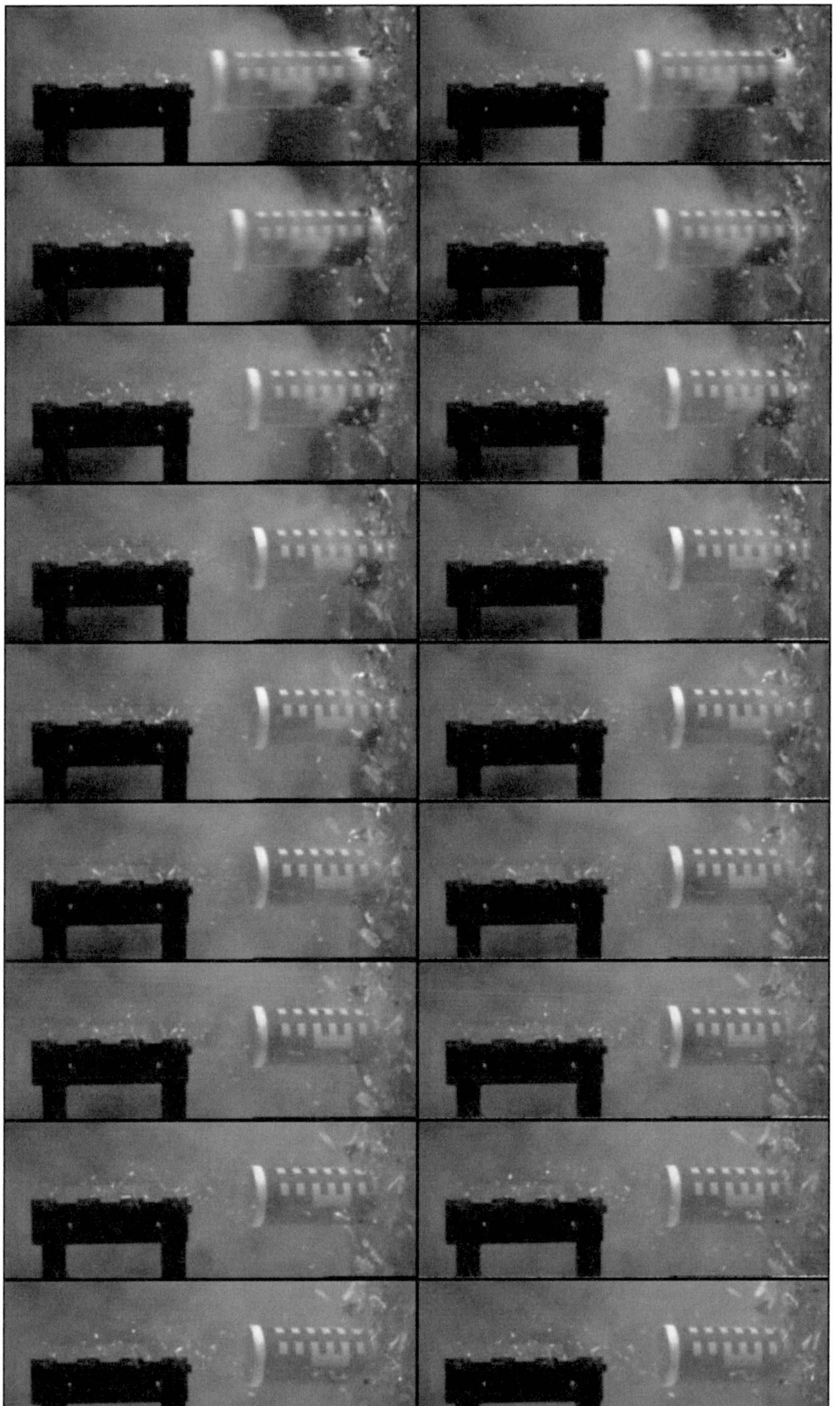

Abbildung C.48: (Fortsetzung) Einzelbilder der Videoaufzeichnung Versuch K22 (10.000 Bilder/Sekunde)

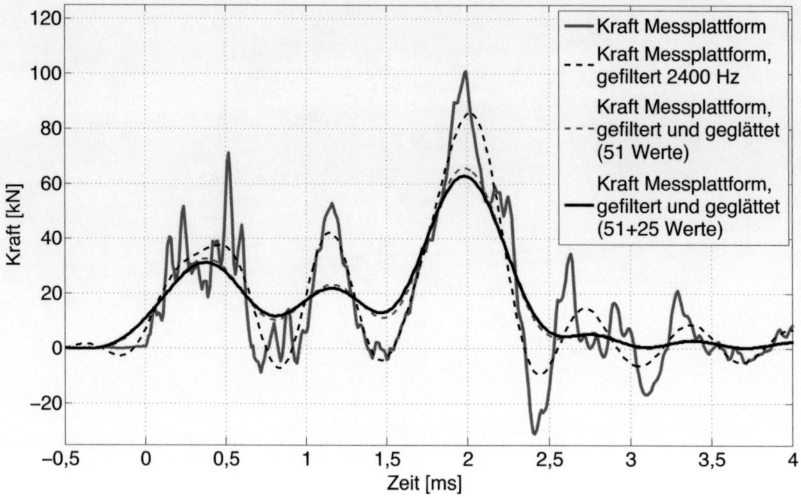

Abbildung C.49: Kraftverlauf Messplattform Versuch K22

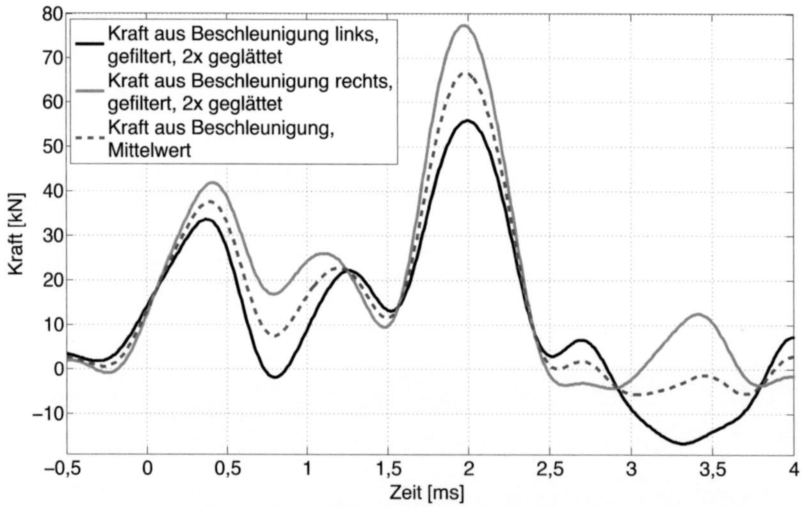

Abbildung C.50: Kraftverlauf aus Beschleunigung Versuch K22

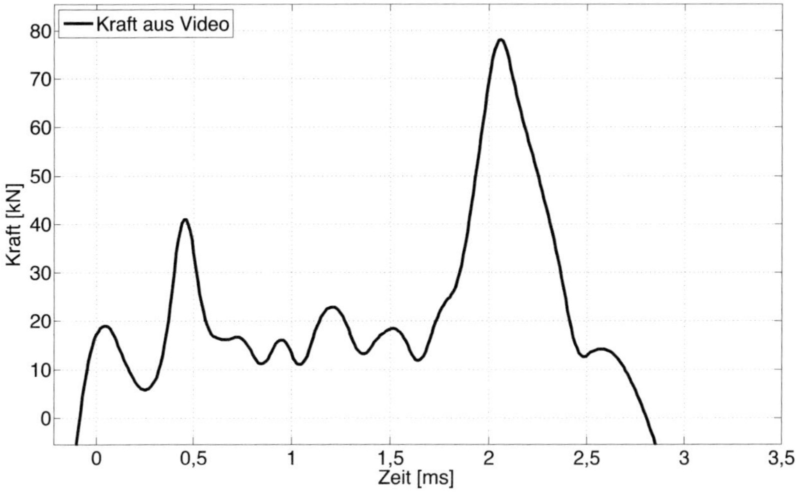

Abbildung C.51: Kraftverlauf aus Videodaten Versuch K22

Versuch K23

Tabelle C.13: Versuchsdaten Versuch K23

Bezeichnung	**Projektil**	**mit/ohne Messplattform**	**Druck [bar]**	**Geschwindigkeit [m/s]**		**Aufpralldauer [ms]**
				Soll	**Ist**	
K23	K4	mit	29,88	200	214 - 222	2,5 - 2,6
Kraftmessplattform	**Beschleunigung links**	**Beschleunigung rechts**	**Videofrequenz [Bilder/Sek]**	**Kommentar**		
ja	ja	ja	10.000	Halbkugel durch Glasstäbe eingedrückt, frühzeitiges Versagen an Umspannstelle		
Projektil vorne [g]	**Zylinder hinten [g]**	**Deckel [g]**	**Teflon 1 [g]**	**Teflon 2 [g]**	**Teflon 3 [g]**	**Endgewicht mit Lackierung und Maßband [g]**
77,6	151,3	54,0	18,9	19,0	12,4	337,4

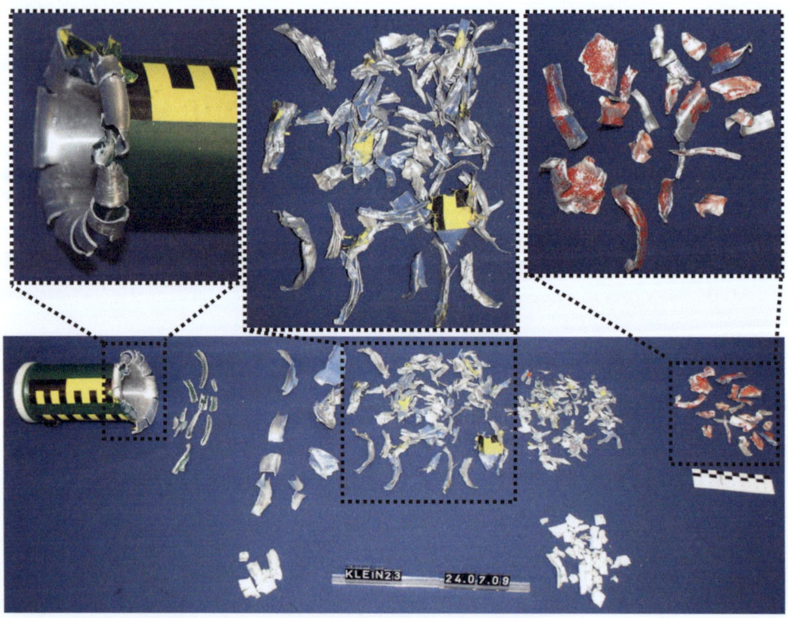

Abbildung C.52: Fragmente Versuch K23

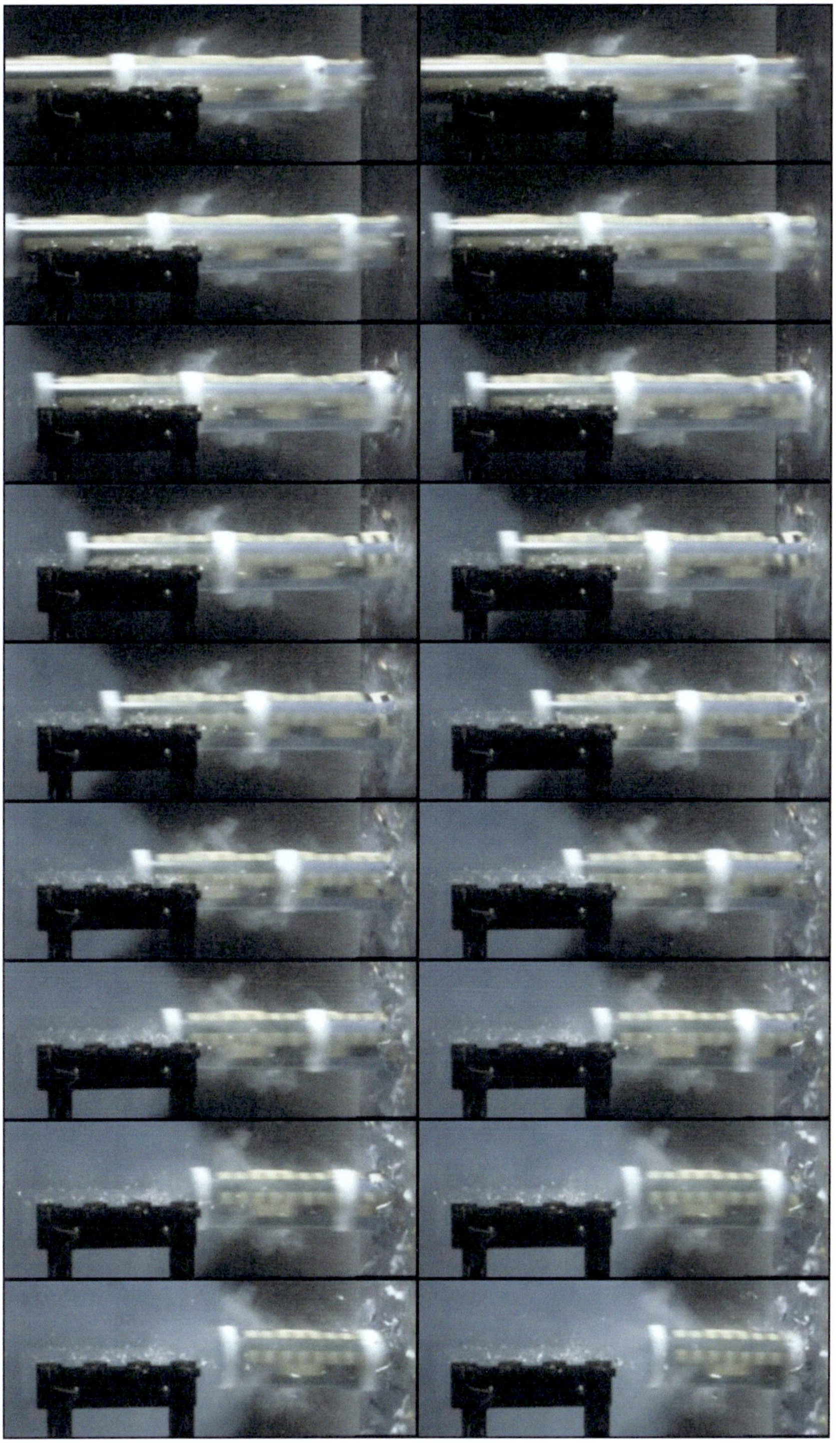

Abbildung C.53: Einzelbilder der Videoaufzeichnung Versuch K23 (10.000 Bilder/Sekunde)

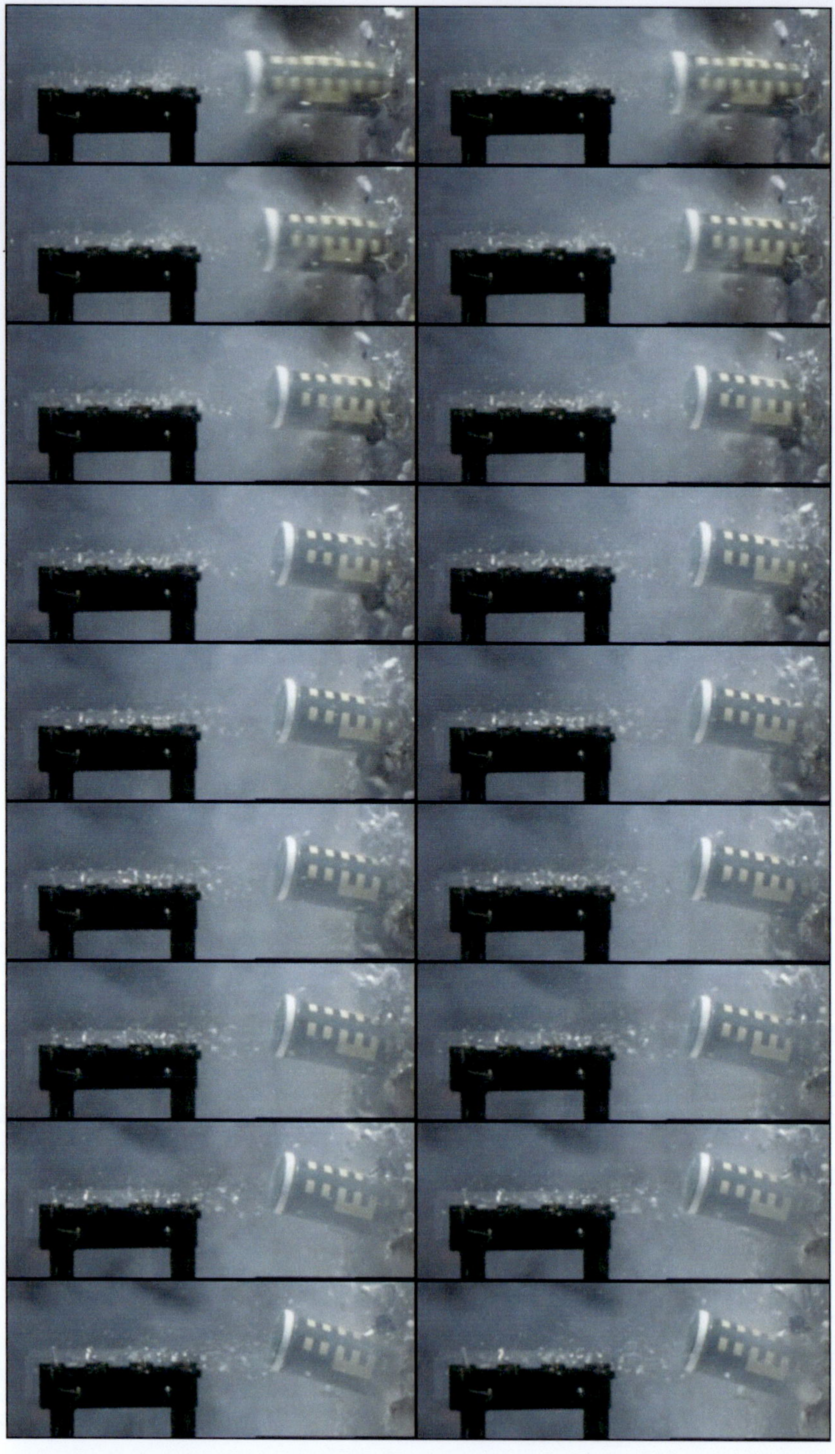

Abbildung C.53: (Fortsetzung) Einzelbilder der Videoaufzeichnung Versuch K23 (10.000 Bilder/Sekunde)

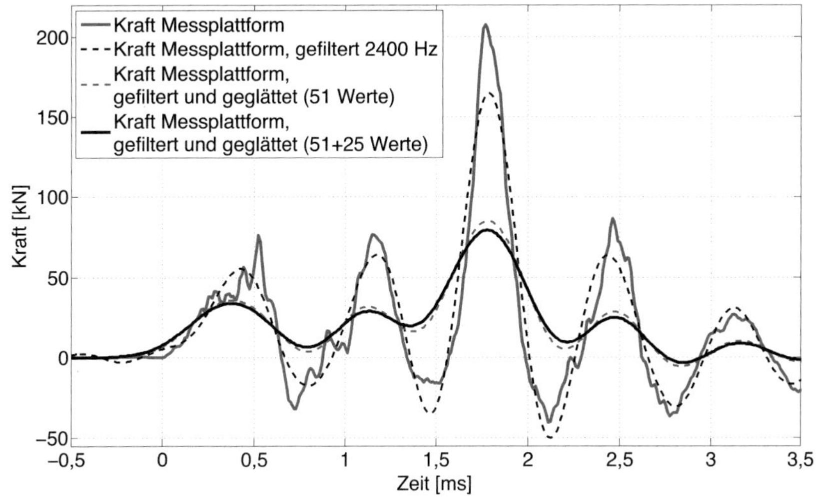

Abbildung C.54: Kraftverlauf Messplattform Versuch K23

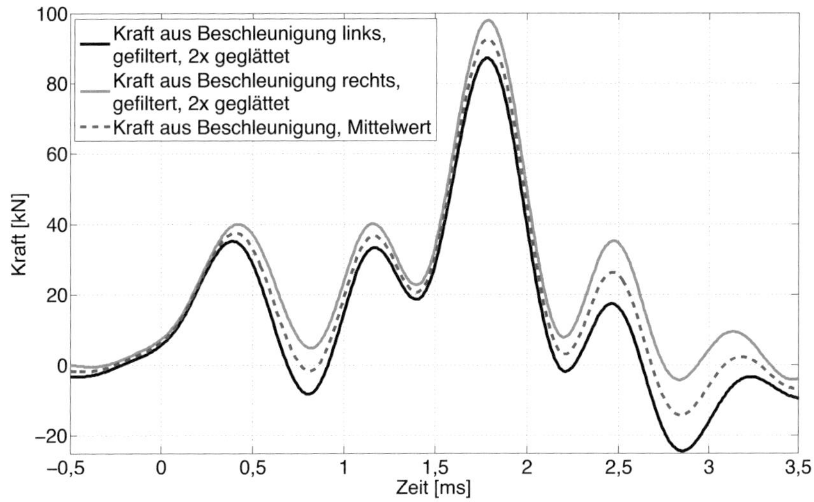

Abbildung C.55: Kraftverlauf aus Beschleunigung Versuch K23

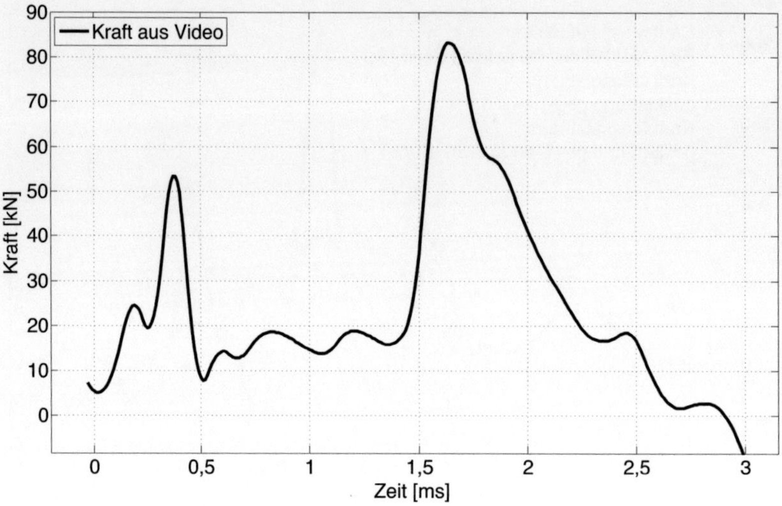

Abbildung C.56: Kraftverlauf aus Videodaten Versuch K23

Versuch K24

Tabelle C.14: Versuchsdaten Versuch K24

Bezeichnung	Projektil	mit/ohne Messplatt-form	Druck [bar]	Geschwindigkeit [m/s]		Aufpralldauer [ms]
				Soll	Ist	
K24	K4	ohne	18,96	165	162	2,8 - 2,9
Kraftmess-plattform	**Beschleu-nigung links**	**Beschleu-nigung rechts**	**Video-frequenz [Bilder/Sek]**	**Kommentar**		
---	teilw.	ja	10.000	frühzeitiges Versagen an Umspannstelle		
Projektil vorne [g]	**Zylinder hinten [g]**	**Deckel [g]**	**Teflon 1 [g]**	**Teflon 2 [g]**	**Teflon 3 [g]**	**Endgewicht mit Lackierung und Maßband [g]**
64,7	147,9	50,5	17,4	17,2	12,0	315,9

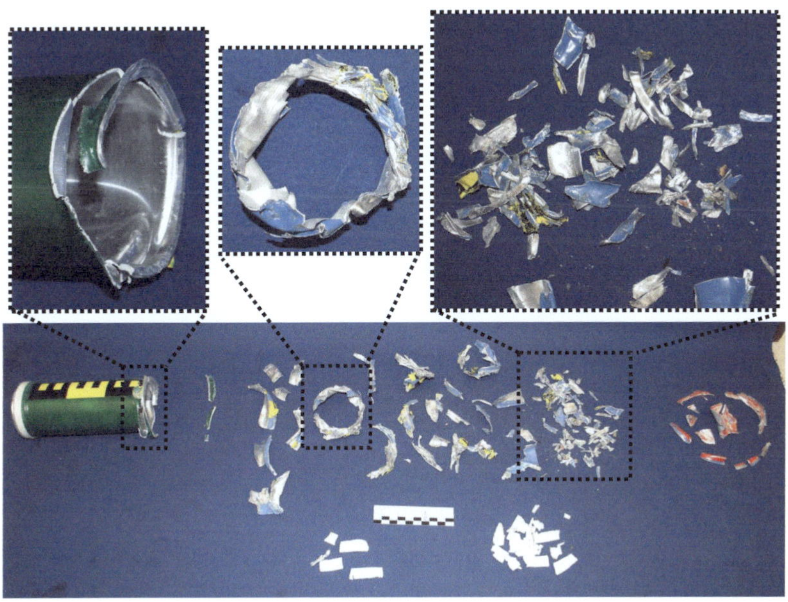

Abbildung C.57: Fragmente Versuch K24

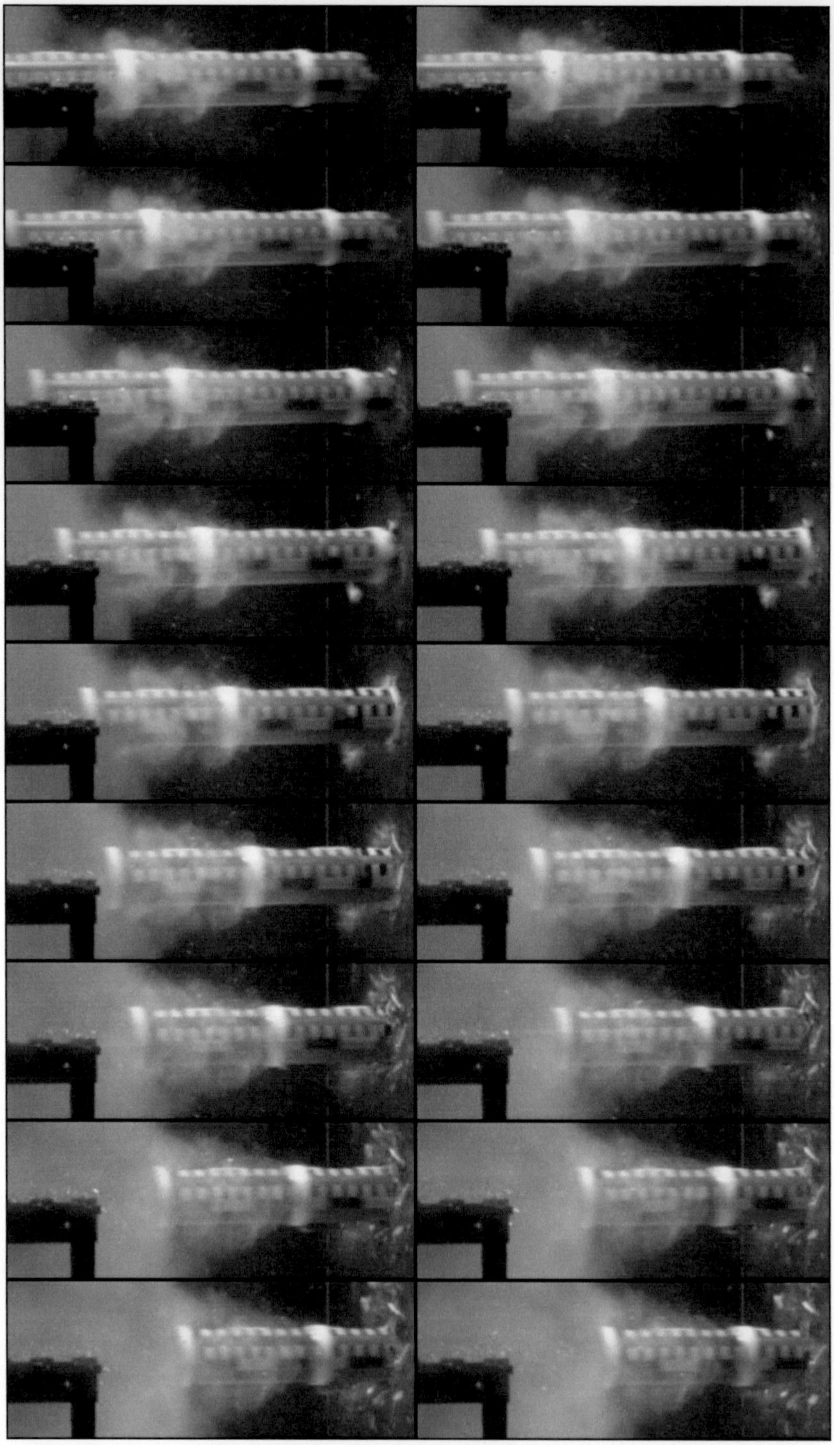

Abbildung C.58: Einzelbilder der Videoaufzeichnung Versuch K24 (4000 Bilder/Sekunde)

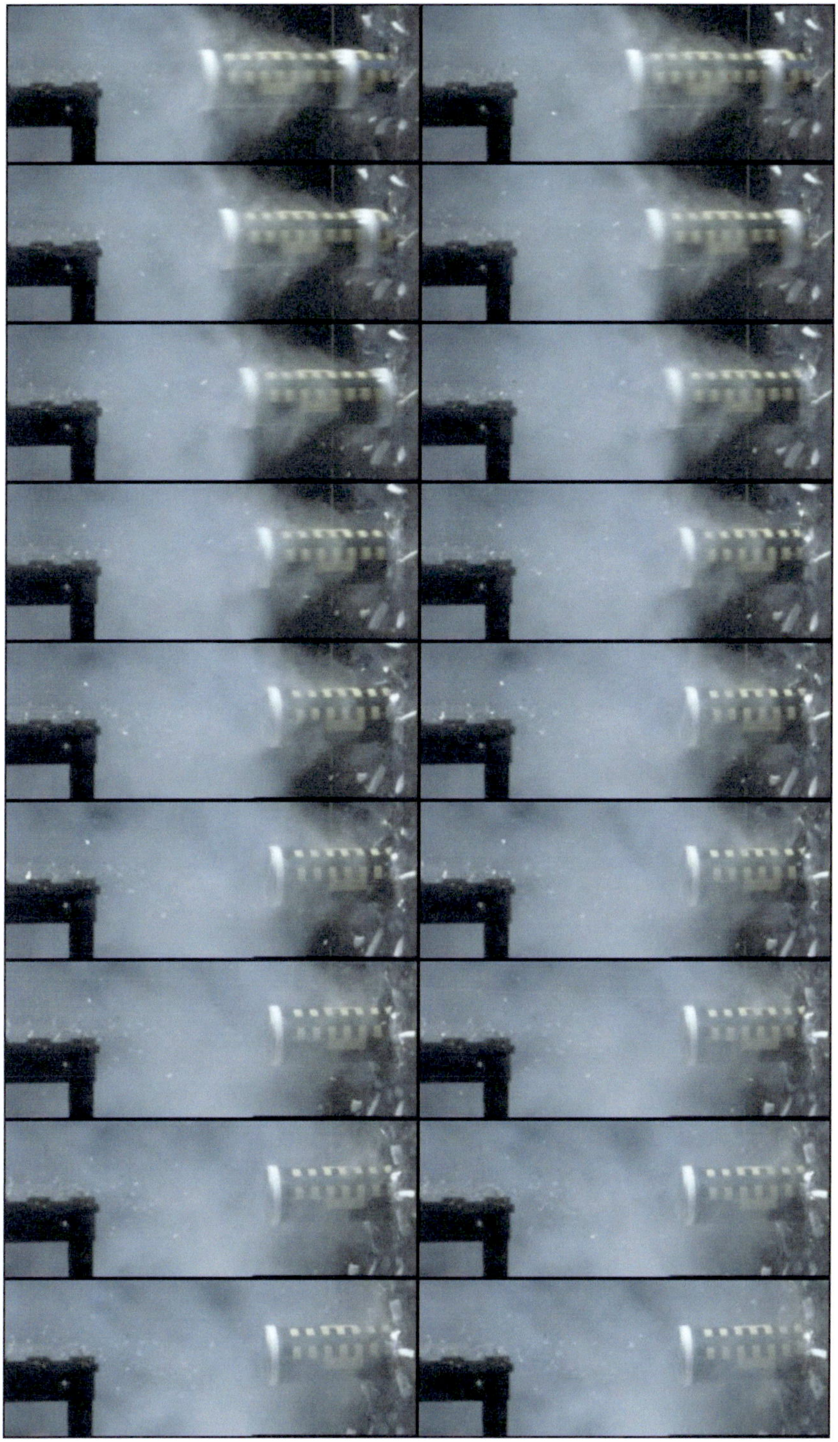

Abbildung C.58: (Fortsetzung) Einzelbilder der Videoaufzeichnung Versuch K24 (4000 Bilder/Sekunde)

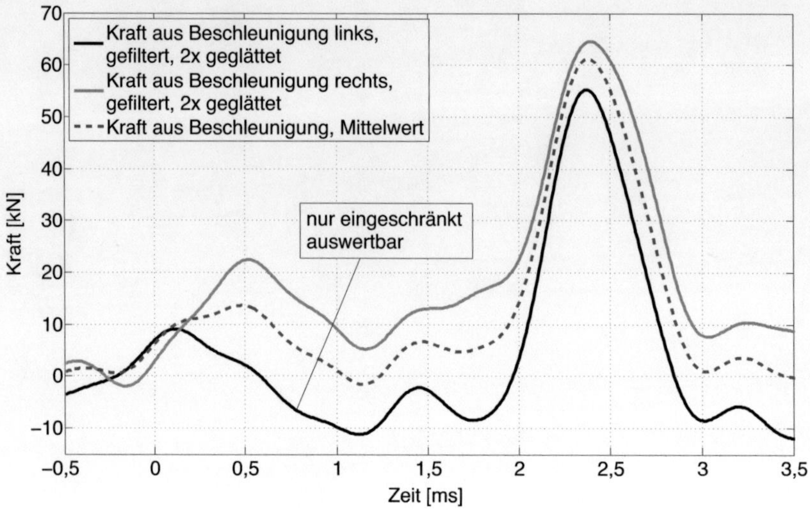

Abbildung C.59: Kraftverlauf aus Beschleunigung Versuch K24

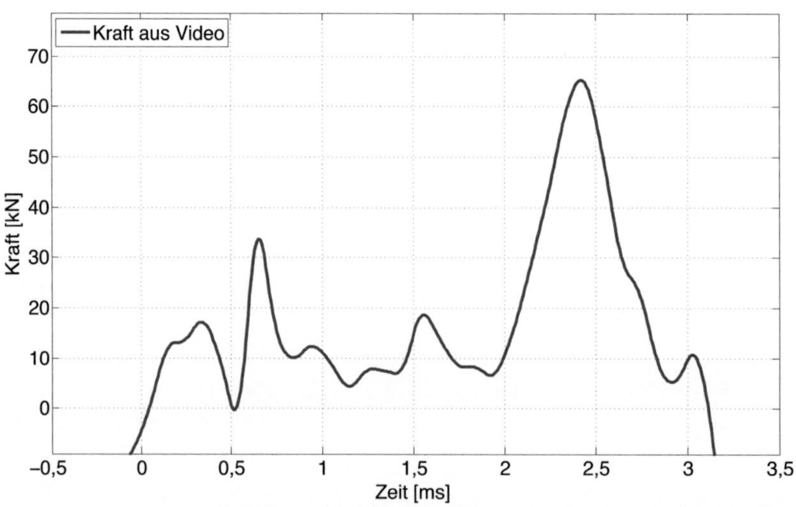

Abbildung C.60: Kraftverlauf aus Videodaten Versuch K24

Schriftenreihe des

Instituts für Massivbau und Baustofftechnologie

Herausgeber: Univ.-Prof. Dr.-Ing. Harald S. Müller
Univ.-Prof. Dr.-Ing. Lothar Stempniewski

Institut für Massivbau und Baustofftechnologie
Universität Karlsruhe (TH)

ISSN 0933-0461

Heft 1 Manfred Curbach:
Festigkeitssteigerung von Beton bei hohen Belastungsgeschwindigkeiten. 1987

Heft 2 Franz-Hermann Schlüter:
Dicke Stahlbetonplatten unter stoßartiger Belastung - Flugzeugabsturz. 1987

Heft 3 Marlies Schieferstein:
Der Zugflansch von Stahlbetonplattenbalken unter Längsschub und Querbiegung bei kritischer Druckbeanspruchung von Beton. 1988

Heft 4 Thomas Bier:
Karbonatisierung und Realkalisierung von Zementstein und Beton. 1988

Heft 5 Wolfgang Brameshuber:
Bruchmechanische Eigenschaften von jungem Beton. 1988

Heft 6 Bericht DFG-Forschungsschwerpunkt:
Durability of Non-Metallic Inanorganic Building Materials. 1988

Heft 7 Manfred Feyerabend:
Der harte Querstoß auf Stützen aus Stahl und Stahlbeton. 1988

Heft 8 Klaus F. Schönlin:
Permeabilität als Kennwert der Dauerhaftigkeit von Beton. 1989

Heft 9 Lothar Stempniewski:
Flüssigkeitsgefüllte Stahlbetonbehälter unter Erdbebeneinwirkung. 1990

Heft 10 Jörg Weidner:
Vergleich von Stoffgesetzen granularer Schüttgüter zur Silodruckermittlung. 1990

Heft 11	Pingli Yi: **Explosionseinwirkungen auf Stahlbetonplatten**. 1991
Heft 12	Rainer Kunterding: **Beanspruchung der Oberfläche von Stahlbetonsilos durch Schüttgüter**. 1991
Heft 13	Peter Haardt: **Zementgebundene und kunststoffvergütete Beschichtungen auf Beton**. 1991
Heft 14	Günter Rombach: **Schüttguteinwirkungen auf Silozellen - Exzentrische Entleerung**. 1991
Heft 15	Harald Garrecht: **Porenstrukturmodelle für den Feuchtehaushalt von Baustoffen mit und ohne Salzbefrachtung und rechnerische Anwendung auf Mauerwerk**. 1992
Heft 16	Violandi Vratsanou: **Das nichtlineare Verhalten unbewehrter Mauerwerksscheiben unter Erdbebenbeanspruchung - Hilfsmittel zur Bestimmung der q-Faktoren**. 1992
Heft 17	Carlos Rebelo: **Stochastische Modellierung menschenerzeugter Schwingungen**. 1992
Heft 18	Seminar 29./30. März 1993: **Erdbebenauslegung von Massivbauten unter Berücksichtigung des Eurocode 8**. 1993
Heft 19	Hubert Bachmann: **Die Massenträgheit in einem Pseudo-Stoffgesetz für Beton bei schneller Zugbeanspruchung**. 1993
Heft 20	DBV/AiF-Forschungsbericht: H. Emrich: **Zum Tragverhalten von Stahlbetonbauteilen unter Querkraft- und Längszugbeanspruchung**. 1993
Heft 21	Robert Stolze: **Zum Tragverhalten von Stahlbetonplatten mit von den Bruchlinien abweichender Bewehrungsrichtung - Bruchlinien-Rotationskapazität**. 1993
Heft 22	Jie Huang: **Extern vorgespannte Segmentbrücken unter kombinierter Beanspruchung aus Biegung, Querkraft und Torsion**. 1994
Heft 23	Rolf Wörner: **Verstärkung von Stahlbetonbauteilen mit Spritzbeton**. 1994
Heft 24	Ioannis Retzepis: **Schiefe Betonplatten im gerissenen Zustand**. 1995

Heft 25 Frank Dahlhaus:
Stochastische Untersuchungen von Silobeanspruchungen. 1995

Heft 26 Cornelius Ruckenbrod:
Statische und dynamische Phänomene bei der Entleerung von Silozellen. 1995

Heft 27 Shishan Zheng:
Beton bei variierender Dehngeschwindigkeit, untersucht mit einer neuen modifizierten Split-Hopkinson-Bar-Technik. 1996

Heft 28 Yong-zhi Lin:
Tragverhalten von Stahlfaserbeton. 1996

Heft 29 DFG:
Korrosion nichtmetallischer anorganischer Werkstoffe im Bauwesen. 1996

Heft 30 Jürgen Ockert:
Ein Stoffgesetz für die Schockwellenausbreitung in Beton. 1997

Heft 31 Andreas Braun:
Schüttgutbeanspruchungen von Silozellen unter Erdbebeneinwirkung. 1997

Heft 32 Martin Günter:
Beanspruchung und Beanspruchbarkeit des Verbundes zwischen Polymerbeschichtungen und Beton. 1997

Heft 33 Gerhard Lohrmann:
Faserbeton unter hoher Dehngeschwindigkeit. 1998

Heft 34 Klaus Idda:
Verbundverhalten von Betonrippenstäben bei Querzug. 1999

Heft 35 Stephan Kranz:
Lokale Schwind- und Temperaturgradienten in bewehrten, oberflächennahen Zonen von Betonstrukturen. 1999

Heft 36 Gunther Herold:
Korrosion zementgebundener Werkstoffe in mineralsauren Wässern. 1999

Heft 37 Mostafa Mehrafza:
Entleerungsdrücke in Massefluss-Silos - Einflüsse der Geometrie und Randbedingungen. 2000

Heft 38 Tarek Nasr:
Druckentlastung bei Staubexplosionen in Siloanlagen. 2000

Heft 39 Jan Akkermann:
Rotationsverhalten von Stahlbeton-Rahmenecken. 2000

Heft 40	Viktor Mechtcherine: **Bruchmechanische und fraktologische Untersuchungen zur Rißausbreitung in Beton**. 2001
Heft 41	Ulrich Häußler-Combe: **Elementfreie Galerkin-Verfahren - Grundlagen und Einsatzmöglichkeiten zur Berechnung von Stahlbetontragwerken**. 2001
Heft 42	Björn Schmidt-Hurtienne: **Ein dreiaxiales Schädigungsmodell für Beton unter Einschluß des Dehnrateneffekts bei Hochgeschwindigkeitsbelastung**. 2001
Heft 43	Nazir Abdou: **Ein stochastisches nichtlineares Berechnungsverfahren für Stahlbeton mit finiten Elementen**. 2002
Heft 44	Andreas Plokitza: **Ein Verfahren zur numerischen Simulation von Betonstrukturen beim Abbruch durch Sprengen.** 2002
Heft 45	Timon Rabczuk: **Numerische Untersuchungen zum Fragmentierungsverhalten von Beton mit Hilfe der SPH-Methode**. 2002
Heft 46	Norbert J. Krutzik: **Zu Anwendungsgrenzen von FE-Modellen bei der Simulation von Erschütterungen in Kernkraftbauwerken bei Stoßbelastungen.** 2002
Heft 47	Thorsten Timm: **Beschuß von flüssigkeitsgefüllten Stahlbehältern**. 2002
Heft 48	Slobodan Kasic: **Tragverhalten von Segmentbauteilen mit interner und externer Vorspannung ohne Verbund.** 2002
Heft 49	Christoph Kessler-Kramer: **Zugtragverhalten von Beton unter Ermüdungsbeanspruchung.** 2002
Heft 50	Nico Herrmann: **Experimentelle Verifizierung von Prognosen zur Sprengtechnik.** 2002
Heft 51	Michael Baur: **Elastomerlager und nichtlineare Standorteffekte bei Erdbebeneinwirkung**. 2003
Heft 52	Seminar 02. Juli 2004: **DIN 1045-1; Aus der Praxis für die Praxis**. 2004
Heft 53	Abdelkhalek Saber Omar Mohamed: **Behaviour of Retrofitted Masonry Shear Walls Subjected to Cyclic Loading**. 2004

Heft 54	Werner Hörenbaum: **Verwitterungsmechanismen und Dauerhaftigkeit von Sandsteinsichtmauenwerk**. 2005
Heft 55	Seminar Februar 2006: **DIN 4149 - Aus der Praxis für die Praxis**. 2006
Heft 56	Sam Foos: **Unbewehrte Betonfahrbahnplatten unter witterungsbedingten Beanspruchungen**. 2006
Heft 57	Ramzi Maliha: **Untersuchungen zur Rissbildung in Fahrbahndecken aus Beton**. 2006
Heft 58	Andreas Fäcke: **Numerische Simulation des Schädigungsverhaltens von Brückenpfeilern aus Stahlbeton unter Erdbebenlasten**. 2006
Heft 59	Juliane Möller: **Rotationsverhalten von verbundlos vorgespannten Segmenttragwerken**. 2006
Heft 60	Martin Larcher: **Numerische Simulation des Betonverhaltens unter Stoßwellen mit Hilfe des Elementfreien Galerkin-Verfahrens**. 2007
Heft 61	Christoph Niklasch: **Numerische Untersuchungen zum Leckageverhalten von gerissenen Stahlbetonwänden**. 2007
Heft 62	Halim Khbeis: **Experimentelle und numerische Untersuchungen von Topflagern**. 2007
Heft 63	Sascha Schnepf: **Vereinfachte numerische Simulation des Tragverhaltens ebener mauerwerksausgefachter Stahlbetonrahmen unter zyklischer Belastung.** 2007
Heft 64	Christian Wallner: **Erdbebengerechtes Verstärken von Mauerwerk durch Faserverbundwerkstoffe - experimentelle und numerische Untersuchungen.** 2008
Heft 65	Niklas Puttendörfer: **Ein Beitrag zum Gleitverhalten und zur Sattelausbildung externer Spannglieder**. 2008

Fortführung als: Karlsruher Reihe
Massivbau
Baustofftechnologie
Materialprüfung
bei KIT Scientific Publishing (ISSN 1869-912X)

Karlsruher Reihe

Massivbau Baustofftechnologie Materialprüfung

Herausgeber: **Univ.-Prof. Dr.-Ing. Harald S. Müller**
Univ.-Prof. Dr.-Ing. Lothar Stempniewski

Institut für Massivbau und Baustofftechnologie
Materialprüfungs- und Forschungsanstalt,
MPA Karlsruhe
Karlsruher Institut für Technologie (KIT)

KIT Scientific Publishing
ISSN 1869-912X

Heft 66 Michael Haist:
Zur Rheologie und den physikalischen Wechselwirkungen bei Zementsuspensionen. 2009
ISBN 978-3-86644-475-1

Heft 67 Stephan Steiner:
Beton unter Kontaktdetonation - neue experimentelle Methoden. 2009
(noch erschienen in der Schriftenreihe des Instituts für Massivbau und Baustofftechnologie, ISSN 0933-0461)

Heft 68 Christian Münich:
Hybride Multidirektionaltextilien zur Erdbebenverstärkung von Mauerwerk - Experimente und numerische Untersuchungen mittels eines erweiterten Makromodells. 2011
ISBN 978-3-86644-734-9

Heft 69 Viktória Malárics:
Ermittlung der Betonzugfestigkeit aus dem Spaltzugversuch an zylindrischen Betonproben. 2011
ISBN 978-3-86644-735-6

Heft 70 Daniela Ruch:
Bestimmung der Last-Zeit-Funktion beim Aufprall flüssigkeitsgefüllter Stoßkörper. 2011
ISBN 978-3-86644-736-3

Bezug der Hefte:

Hefte 1 bis 65 und 67:	Institut für Massivbau und Baustofftechnologie, Karlsruher Institut für Technologie (KIT), Gotthard-Franz-Str. 3, 76131 Karlsruhe, **www.betoninstitut.de**
ab Heft 66:	KIT Scientific Publishing, Straße am Forum 2, 76131 Karlsruhe, **www.ksp.kit.edu**